aws

AWS

コスト最適化ガイドブック

アマゾン ウェブ サービス ジャパン合同会社

門畑 顕博／仁戸 潤一郎／柳 嘉起／
杉 達也／小野 俊樹／藤本 剛志 著

はじめに

昨今、デジタルトランスフォーメーション（DX）というキーワードを耳にする機会が増えています。

DXは世界中で巻き起こっている潮流ですが、日本においては、特に“2025年の崖”の問題を解決するために注目を浴びています。DX推進の足かせとなっているのは、「既存システムが事業部門ごとに構築されていて全社横断的なデータ活用ができない」「約８割の企業が老朽化したレガシーシステムを抱えている」「過剰なカスタマイズがなされている」ことなどが挙げられますが、これら複雑化・ブラックボックス化されたITシステムの問題を解決し、業務自体の見直しが行われない場合、2025年以降に1年当たり最大12兆円の経済損失が生じる可能性があることが危惧されています。

DXの推進には、クラウドの活用が不可欠です。クラウドは利用した分だけ支払う従量課金形式が基本であり、かつハードウェアの調達・構築の手間を省くことができるため、新しいチャレンジをスモールスタートで迅速・柔軟に実施することができます。また、自社でのサーバー管理が不要となることから、保守・運用費用も軽減できるようになり、経営体質の改善にもつながります。

これらクラウドの特長を利用していくなかでレガシーシステムをモダン化（近代化）し、組織・プロセス変革を起こし、アジャイル文化を醸成することがDXの要です。

本書は、クラウドを最適に利用するための勘所をお伝えすることを目的としています。DXとクラウド最適化は一見あまり関係がないように思えるかもしれませんが、密接に関係しています。

持続的かつ最適にクラウドを利用するためには、個々のクラウド利用費用の削減アプローチの知見を蓄えるだけでは不十分です。アーキテクチャの変革、組織横断で最適な利用を推進するための体制・プロセス・ガバナンス整備、人材育成と多岐にわたってクラウドに適合していくことが必要です。これらはまさに先述のDXの要と共通している観点であり、クラウドを“利用するだけ”ではなく、クラウドの“最適化”を成し遂げることで、DXも実現できると考えられます。

本書では、アマゾンウェブサービス（AWS）の個々のサービスの特徴とクラウド利用費用の削減アプローチ、AWSコスト管理に係るサービスの利用方法に留まらず、持続的な最適化を促進するための体制・運用プロセスまで踏み込んだ内容となっています。本書がクラウド最適化ならびにDX実現の一助となりましたら幸いです。

本書を出版するにあたっては、AWS社内のさまざまなスペシャリストにアドバイスをいただきました。特に、ソリューションアーキテクトの伊藤英豪氏、滝口開資氏、カスタマーソリューションマネージャー山泉亘氏にはこの場を借りて深く感謝申し上げます。

本書の構成

本書は、大きく以下の3部構成となっています。

第1章

クラウドコンピューティングやAWSの概要、クラウド経済効果としてのTCOの考え方、クラウド利用費用最適化のフレームワークの説明

第2章〜第4章

AWSコスト管理に係るサービスの可視化（第2章）、クイックウィン最適化（第3章）、アーキテクチャ最適化（第4章）において、個々のアプローチを説明

第5章、第6章

クラウドを持続的に最適化するための、クラウド利用費用の予測・計画（第5章）、クラウド財務運用管理（第6章）に係る内容の説明

対象読者

クラウドコンピューティングやAWSについて、ある程度の基礎的な知識を有している方を対象としています。ただし、第1章は前提知識のない方でも理解できるよう記載しています。また、第5章、第6章は持続的なクラウド最適化のためのクラウド利用費用の予測・計画、体制・運用プロセスに焦点を当てており、ITエンジニアのみならず財務部門、ビジネス部門の方にもお読みいただける内容となっています。

アマゾン ウェブ サービス ジャパン合同会社

著者代表　門畑 顕博

目次

制作

編集協力：澤田竹洋（浦辺制作所）

DTP：関口 忠

第1章

AWSコスト最適化概略

概要

本章では、クラウド利用費用最適化の詳細に入る前に、そもそもクラウドサービスとはどのような特徴を持っているのかを述べながら、AWSの特徴について見ていきます。続いて、AWSへの移行戦略とAWSへ移行後のAWSコスト最適化の概要を解説します。

1-1ではAWSの成り立ち、クラウドサービスの特徴とAWSとの関連付けによるオンプレミスとの比較を解説します。1-2ではAWSへの移行のための戦略並びに総所有コストの観点でのオンプレミスとの比較を解説します。1-3ではWell-Architectedフレームワークの6つの柱と、その一つであるコスト最適化の概要を紹介します。

1 AWSの特徴

アマゾンウェブサービス（AWS）は2006年に正式にサービスを開始して以来、世界の190を超える国・地域で数百万ユーザーに利用されてきました。サービスを開始した時点においては、ストレージサービスのAmazon Simple Storage Service（Amazon S3）、キューイングサービスのAmazon Simple Queue Service（Amazon SQS）のみの限定的な展開でした。そして、2023年2月1日の現在に至るまで、予定を含めると世界35のリージョン、111のアベイラビリティーゾーン（AZ）、410拠点を超えるエッジロケーション、1000を超える機能をリリースしてきました。世界中のどこでもネットワークを介して、コンピューティング、ストレージ、データベース、アナリティクス、AI/機械学習、アプリケーション等の200を超える幅広いサービスを即座に利用することができます。

日本では2011年に東京リージョンを開設し、利用者は10万を超えています。スタートアップからエンタープライズに至るまで、さらに800を超える政府・地方自治体、3000を超える教育機関にまで幅広く普及しています。2021年3月には、大阪リージョンが日本で2番目、アジア太平洋地域で9番目に新たに開設されました。大阪リージョンは3つのAZを持つAWSリージョンとなります。

なお、AZとはデータセンター群のことであり、各AZは災害や電力・ネットワーク障害が発生してもほかのAZに影響がないように物理的に離れた場所に構築されています。これらAZの集合体をリージョンと呼んでいます。

大阪リージョンが開設されることで、単一のAWSリージョン内にあるマルチAZ構成では充足が難しかった災害、または障害発生時の業務継続性要件が求められるワークロードやアプリケーションを、日本国内にある2つのリージョンの連携により、強化することが可能となりました。

本章では、まずAWSの特徴について、クラウドコンピューティングが持つ特徴と関連付けて解説します。さっそくですが、National Institute of Standards and Technology（NIST：米国国立標準技術研究所）SP 800-145※1の定義によると、クラウドコンピューティングとは、表1-1に示す5つの特徴を持つと定義されています。

表1-1 クラウドの特徴とメリット（NIST SP800-145によるクラウドコンピューティングの定義から編集）

クラウドの特徴	概要	メリット
オンデマンド・セルフサービス	利用者は各クラウドベンダーと直接やりとりすることなく、利用者の意思で利用の開始・停止が可能	・初期投資が不要 ・即座に利用開始が可能であることからビジネスの俊敏性を向上
幅広いネットワークアクセス	ネットワークを通じて標準的な仕組みで接続可能であり、さまざまなデバイスからの利用が可能	・世界中のリージョンにITサービスの展開が可能
リソースの共用	クラウドベンダーのコンピューティングリソースは集積され、複数の利用者にマルチテナントモデルで提供	・規模の経済により利用料金が低額
スピーディーな拡張性	コンピューティング能力は伸縮自在に、場合によっては自動で割り当ておよび提供が可能で、需要に応じて即座にスケールアウト／スケールインが可能	・ワークロードの特性や季節変動性に適応した柔軟なインフラストラクチャを構築可能
サービスが計測可能であること	リソースの利用状況はサービスの種類に適した管理レベルで利用者による把握が可能	・利用量・費用の把握 ・不要リソースの特定による利用費用の削減

■ オンデマンド・セルフサービス

オンプレミス（ハードウェアを利用者自らが管理する設備内に設置かつ自社で運用・保守する）の場合は、ハードウェアの調達、それらを設置するためのラック・物理的なスペース、ソフトウェアの設定、電力費用、データセンター利用費用、さらにこれらを設営・設定する人的費用がかかります。また、費用だけでなく、ハードウェアの調達から利用開始までに数か月以上の期間がかかります。そして、一度設置したハードウェアが不要となった場合には、即座に利用を停止し、撤去することは不可能です。

一方、クラウドの場合は、初期投資が不要であり、必要なサービス・スペックを選択するだけで迅速に利用が可能です。利用するにあたってクラウドベンダーへの連絡は不要であり、利用者自身でインフラストラクチャを構築・制御することができます（図1-1）。したがって、AWSにおいても、新しいアイデア、コアとなるサービスやシステムのリリースを、スモールスタートで安価かつ迅速に試せるようになり、従来のオンプレミスと比較して、イノベーションを加速することができるようになります。

※1　P. Mell and T. Grance, “The NIST Definition of Cloud Computing”, NIST, SP 800-145, 2011.

図1-1 オンプレミスとクラウドのインフラストラクチャ

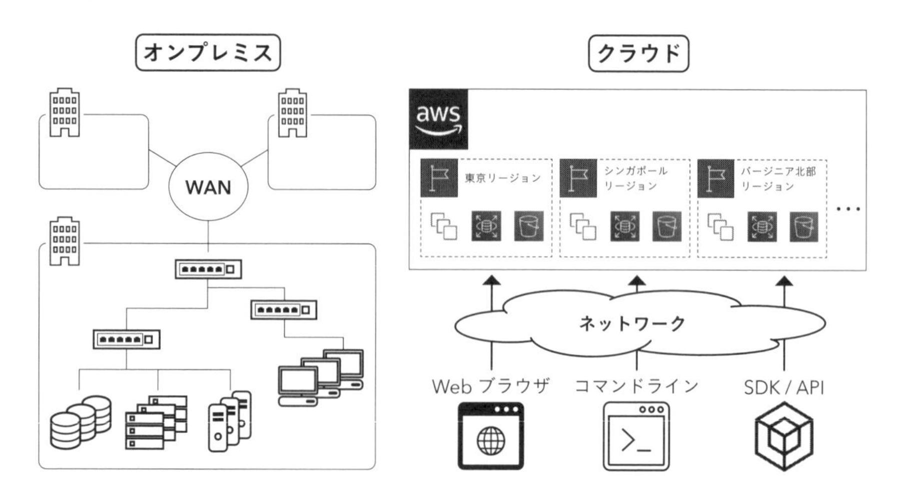

■ 幅広いネットワークアクセス

クラウドの各種サービスは、ネットワークを介して、世界中どこでも即座に利用できるのが特徴です。AWSにおいては、WebブラウザによるGraphical User Interface (GUI)、コマンドライン、Software Development Kit (SDK) / Application Programming Interface (API) といったアクセス方法が提供されているため、スマートフォン、タブレット、PC、ワークステーションなどプラットフォームを問わず利用できるのも、クラウドならではの特徴といえるでしょう。

また、Virtual Private Network (VPN) による仮想的な専用線を利用することで、高いセキュリティ環境のネットワークのアクセスも実現可能です。わずか数回クリックするだけで、世界中の複数のリージョンにアプリケーションを容易にリリースすることができます (図1-1)。

■ リソースの共有

クラウドは「規模の経済」が働きます。クラウドベンダーが大規模なハードウェアの調達を行い、かつそれを仮想的なサーバーとして利用者同士で共有することで、結果的に低額での提供が可能となります。また、保守・運用においても同様に自動化・標準化を進めていくことにより、費用を最小限に抑えられます。サービスが拡大すればするほど規模の経済が働くことにより、提供するサービスの費用を削減することができるというわけです。

アマゾンでは、図1-2に示すように「アマゾン・フライホイール効果」という考えを掲げており、AWSでもこの考えを踏襲しています。多様なサービスに加えて低価格という両輪でサービスを提供することで、顧客満足度を高められるよう、日々開発が行われています。AWSでは、これまで200を超えるサービスをリリースしており、加えて、2023年2月1日時点までにおいて129回以上の値下げを行ってきました。値下げは利用中のサービスにも適用されるため、利用していく中で自動的にクラウド利用費用が下がっていきます。

図1-2 アマゾン/AWSの成長原理(アマゾン・フライホイール効果)

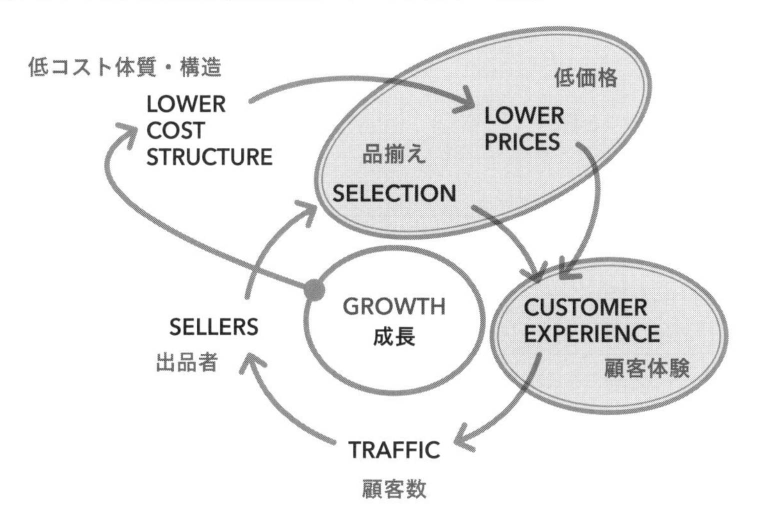

■ スピーディーな拡張性

クラウドで提供されるリソースは、需要に応じて伸縮自在に利用することができます。これは、クラウドベンダーが大規模なハードウェア調達を行っていることから、利用者としては需要の増減に応じて仮想的にリソースを増減できるようになります。AWSにおいては、図1-3に示すように、利用者はワークロードの特性・季節変動性を考慮して、リソースをスケールアップ/ダウン、スケールアウト/インすることができます。なお、スケールアップはハードウェアのスペックを増強すること、スケールアウトはハードウェアスペックは変更なく、数を増加させることを意味します。スケールダウン/インはそれぞれの反対の意味となります。

図1-3 インフラリソースの柔軟性

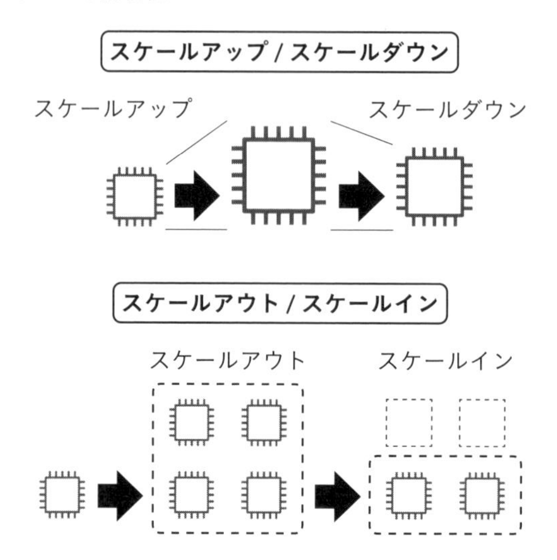

また、需要の増減に応じてリソースを適応的に増減するサービスとして、AWS Auto Scalingが提供されています。詳細は第3章5節で述べますが、図1-4に示すように従来のオンプレミスでは需要のピークに合わせて、インフラを構築する必要があります。ですが、このサービスにより利用者は需要の増減に応じてリソースを自動的に変動させることができるため、必要なリソース量のみの稼働と過剰な投資の抑制、想定外の需要時における機会損失の低減を実現することができるのです。

図1-4 インフラリソースの弾力性

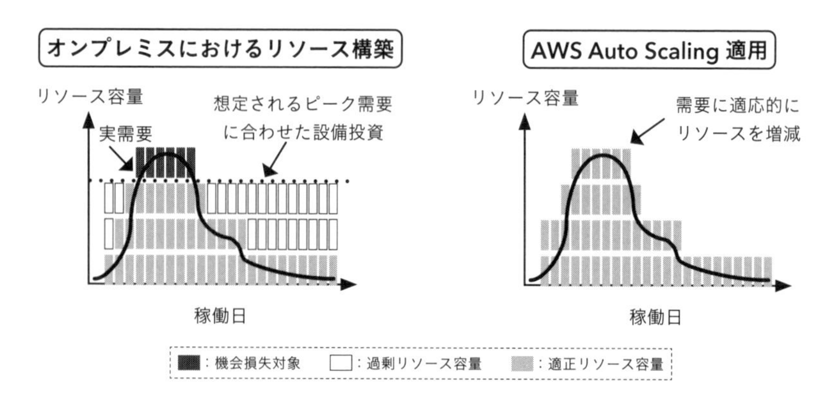

■ サービスが計測可能であること

最後に、クラウドは利用状況が可視化され、計測が可能であるという特徴について解説します。クラウドは、水道、電気、ガスのような社会インフラと同じように利用した分のみを支払う従量課金（pay-as-you-go）モデルで運営されています。また、どのサービスをどれくらい利用したかを、クラウドベンダーは常に監視・管理し、利用者に開示しています。

つまり、AWSにおいても、リソースをどれくらい使ったのかを利用者が計測可能であり、どのリソースやサービスにどれくらい費用が発生しているかを容易に把握できます。リソースの使用状況を確認することで無駄が発生しているリソースを特定でき、オンプレミスと比較して柔軟・迅速にコスト最適化を進めることが可能となります。

2 AWSへの移行

前節ではクラウドコンピューティングが持つ特徴と関連付けて、AWSの特徴を解説しました。さて、クラウドのメリットを最大限享受するために、クラウドを利用する、もしくは移行するにあたって検討すべき事項は何でしょうか。

まず、経営戦略としてクラウド利用をどのような位置付けにするのかを検討することが必要です。昨今では、クラウドファーストやクラウド・バイ・デフォルト原則[※2]と呼ばれるように、インフラストラクチャとしてクラウド利用を前提に考える企業が増えてきました。全社的な導入を前提とした検討を進めていくのか、限定的な部門を対象とするのか、もしくは特定のプロジェクトにおける個別システムを対象とするのかで進め方は変わっていきます。また、どのシステムがクラウドに向いているのかの検討、対象システムの移行方式の検討、ならびにクラウドへ移行することによるTotal Cost of Ownership（TCO：総所有コスト）の評価も必要となります。

これらの要件をもとに、移行対象、移行方式を検討し、移行計画を策定します。次に、移行計画の詳細検討、Cloud Center of Excellence（CCoE）などのクラウド推進組織の設立、クラウド利用ガイドラインや標準化ガイドラインの策定およびガイドラインをベースとした共通基盤化等を行うことで、クラウド移行の準備を行います。これら移行準備を整えたのち、移行対象・方式・計画の詳細検討を行い、移行を推進していきます。移行後はクラウドネイティブ化、運用最適化、プロセス最適化を進めていきます。

以上のようなクラウド利用開始から最適化までの4つのステージをAWSではStages of Adoptionと定義しています[※3]（図1-5）。計画段階のステージ1をProject、クラウド推進段階のステージ2をFoundation、移行段階のステージ3をMigration、最適化段階のステージ4をReinventionとし、非技術的な観点で

※2 "政府情報システムにおけるクラウドサービスの利用に係る基本方針"、内閣官房IT総合戦略室、2021年

※3 The Journey Toward Cloud-First & the Stages of Adoption"、https://aws.amazon.com/jp/blogs/enterprise-strategy/the-journey-toward-cloud-first-the-stages-of-adoption/

あるビジネス、ピープル、ガバナンスと、技術的な観点であるプラットフォーム、オペレーション、セキュリティそれぞれに対して、必要な事項を整理しています。

本書では、ステージ1：Projectにおける全体戦略のうち、移行戦略とTCO分析のための経済性評価の2つに焦点を絞って解説します。

図1-5 クラウド利用にあたって検討すべき事項例

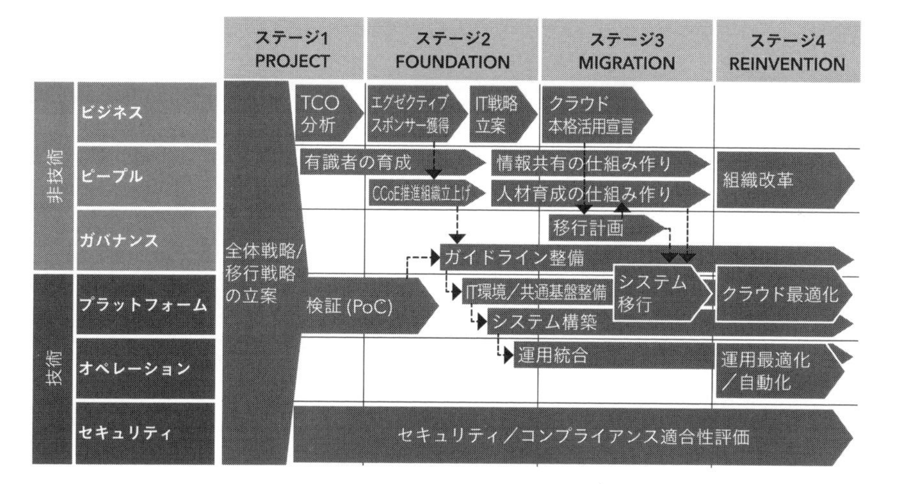

Column

非技術的な課題が全体の7割を占める

この図を見ると、クラウドへの移行を妨げる要素は技術的な課題のほうが多いように感じるかもしれません。しかし、利用者の声を聞くと、非技術的な課題に7割の時間・労力をかけることになったという実態が浮かび上がってきます。

これには理由があり、技術的な課題の多くは共通の問題を抱えやすいため、AWSではその声を集約しサービスを改善することで、共通のソリューションが提供できるようになってきています。一方で、ビジネス課題は企業や部門それぞれ固有の事情を考慮して解決していくことになるため、画一化されたソリューションではなく、利用者自らが解決策を見い出さざるを得ないのです。

1 移行戦略

クラウドへの移行には、移行戦略の検討が必須となります。移行戦略は、「なぜ」クラウドなのかをトップダウンで明確にすることから始まります。「なぜ」を明確にしないままプロジェクトが開始された場合、モチベーションの低下やステークホルダーのクラウド移行の認識不足により、プロジェクトが進展しないなどの混乱を招く可能性があるためです。

「なぜ」の具体例として、System of Record（SoR）、System of Engagement（SoE）、System of Insight（SoI）の3つのシステム分類（図1-6）で典型的なクラウド移行理由の一例を示します。

○ SoRの刷新

既存レガシーシステムがIT負債化しており、わずかなシステム更改も高コストとなっているため、クラウド化をきっかけにシステム構造やコスト構造を改革したい。

○ SoEによる競争優位性の追求

スマートフォンやタブレットを利用して、より顧客接点や従業員接点を強化することで顧客の拡大（売上増、シェア拡大）や従業員の生産性を向上させたい（利益率改善）。また、さまざまなデバイスから収集できる情報をベースに業務改善・効率化を図りたい。

○ SoIでデータドリブンな意思決定

企業内のさまざまなデータを収集・蓄積し、データドリブンの意思決定やアクションが迅速に可能な状態にしたい。

こうしたシステムを開発する上で、クラウドは強力な手段となるでしょう。

図1-6 システムの種別

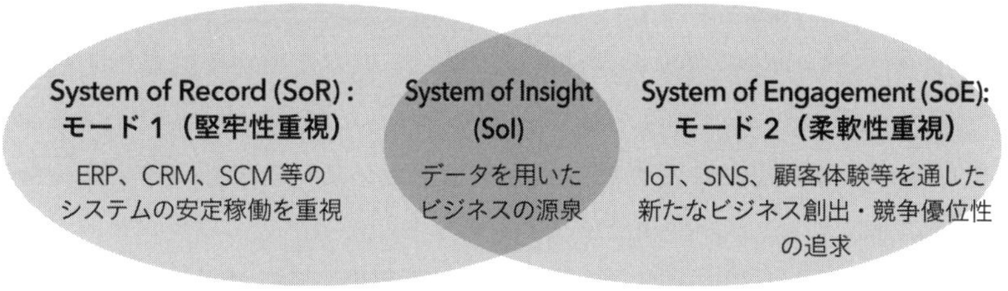

続いて、定めた経営上のゴールに対して、「どの」システムを、「いつ」、「どこへ」、「どのように」移行するのか検討する必要があります。

まず、「どの」システムを移行するかから見ていきましょう。全社的に導入を進めることを想定している場合は、クラウド利用ができるシステムかそうでないかのノックアウト条件を評価することから始めます。

AWSでは、セキュリティを最重要項目の一つとして取組んでおり、独立した第三者監査人によってISO/IEC 27001:2013、27017:2015および27018:2014の認定を受けています。ただしこれは、図1-7のような責任共有モデルで、クラウドベンダーが責任範囲としている領域においてであり、利用者が責任を持つ領域では、利用者自身が適切な規格および実施基準に則り、開発・運用する必要があることに変わりはありません。

図1-7 責任共有モデル

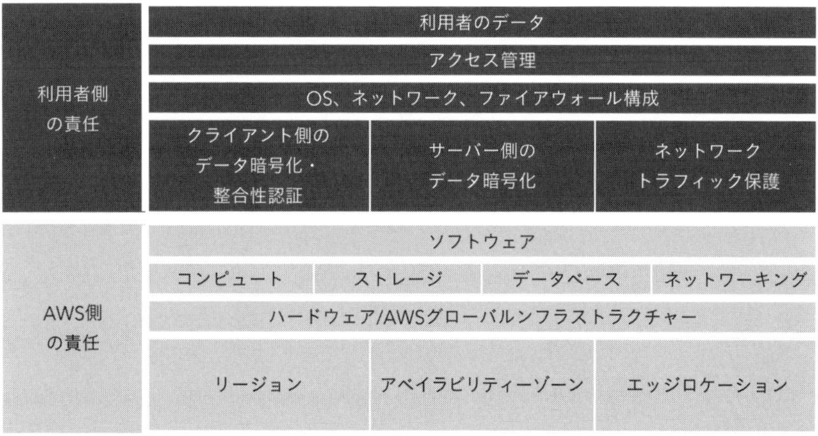

また、可用性という観点でも、クラウドでは従来と異なる考え方が求められます。障害の多くはハードウェア障害であり、それらは回避不能です。そのため、AWSではいかに障害を発生させないか、といった障害を回避する設計ではなく、障害が発生してもサービスを継続できるように設計することを重要視しています。このような障害発生を前提としたシステム設計の考え方である「Design for Failure」という設計思想で構築することをベストプラクティスとしています。移行を検討する際は、現行の可用性要件やシステム構成がクラウド上において適切なのかを再考することも必要です。

続いて「いつ」移行するかですが、ハードウェアのサポート終了や、それに伴うOS/ミドルウェアやパッケージソフトウェアの更改、ソフトウェアのサポート終了、データセンターの返却や廃止タイミングなどが挙げられます。また、システムの強化、刷新、統廃合、新規サービス開発といったビジネス戦略における起点でのタイミングもあります。

「どこへ」「どのように」は次の7つの移行パスの観点で検討します。表1-2に示すように、7つの移行パスは全てRで始まることから、7Rと呼んでいます。

表1-2 7R

移行方式	概要	メリット	デメリット
①リタイア	システムを廃止	不要なシステムの管理・保守費用の削減	-
②リテイン	現行維持	既存ビジネスへのインパクトが最小	既存システムの課題を継承
③リパーチェイス	パッケージソフト/SaaSを利用	迅速にTCOを削減	業務フロー変更による育成工数がかかる可能性有
④リロケート	既存アーキテクチャを踏襲したままVMware cloud on AWS（VMC）へ移行	移行時間・移行工数・費用を最大限に削減	既存システムの課題・複雑性を継承
⑤リホスト	既存アーキテクチャを踏襲したままAWSへ移行	移行時間・移行工数・費用を削減	既存システムの課題・複雑性を継承
⑥リプラットフォーム	OS/MW（ミドルウェア）の最新化、OSSへ変更した上でAWSへ移行	クラウドの拡張性・可用性を享受、保守・運用工数の削減	移行工数・費用・テスト工数の増加
⑦リファクタリング	アーキテクチャを見直した上でAWSへ移行	クラウドの拡張性・可用性等を最大限享受、開発速度の向上、保守・運用工数の削減	移行工数・費用・テスト工数の増加

「①リタイア」は、システム統廃合や企業合併等で、システムを廃止する方式です。該当システムがほかのシステムに吸収・統廃合される場合や、すでに不要となっており稼働していない場合、特定利用者のための個別システムで保守するほどのReturn On Investment（ROI: 投資対効果）が出ていない場合などが該当します。不要な管理・保守費用を削減できます。

「②リテイン」はクラウドへ移行せず、現行のままオンプレミス上に保持し続ける方式です。例えば、クラウド移行のノックアウト条件が該当する場合や、移行工数・費用が膨大でROIが伴わない場合、将来的には刷新対象だが更改時期ではないため、現時点では現行のまま保持し続ける場合などが該当します。

「③リパーチェイス」はパッケージソフトやSaaSを利用する方式です。例えば、現行システムの機能/サービスがコモディティ化しており、安価に利用できるSaaSやパッケージソフトがあれば、システムを維持するよりも安価に迅速に利用できます。ただし、今までの業務プロセス、画面、帳票等のインターフェースや管理項目等の変更が発生する可能性があり、その場合は既存とのギャップを埋めるための習熟期間が必要であるため、育成のための工数が発生します。

「④リロケート」と「⑤リホスト」の両方式は、共に現行システムアーキテクチャを踏襲した単純移行方式であり、既存オンプレミスのアーキテクチャのままAWS上へ移行する方式です。④リロケートは、VMware Cloud on AWS（VMC）へ単純移行する方式となります。VMCはAWS社とVMware社が共同で開発したクラウドサービスであり、VMware vSphereベースのオンプレミス環境をベアメタルインフラストラクチャで動作するAWSクラウドに移行・拡張可能となります（図1-8）。一方で、⑤リホストはAWSが提供するマネージドサービス/サーバーレスを利用せずに、ほとんどの機能をAmazon EC2上で実装する方式となります。これらの方式はほかと比較して移行が容易であるため、移行期間の短縮ならびに移行工数・費用の削減が可能になります。一方で、現行のシステムの見直しを行わないため、既存システムが複雑な構成であった場合は、保守・運用性を高められないまま移行することになり、クラウドのメリットを最大限に活かせない可能性があります。

図1-8 リロケート

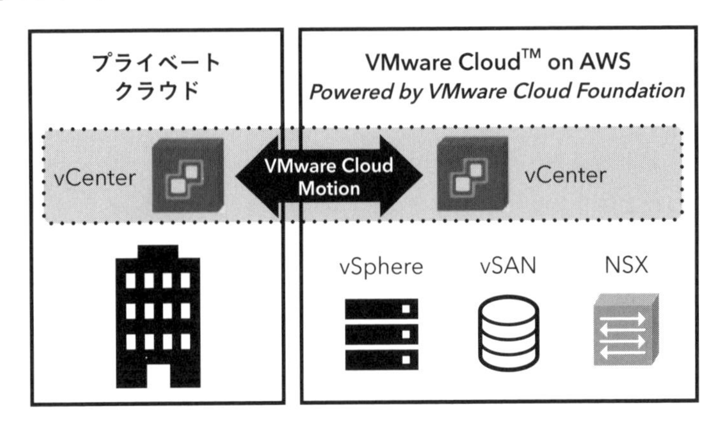

「⑥リプラットフォーム」は、OSやミドルウェアのバージョンアップ、DBのマネージドサービス、Open Source Software（OSS）を採用する方式です。例えば、Windows Serverを2008から2022にバージョンアップしたり、DBのマネージドサービスであるAmazon RDSを採用したり、DBを商用DBからPostgreSQLへ変更したりすることなどが該当します。クラウドの拡張性・可用性を享受し、保守・運用工数を削減することができます。一方で、アプリケーションコードの見直しや改修等が発生するため、システムテスト工数やテスト期間が発生します。ただし、OSやミドルウェアのバージョンアップに伴う作業は、AWSへの移行によって発生するといったものではなく、オンプレミスで継続したとしても発生するため、これらの作業をハードウェアを保持しないAWS上で実施する方が、オンプレミスでの作業よりも工数や期間を圧縮することが可能だといえます。

「⑦リファクタリング」は、既存システムの本質的な挙動は変えないまま、システムの内部構造を変革する戦略です。システムの振る舞い自体も変革する場合もあります。リロケートやリホスト、リプラットフォームとの違いは、AWSのマネージド型サービスやサーバーレスといったAWSならではのメリットをできるだけ享受するアーキテクチャにするところにあります。例えば、典型的なWeb三層モデルのアーキテクチャを、サーバーレスのサービスを組み合わせて構築し、サーバーを意識しない構造にすることで抜本的な運用負荷軽減と拡張性の確保を行う場合が相当します。当然、既存のアプリケーションの構造を見直すことになるため、アプリケーション開発・テスト工数や期間がほかの移行パスを選択した場合よりも多くかかりますが、今まで蓄積されてきたシステム課題や変更要望を一気に解消する機会にもなるため、ビジネス上のメリットはほかの移行パスより最も高くなるといえます。

これら7つの移行パスのどれを選択すべきかについては、当然ながら既存システムの移行要件を加味する必要があります。例えば、ビジネスプロセスや現行業務に影響を与えたくない、既存の運用もそのまま継承したいといった場合もあれば、クラウド移行をきっかけに、ビジネスの俊敏性を向上させたい、運用保守性を抜本的に改善したい、可用性やセキュリティレベルを向上させたい、といった場合もあるかと思います。それら移行要件によってふさわしい移行パスは異なってきます。保有している全データセンターや全社システムといったシステム全体の移行パスを検討する場合は、個々のシステムの移行要件の視点だけではなく、システム移行の難易度とクラウド移行した場合のメリットや適合度を全体俯瞰的に評価し、全社的な移行パスの方向性を検討します。これらIT視点のみならず、前述のビジネス戦略と連携した上で、クラウド移行の全体方針を決定していきます。移行の方針としては、以下のような例が挙げられます。

- 基本的にクラウドファーストとして移行できない特殊な要件以外は全て移行する
- できるだけ自前で開発をしないことで開発工数・保守運用工数の削減を図りたいため、SaaSやパッケージソフトウェアに置き換え可能なものを抽出して、リパーチェイスする
- データセンターの返却・廃止期限やハードウェアのサービス保守終了期限が迫っているため、まずはリロケートによる迅速な移行を行い、その後、リファクタリングをしていく
- ITコストに占める割合のうちOSやミドルウェアのライセンスコストが大きく、その費用圧縮を求められているため、OSSへリプラットフォームしていく
- 企業競争優位性確保のための重要なシステムだが、複雑で密結合な構造のため運用保守工数が増加し、変化対応力が低下しているシステムに対して、内部構造の見直し・疎結合化を図り、リファクタリングをしていく

2 経済性評価

移行戦略と併せて検討が必要なのが、経済性評価です。TCO評価をするにあたっては、現行のオンプレミスやプライベートクラウドのインフラストラクチャに係るコストに対して、パブリッククラウド利用によるインフラストラクチャに係るコスト削減だけでは、クラウドの価値を十分に考慮したとはいえません。クラウドの価値は、ITインフラストラクチャを置き換えた際の単純なコスト削減にとどまらず、運用効率向上による生産性の向上、可用性の向上による機会損失の低減/削減、さらにはビジネス環境の変化に対応するためのビジネスの俊敏性の向上までもが含まれます。クラウドをはじめとしたIT資産を、コストだけが集計されるただの「コストセンター」と捉えるのではなく、ビジネスを加速し新しい利益を産む「プロフィットセンター」であることを自社内のステークホルダーに示すことで、DXの要としてITを据えることができます。

本項では、(1)ITインフラストラクチャに付随するコストの削減、(2)ITスタッフの生産性向上、(3)可用性向上による機会損失の減少、(4)ビジネスの俊敏性向上による収益改善、の4つの経済価値それぞれの試算の考え方と効果について、ベンチマーク調査を通して解説します。

(1) ITインフラストラクチャに付随するコストの削減

クラウドへの移行を検討する際、まずはITインフラストラクチャのコスト削減がどこまで期待できるのかを知ることは重要です。2020年に実施したAWS利用者102社に対するベンチマーク調査[※4]によると、移行によりインフラストラクチャのコストを25%削減できているといわれています。また、日本のAWS利用者350社に対して評価した結果では、インフラストラクチャのコストを30%削減する効果が想定されています。これらの結果から、AWSを利用することにより平均25〜30%のインフラストラクチャに付随するコストの削減が期待されます。

ところで、インフラストラクチャに付随するコストはどのように算定するの

※4 2020年までにAWSへの移行を完了した日本の利用者102件を対象に、AWSがアンケート調査を実施

が適正なのでしょうか。オンプレミスにおけるサーバー、ストレージ、ネットワーク関連のハードウェアやソフトウェアのライセンスといった、目に見えやすく記録に残りやすいコストだけで算定するのではなく、インフラストラクチャを支える耐震ラックやデータセンター内の足回りを支える設備、ハードウェア・ソフトウェアの保守・運用費用、さらに、それらの設備を置いておくデータセンター利用費用、場所代、ハードウェア機器の稼働・空調のための電気代も考慮することが必要です（図1-9）。これらすべての費用を考慮し、クラウドサービスの利用費用との比較を行うことで、初めて公平な比較が可能となります。

図1-9 オンプレミスにおけるITインフラストラクチャに付随するコスト

(*1) Middleware、(2*) Operation System

(2) ITスタッフの生産性向上

クラウドを利用することで、ITスタッフの生産性はどの程度向上するのでしょうか。先述のベンチマーク調査からは、ITインフラストラクチャにおけるハードウェアの付随業務に対して46%、IT業務全体に対しては30%の生産性が向上したとの結果が出ています。ハードウェアの付随業務は、例えば調達にかかるベンダー選定や購買稟議の処理、仮想化ソフトウェアの設定・アップデート等の作業のことで、クラウド上では不要になるか、もしくは削減が可能となります。ハードウェア・ソフトウェアの保守運用を削減できることにより、差別化を生まない領域から人的リソースが解放され、ビジネスに与える付加価値のより高い業務への人材のシフトが可能となります。

生産性を評価するには、どのような作業が不要、もしくは削減されるのかを把握する必要があります。まずは各項目が現状どのくらいの作業工数であるかを調査することから開始し、次に、その工数がAWSへの移行でどれだけ効率化されるかを評価します。

AWSへ移行することにより、主に2つの効率化が期待できます。1つ目は、従来のインフラでは必要となるデータセンター周りの作業や、ハードウェアを実際に所有することによる諸設定作業です。データセンターやハードウェアそのものを所有する必要がなくなることで、効率化できる作業は多岐にわたります。その範囲は、ラッキングや配線作業等の設備設営作業、各種ソフトウェアの初期設定作業から、保守・運用作業にまで及びます。

2つ目は、購買にかかる作業の効率化です。長期にわたって使う高額なハードウェアを調達する場合、組織として投資判断・意思決定をしなくてはならず、購買処理、予算計画作成にも多くの稟議作業が必要になってくることがあります。これらの作業が削減もしくは効率化されることによる生産性向上は、クラウド利用費用だけの評価では把握しづらいものでありますが、効果としては非常に大きいものとなります。

(3) 可用性向上による機会損失の減少

IT資産がビジネスを支えるインフラストラクチャであると捉えてみると、その停止がビジネスに与えるインパクトは大きいものとなります。Enterprise Resources Planning (ERP: 企業資源計画) のような基幹システムを例としてみても、IT資産は今やビジネスを成立させる会計・人事・生産・物流・販売を統合的に管理するプラットフォームとなっており、この停止がもし発生した場合には、すべての営業活動が停止してしまいます。つまり、売上の源泉を一時的にでも失ってしまう、といっても過言ではありません。そのため、可用性向上によるこの価値の定量化も重要となります。ダウンタイムの改善、クリティカルなインシデントの改善、インシデント解消までの所要時間の改善等の可用性に係る項目を評価し、可用性向上の効果に伴う直接的な売上損失からの回避、ブランド価値向上、既存顧客維持を金銭換算することで効果を定量化します。

(4) ビジネスの俊敏性向上による収益改善

クラウド環境へ移行したことによるもっとも大きな効果は、ITインフラストラクチャに付随するコストが削減されたことよりも、ITインフラストラクチャがビジネスを加速させるプラットフォームへ変革できる点にあります。AWSが実施した調査結果[※5]によると、クラウド移行により得られた効果として、利用者の56%が「ビジネスの俊敏性」と答えています（図1-10）。

図1-10 クラウド移行による価値

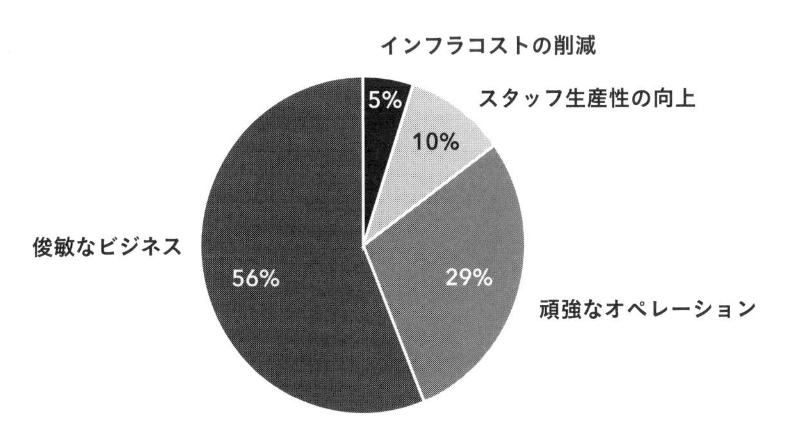

ベンチマーク調査の結果によると、新規システム・アプリケーションの新しい市場セグメントへの導入が26%向上し、コードのデプロイ頻度が405%向上したとのことです。また、このような直接的な俊敏性の向上だけでなく、機能改修の頻度が増えることにより、システム・アプリケーションの品質が高まり、エンドユーザーの顧客体験が向上したり、さらには、ビジネス変革を担うIT組織となることにより優秀な人材を長期確保できたりと、付随した効果も期待できます。このように、ビジネスへのクラウド利用の効果を定量的に評価することで、ITインフラストラクチャに付随するコスト削減効果以外の投資対効果を評価することが可能となります。

■ ITインフラの変革が提供できる価値への高まる期待

ここまでクラウド移行による4つの経済性効果を解説してきました。クラウ

※5 "The Businccs Valuc of Amazon Web Services", IDC White Paper, June 2022.

ド利用によるもっとも大きな価値を示す経済性効果は、先述した通り「ビジネスの俊敏性向上」です。クラウドへの経済性評価を検討する際は、ITインフラストラクチャに付随するコストに留まらず、ビジネスへのインパクトまで考慮したうえでの評価が肝要となります。2020年に一般社団法人日本CFO協会と共同で実施した「経理・財務部門のDX推進とそのポイント」にて、日本におけるIT投資規模の他国に比べての伸び悩み、投資後の効果検証の未徹底といった課題が浮かび上がりました。それと同時に、「ITインフラストラクチャが業務を変革し、ビジネスを加速する推進役となってほしい」という期待の声がCFO組織より上がっています。業務変革やビジネス加速は、先に挙げたクラウドが提供できる生産性の向上と、それに伴うよりビジネス価値の高い業務へのシフト、そしてビジネスの俊敏性向上によって生まれる価値にほかなりません。

本節ではAWSへの移行にあたっての移行戦略と経済性評価について述べてきました。移行時に検討が必要な事項ですが、移行後においても定期的に経済性評価を行うことで、ITインフラストラクチャによるビジネスへの貢献を可視化することが可能となります。

3 AWSへ移行後のコスト最適化概略

1 クラウドアーキテクチャ設計原則

移行戦略を策定し、ITインフラストラクチャに付随する移行戦略、ITインフラストラクチャに付随するコストの削減、生産性・可用性・ビジネス俊敏性の向上が見込めることが確認できたら、クラウドへの移行計画を策定し、移行を開始します。とはいえ、クラウドへの移行が完了したからといって、即座に効果が得られるとは限りません。ビジネスの状況に応じて適切にITインフラストラクチャを見直していくことが必要な場合もあります。

では、クラウド移行のメリットをより享受するためには、どのような観点からAWSのアーキテクチャを構築する必要があるでしょうか？　本節では、AWSがサービスを提供していく中で、その経験に基づいてクラウドアーキテクチャを設計・構築するためのベストプラクティスと、構築予定のアーキテクチャが適合しているのかを評価するためのAWS Well-Architectedフレームワークの概略を紹介します。

ITシステムはビルの建築と似ており、基礎がしっかりしていなければ、健全性や機能を損なう構造の問題が発生することがあります。ITシステムを設計する際の基礎であり、基本的なフレームワークとなるのが、AWS Well-Architectedフレームワークです。本書のメインのトピックであるコスト最適化については、このフレームワークの6つの柱の一つですが、それ以外の5つの柱もクラウド利用費用と関連していくことから、併せて検討していくことが肝要です。

AWS Well-Architectedフレームワーク※6は表1-3に示すように、①運用上の優秀性、②セキュリティ、③信頼性、④パフォーマンス効率、⑤コスト最適化、⑥サスティナビリティの6つの柱で構成されています。

※6 https://docs.aws.amazon.com/ja_jp/wellarchitected/latest/framework/the-pillars-of-the-framework.html

表1-3 AWS Well-Architectedフレームワークの柱

名前	概要
①運用上の優秀性	システムの実行とモニタリング、およびプロセスと手順の継続的な改善に焦点を当てている。主なトピックには、変更の自動化、イベントへの対応、日常業務を管理するための標準化などが含まれる
②セキュリティ	情報とシステムの保護に焦点を当てている。主なトピックには、データの機密性と完全性、利用者許可の管理、セキュリティイベントを検出するためのコントロールが含まれる
③信頼性	期待通りの機能を実行するワークロードと、要求に応えられなかった場合に迅速に回復する方法に焦点を当てている。主なトピックには、分散システムの設計、復旧計画、および変化する要件への処理方法が含まれる
④パフォーマンス効率	IT およびコンピューティングリソースの構造化および合理化された割り当てに重点を置いている。主なトピックには、ワークロードの要件に応じて最適化されたリソースタイプやサイズの選択、パフォーマンスのモニタリング、ビジネスニーズの増大に応じて効率を維持することが含まれる
⑤コスト最適化	不要なクラウド利用費用の回避に重点を置いている。主なトピックには、時間の経過による支出の把握と資金配分の管理、適切なリソースの種類と量の選択、および過剰な支出をせずにビジネスのニーズを満たすためのスケーリングが含まれる
⑥サスティナビリティ	実行中のクラウド上のワークロードによる環境への影響を最小限に抑えることに重点を置いている。主なトピックには、持続可能性の責任共有モデル、影響についての把握、および必要なエネルギーやリソースの削減が含まれる

これら6つの柱は、ビジネスの状況やワークロードの特性に応じて、クラウド利用費用とのトレードオフの関係になります。例えば、開発環境において信頼性を犠牲にすることで、クラウド利用費用を最小化（エネルギー効率の最大化）する場合もあれば、ミッションクリティカルなワークロードのシステムに対して、クラウドインフラストラクチャを増強することで信頼性を最大化する場合もあるでしょう。逆にe-コマース等のWebサービスに対しては、パフォーマンス効率を最大化するといった工夫が必要な場合があります。このように、6つの柱を考慮しつつ、ビジネスの状況やワークロードの特性に応じて、適応的にクラウドアーキテクチャを評価することが必要なのです。AWS Well-Architected フレームワークにおける、クラウドアーキテクチャの設計原則は以下の6つとなります（図1-11）。

なお、ここでは筆者により文言を一部改変しています。

①必要なキャパシティのみを利用

需要のピークに合わせてインフラストラクチャを設計すると、ピーク時以外は使われないリソースが生まれ、過剰投資となってしまいます。クラウドにおいては必要な分のみのキャパシティを使用し、需要に応じて自動的にリソースを変動できます。

②本番環境と同等の規模でのシミュレーション

本番環境と同等の規模のテスト環境をオンデマンドで構築し、テスト完了後にリソースを解放できます。テスト環境の支払いは実行時にのみ発生するため、オンプレミスでテストを実施する場合と比べてわずかなコストで、本番環境をシミュレートできます。

③アーキテクチャを自動化

手作業をできるだけ排除し自動化することによって、クラウド利用費用を低減し、人的作業工数を削減します。アーキテクチャの変更を追跡、影響を確認し、必要に応じて以前の設定に戻すことができます。

④柔軟にアーキテクチャを変更

オンプレミスであればアーキテクチャの構築は1回限りのイベントとして実施されることが多く、システムの存続期間中に主要なバージョン変更がいくつか発生します。加えて、ビジネスとその状況が変化し続けるにつれて、当初の決定が原因で、変化するビジネス要件にシステムが対応できなくなる可能性があります。クラウドでは、システムをビジネス環境の変化とともに変更させることができます。

⑤データに基づいてアーキテクチャを進化

クラウドのインフラストラクチャはさまざまなメトリクスを取得できるため、ワークロードの動作に与える影響をデータに基づいて評価し、進化させることができます。

⑥ゲームデーを利用した改善

ゲームデーはシステムに故意に障害等のイベントを発生させ、どのようにシステムを回復できるかを評価します。ゲームデーにより定期的に本稼環境の動作をシミュレートすることで、アーキテクチャを改善します。これにより、改善できる箇所を把握し、イベント対応の知見を蓄えることができます。

図1-11 クラウド設計原則

①必要なキャパシティのみを利用

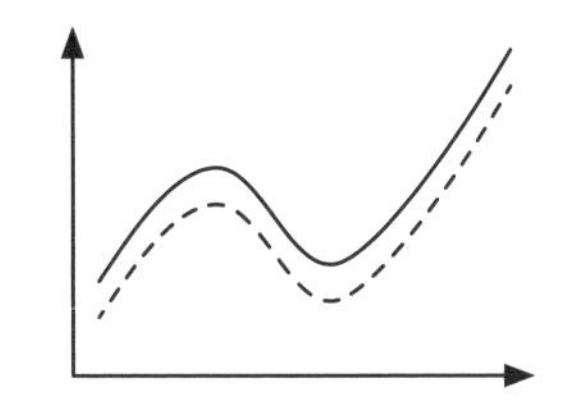

②本番環境と同等の規模でのシミュレーション

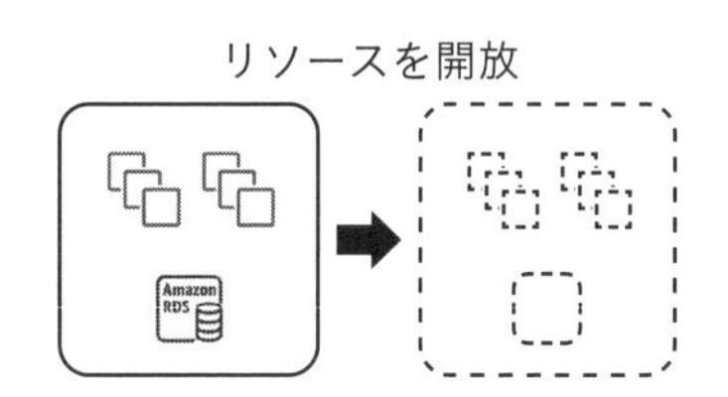

③アーキテクチャを自動化

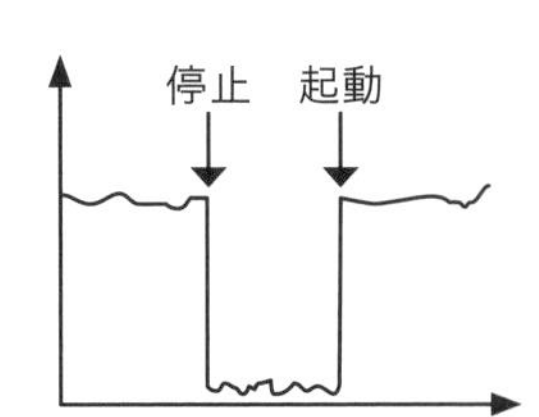

④柔軟にアーキテクチャを変更

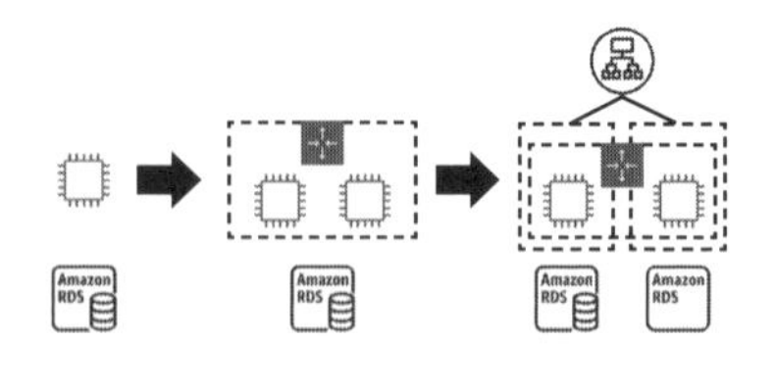

⑤データに基づいてアーキテクチャを進化

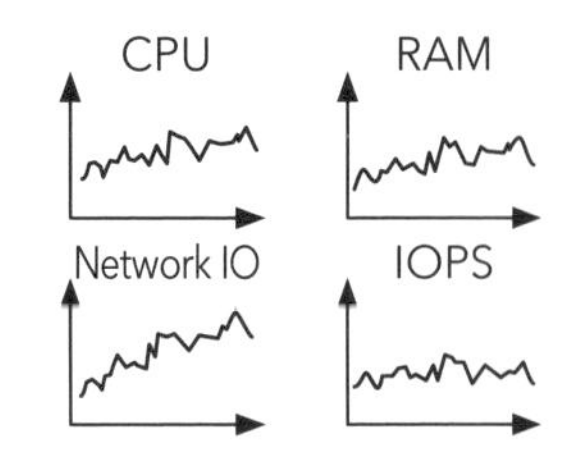

⑥ゲームデーを利用した改善

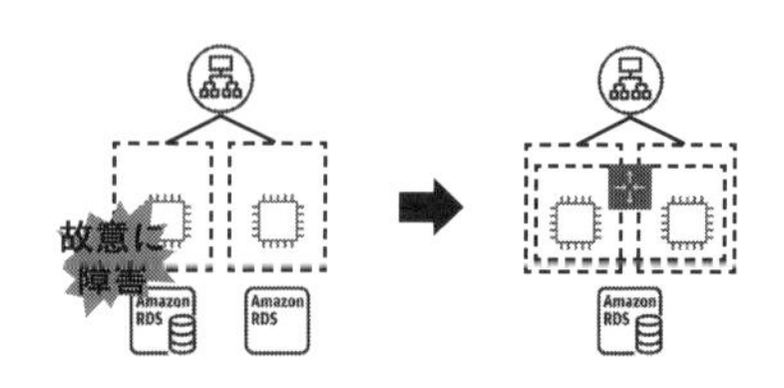

2 AWSコスト最適化

AWS Well-Architectedフレームワークに則ったアーキテクチャを構築し、持続的に改良・改善するプロセスを繰り返すことで、クラウド利用費用を中長期にわたって最適化できることが理解いただけたと思います。設計段階から“コスト最適化”の要素を取り入れることで、クラウドの価値を最大限に活かすことができます。これらの設計原則を加味したうえで、コスト最適化の要素をより詳しく見ていきましょう。

図1-12は、AWSが提唱しているクラウド利用費用最適化を進めるためのCloud Financial Management(CFM) フレームワークです。CFMフレームワークは、(1)クラウド利用費用の可視化、(2)-1迅速にクラウド利用費用削減を実現するためのクイックウィン最適化、(2)-2中長期的な視点でクラウド最適化に取り組むアーキテクチャ最適化、(3)クラウド利用費用の予測と次年度の予算策定のための予測に基づいた計画、(4)持続的なクラウド最適化を推進していくためのFinancial Operations(FinOps) の実践の4つの柱を持ちます。本節では、4つの柱それぞれの概略を解説します。

図1-12 CFMの全体概要

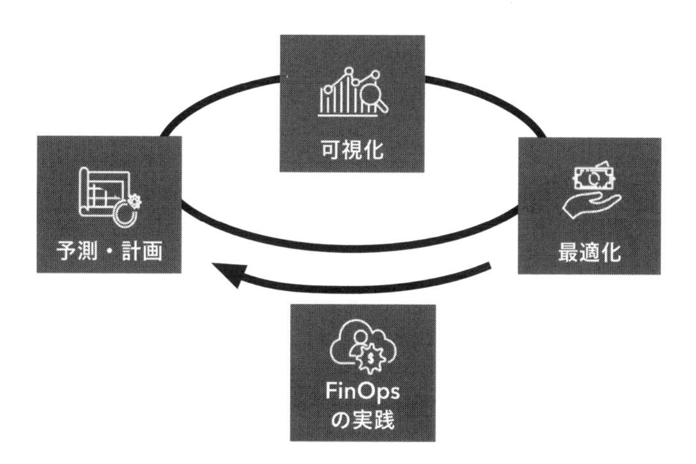

■ CFMの有効性

さて、クラウドを利用している利用者はどの程度よりよくクラウドを使いこなせているのでしょうか。AWSを含むクラウドへの移行後の支出を調査した結果、平均32%の過剰支出がなされているという結果があります(図1-13)※7。この過剰支出は、適切でないサーバーサイジング、クラウドの特性をうまく利用できていない、またクラウドサービスの定期的なアップデートに追随できていない等が原因として挙げられています。

※7 "State of the Cloud Report", P.47, Flexera, 2022.

図1-13 クラウド利用時の過剰支出

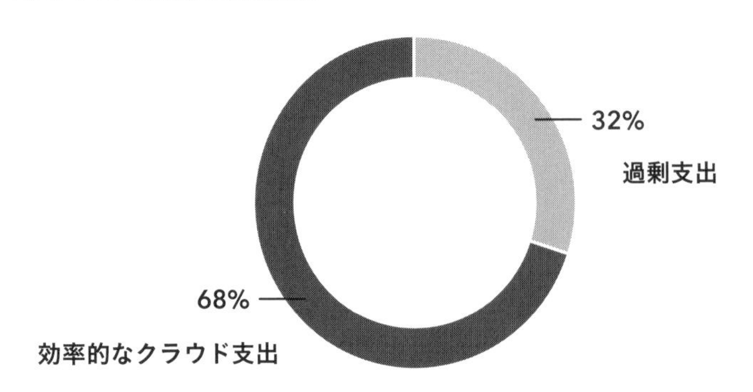

一方で、上述の4つの柱で構成されたCFMフレームワークを組織に組み込んだAWSの利用者においては、51〜61%超のクラウド利用費用削減を実現できているという結果が得られています（図1-14）※8。また、興味深いのはクラウド利用費用の削減だけではなく、55〜78%の売上増加を実現できているところです。削減した原資から革新的な領域に対してIT投資を加速し、加えてクラウドネイティブなアーキテクチャ・体制・運用プロセスを整備することで、開発スピードを上げ、ビジネスへの変更に迅速に対応可能となります。このように、クラウド利用費用最適化の仕組みを組織に組み込むことは、贅肉を削ぎ落とし筋肉質に変え、ITを強い武器に変えることにつながるのです。

図1-14 CFMの効果

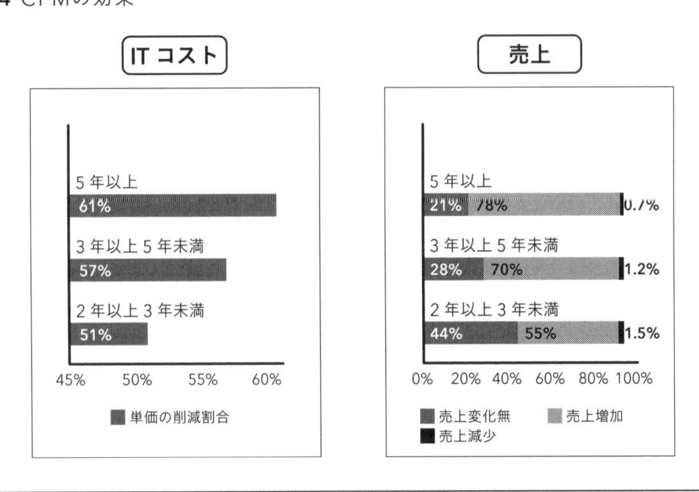

※8 "Cloud Financial Management, Small Changes Can Make Big Impacts", 451 Research and AWS, 2020.

(1) 可視化

クラウド利用費用を最適化するための最初のステップとして、利用しているリソースがどの組織/チーム/開発プロジェクト/サービスに帰属しているのかを明確にし、利用費用・利用量を監視・管理することが必要です。クラウド利用費用に対する責任の所在を明確にし、また利用費用のデータ取得と分析を通して投資対効果を把握することで、適切なIT投資・リソース配分を決定する材料となります。クラウド利用費用を管理するためには、クラウド利用の要件を明確にし、AWSリソースをどの権限のものが、どのようなタイミングで、どのように作成・変更・削除を実施するのかといったクラウド利用に係る方針を策定することから開始します。そのためには、AWSアカウントの分割・作成方針、AWSリソースへのタグ付け方針とガバナンス設計、IAMユーザーの権限、本番環境・開発環境・検証環境等の環境への利用条件等を決定する必要があります。詳細は第2章で解説します。

(2)-1 クイックウィン最適化

AWSへ移行し、本格的に利用していく中で大切なのは、利用費用を可視化したうえで、ワークロードの特性を評価し、段階的にかつ定期的に見直しを行うことです。その中で迅速にクラウド利用費用を最適にするためのクイックウィン最適化は、最初のアクションとなるでしょう。クイックウィン最適化は、次の6つが該当します。詳細は第3章で解説しますので、ここでは概要のみ触れます。

- ○ インスタンス選定
- ○ 購入オプション選定
- ○ 不要リソース停止
- ○ スケジュール調整
- ○ ストレージ選定
- ○ ライセンス最適化

インスタンス選定では、CPU、メモリ、ネットワークI/O、IOPSなどのリソース利用率から適切なサイジングを実施します。また、ワークロードの特性に応じたインスタンスのファミリーの変更、サービスの最新世代の利用、リージョン変更によって、クラウド利用費用を削減します。サイジングやファミリーの変更を行う際の留意点としては、パフォーマンスに影響は出ないか、ワークロードの特性や季節変動性を考慮したサイズ変更の実施に本当に問題はないか、インスタンスの変更による試験の稼働量と利用費用削減の両者を評価したうえでTCOを削減できるか、を検討することが重要です。AWSではインスタンスの世代が最新なほど単価削減とパフォーマンス向上を行っているため、定期的に世代を確認し、最新世代に変更していくことが推奨されます。また、ワークロードの特性に応じて適切なファミリーがあるため、その特性を考慮したうえで評価を行うことにより、利用費用削減だけでなく、パフォーマンスの改善も図ることができます。開発環境において、機能の検証のみを行う用途の場合、安価なリージョンを利用する方法も1つの方法です。海外リージョンを利用する場合の留意点としては、セキュリティ規約上問題がないか、リージョン間のデータ通信量が増加しないか、リージョン間の遅延は問題がないかを確認することが必要となります。

購入オプション選定では、ワークロードの特性や将来的な利用形態に応じて変更を検討します。購入オプションの初期設定であるオンデマンドインスタンスは、利用した時間に対する従量課金であるため、非本番環境での利用やPoCとして短期間のみの利用であるならば最適です。一方で、本番環境での利用や、24時間365日稼働を想定しているワークロードに対しては、1年もしくは3年間利用することを前提としたコミットメント割引のあるSavings Plans / リザーブドインスタンスの購入オプションを選択することが最適です。また、中断が発生しても大きな問題が起きないワークロードに対しては、最も単価の安いスポットインスタンスを適用するのも有効な手段です。ただし、スポットインスタンスはAWSが保有している、利用されていないハードウェアリソースを安価に利用できるサービスであり、ハードウェアリソースが逼迫すると中断が発生する可能性のある購入オプションであることに留意する必要があります。

不要リソース停止では、プロジェクトの開発ステージ、ワークロードの特性、人の入れ替わり等により使用されなくなったリソースや所有者不在のリソースを特定し、停止を検討します。

スケジュール調整では、クラウドの伸縮性の特徴を活かして、例えば開発環境において平日の夜間や土日に開発を行わないようであればオンデマンドインスタンスを停止し、不要な稼働を抑制することで利用費用を削減します。加えて、需要の変動が大きいワークロードに対しては、需要のピークにリソースを構築するのではなく、需要の変動に追従してインスタンスを増減することで、必要量のみの構築・利用費用に抑えられます。需要に応じてクラウドのリソースを増減するだけでなく、需要を管理しその量を制御することにより、利用費用を抑制することも必要となる場合もあります。そのためのアプローチとしては、リクエストの上限を設定し、上限を超過した場合に再試行機能を保有するスロットリングや、非同期処理を行うことで、AWSのリソースを制御するバッファリングを利用します。

ストレージは、ブロックストレージ、ファイルストレージ、オブジェクトストレージの3種類に大別できます。ストレージ選定では、ストレージの利用用途や性能要件を再評価し適切なサービスを利用することが肝要です。起動用途やIOPSの性能要件が求められる場合は、ブロックストレージを利用します。ファイルシステムを利用するアプリケーションの場合は、ファイルストレージを利用します。また、データをAPI経由で連携し、オブジェクトストレージを利用することで費用を抑制することができます。

クラウドへの移行において、商用データベースのライセンス形態が変わるケースが課題の一つとして挙げられます。オンプレミス環境で利用する場合と、クラウドで利用する場合で、必要なライセンス数の考え方が異なることにより、移行時にライセンス費用が課題になるのです。クラウドの利点を活かした柔軟なインスタンスのサイジングとOSSへの切り替えの再検討も重要となります。また、既存ライセンスの活用、いわゆるBring Your Own License（BYOL）のために、マルチテナントではなく、利用者専用の物理サーバーでAmazon EC2 インスタンスを起動する Dedicated Hosts を利用するといった方法もあります。

(2)-2 アーキテクチャ最適化

中長期的な計画としてTCOを最適化していくには、アーキテクチャの観点が不可欠です。特に重要となるのが、ネットワークアーキテクチャとクラウドネイティブサービス（マネージド型サービス/サーバーレス）の利用による既存アーキテクチャの最適化です。ここでは、この2つの概要について解説します。アーキテクチャ最適化の詳細は第4章で解説します。

ネットワークアーキテクチャは、可用性やネットワークの遅延等の各非機能要件とクラウド利用費用の両方を適切に評価することが肝要です。ネットワークアーキテクチャを検討するうえで、まずはデータ転送に係る費用体系の原則を理解しておく必要があります。データ転送費用は、インターネットからのインバウンド通信が無料、アウトバウンド通信なら有料です。さらに、同一のAZ内の通信は無料、AZ間の通信は双方向で有料、リージョン間の通信はインバウンドは無料、アウトバウンドは有料となります。その他ゲートウェイサービスの利用費用の費用体系を押さえたうえで、非機能要件を加味したアーキテクチャの検討を行います。

クラウドの特性を活かして、よりよい運用・拡張性と回復力を確保することで運用工数を削減し、生産性向上に加えてビジネスの俊敏性を高めていくためには、クラウドネイティブアーキテクチャを採用することが肝要です。利用者自身による設定・保守作業工数を軽減するために、システムを疎結合化し、コンテナサービスの利用やマネージド型サービス/サーバーレスを用いたアーキテクチャの検討を行います。

(3) 予測・計画

クラウド利用費用を予測し、年度の予算策定のための計画を行う必要があります。オンプレミスでは、ハードウェア支出において、中長期間を視野に入れた調達計画を行う必要がありました。クラウドを利用することで、必要な時にワークロードの需要に応じて利用することが可能となるため、過剰支出をなくすことができます。そして、需要の変化に柔軟に追随することで、過不足ない適切なリソースを構築できます。

一方で、クラウドの場合は費用の予測が運用費用ベースとなることから、オンプレミスの場合と比較して予算計画と支出の差異が相対的に多く発生します。したがって、予測のスパンを短くし、予実差異が発生した場合にその原因の特定と予測の見直しを行う必要があります。予測・計画の詳細は第5章で解説します。

(4) FinOpsの実践

持続的にクラウド利用費用最適化を実現するためには、今まで紹介してきた個々のアプローチを仕組み化することが必要です。そのためには、ビジネス戦略上におけるクラウド利用の位置付けに基づき、上述のアーキテクチャ最適化の検討に加えて、手動作業をできる限り排除し自動化を進めていくためのAWSサービスや、サードパーティー製品などを用いたソリューションが不可欠となります。加えて、人材の確保・育成やクラウド推進組織の組成、クラウド利用費用の可視化の徹底やクラウド最適化のためのガバナンスの構築も求められます。さらに、IT・クラウド利用によるビジネスへの貢献を可視化するための仕組み、共有費用等の配賦方法等の運用プロセスの確立も必要となるでしょう。

このような財務・ビジネスの観点を踏まえたうえでクラウド最適化を推進するためのFinancial Operations(FinOps)を実践することではじめて、クラウドを有効活用しつつ持続的なクラウド利用費用最適化を実現することが可能となります。FinOpsの詳細は第6章で解説します。

第2章

可視化

概要

クラウドは使った分だけ支払う従量課金形式が基本であるため、クラウド利用費用を管理するためには、現在どのくらい利用しているかを計測することが重要です。本章ではクラウドの利用状況を計測しやすくするための仕組みづくりとして、可視化に焦点を当てて解説していきます。可視化により、現在どれくらい使っているのかを一目で把握できるようになります。そして今月の利用料金はどれくらいになりそうかを事前に把握することができます。

2-1では、本題に入る前に可視化の目的を述べます。続いて2-2では、AWSにおける請求単位となるアカウントについて立ち止まり整理します。2-3では、可視化の入り口であるタグ付けについて、ベストプラクティスを例示していきます。2-4では、タグ付けを効率的に行うためのAWSサービスを、そして2-5では、可視化のためのAWSサービスを解説していきます。

1 可視化の目的

クラウド利用費用最適化の最初のステップは、AWSサービスの利用状況の可視化です。クラウドは利用量によって利用費用が変動する従量課金形式が基本であるため、クラウドを効率的に最適化するためには、根拠となるクラウド利用費用と利用状況の情報の可視化は非常に重要です。可視化のポイントは、何をどこまで可視化するのか、という点にあります。可視化のための手間や得られた情報の保存にかかる費用など、すべてを可視化することが逆に最適化の足かせになってしまうことも考えられます。

無駄な監視や情報収集をしないために、まずは可視化の目的、すなわち、「どのような情報が得られたらどのようなアクションを実施したいのか」という点を明確に定めることで、必要な情報や粒度などが自然と定まります。例えば、各部門（あるいは各システム）の毎月（あるいは毎週）の予算が70%を超えたらアラートを上げる、90%を超えたら新規のインスタンスの立ち上げを認めないようにする、各部門あるいはシステム単位でAmazon EC2の利用量の日単位での変化を収集し土日の稼働停止がどの程度できているか確認し、常時稼働のシステムについては後述するSavings Plansの適用を検討する、などといったように、可視化で何をしたいのかということが明確に示せるようになれば、可視化したい項目や粒度などが定まってくるでしょう。

ただし、クラウド利用費用の数字だけを可視化・報告するというのは、陥りがちな間違いです。「いくらかかっているのか」という情報だけでなく、「利用量や利用状況に対していくらかかっているのか」ということを可視化することで、その費用の妥当性が判断できるようになります。AWSの各サービスには、クラウド利用費用がいくらになっているのか、という情報はもちろんのこと、利用者のサービスの利用状況も記録されています。この利用状況の情報を利用者が出力・集計したり、あるいは表やグラフなどの形式で過去の経緯や現在の状況を可視化したりすることができます。

本章では、可視化のためのアカウント分割やタグ付けについて、そして可視化に有益なAWSコスト管理サービスを解説します。

2 アカウント分割

1 クラウド利用費用の可視化とAWSアカウント

クラウド利用費用はAWSアカウントごとに請求が行われます。つまり、アカウントを分けることによって、組織におけるクラウド利用費用の請求単位が明確に分離・可視化でき、把握しやすくなります。それ以外にも、開発・テスト・本番などの環境を分離できるなど、アカウントを分割することで得られる効果があります。ここであらためて、アカウントを分割することで何が実現できるかを整理してみましょう。

最初に、AWSアカウントの分割により実現できることを4点挙げます。

1点目は、環境の分離です。セキュリティや統制のため、「開発者が許可なく本番環境にアクセスできなくすること」が求められるケースはよくあります。これを実現するには、Amazon VPCを分割し、権限制御するなどいくつか方法があるのですが、AWSアカウントから分けるのがシンプルな方法です。例えばVPC分割ではネットワークレベルでの分離となりますので、AWS Identity and Access Management(AWS IAM)を用いて権限制御を行います。この場合、環境や組織が増えるにしたがって、管理対象は増え、運用は煩雑なものになっていきます。アカウントを分割することによってマネージドコンソール、API単位での分離が容易に実現できます。また、本番環境と開発環境のコンソールが明示的に分かれることによって、オペレーションミスなどのリスクを軽減することができます。

2点目は、ビジネス推進の円滑化です。全社で統一の管理基準で運用すると、個別の部門やシステムの要件を満たすことができず、結果的にITがビジネスを阻害してしまうことがあります。これでは本末転倒です。アカウントをビジネス部門ごとに払い出して完全に分離された環境をつくり、ガードレール(実施してはいけない操作を禁止したり、危険な設定を監視したりする仕組み)で管理された環境を提供することで、他部門に影響することなく、独自のポリシーでIT環境を運用できます。また、スピードを高めるために、すべてのアカウントのガバナンスの制御を管理アカウントで行うのではなく、指定したアカウントに権限を委譲することができます。例えば、セキュリティを管理するアカウントを作り、セキュリティサービスのマネジメントはそのアカウントに任せるなどが考えられます。

3点目に処理の分離です。アカウントを分割することで、セキュリティレベル、サービスレベルが異なる処理を明確に分離できます。認証や認定などを取得する場合は、アカウント単位で監査および評価できます。また、サービスクォータ※1も管理しやすくなります。AWSでは、クォータ（以前は「制限」と呼ばれていた、サービスの利用や利用数に設けられている上限値のこと）が設定されているサービスがあります。クォータはアカウント単位で管理されるため、アカウントを分けることでほかのシステム起因により、サービスが新規に起動できないというような問題を回避できます。

Column

サービスクォータ

クォータはすべての利用者に可用性と信頼性の高いサービスを提供し、またオペレーションミスなどによる意図しない支出から利用者を保護するための仕組みです。例えばAmazon EC2では、1つのリージョンで起動できるインスタンスの最大数が、タイプごとに定められています。この仕組みによって、Auto Scaling グループの設定ミスやオペレーションのミスなどにより多くのインスタンスを誤って起動状態にしてしまうといった事故から利用者を保護します。もちろん、ビジネスの拡大などにより多くのリソースが必要になることは正常な状態ですので、その場合は申請を行うことでクォータの引き上げを実現できます。引き上げが可能かどうか、またどこまで引き上げられるかは、サービスによって異なります。

4点目は、課金・請求の管理です。アカウントを分割すれば、割り振られたアカウント単位でクラウド利用費用が表示されますので、管理がシンプルになります。また、課金に対する責任やコントロールも明確にすることができま

※1 https://docs.aws.amazon.com/ja_jp/general/latest/gr/aws_service_limits.html
https://aws.amazon.com/jp/premiumsupport/knowledge-center/manage-service-limits/

す。アカウントを分割しない場合、同一アカウント内で複数のサービスやシステムを動かすことになります。この時、各システムにおいてクラウド利用費用の集計や可視化を行いたい場合は、コスト配分タグを設定して振り分けていかなければなりません(コスト配分タグの詳細は後述)。

アカウントを分割することで、これら4つのメリットが得られます。ただし、実現する方法はアカウント分割だけではありません。「環境の分離」で述べたとおり、以前はVPC(またはサブネット)単位での分割も一般的でした。例を挙げると、1つのAWSアカウントの中に本番環境用VPCと開発環境用VPCを作るという方法です。しかしながらVPC分割では、時間経過に伴って管理が複雑になったり、リソースのトラッキングが困難になったりするという問題が発生します。また、環境ごとにクラウド利用費用を明確にすることも難しくなります。

マルチアカウント対応のAWSサービスが増加し、マルチアカウント環境をシンプルに管理するための方法も充実してきたことから、今日では、単一の管理主体が複数のAWSアカウントを持ち展開する構成、つまりマルチアカウント構成が主流になっています。

2 マルチアカウント管理のためのサービス

AWSでは、マルチアカウントを管理するためのサービスとして、AWS Organizationsを提供しています。AWS Organizationsはクラウド環境を一元的に管理および統制する機能で、うまく使うことでAWSリソースの増加やスケーリングに効率よく対応できるようになります。また、複数のAWSアカウントにおける一括請求機能があり、今回のテーマであるクラウド利用費用最適化においても大きな力を発揮します(図2-1)。

図2-1 AWS Organizationsで実現できること

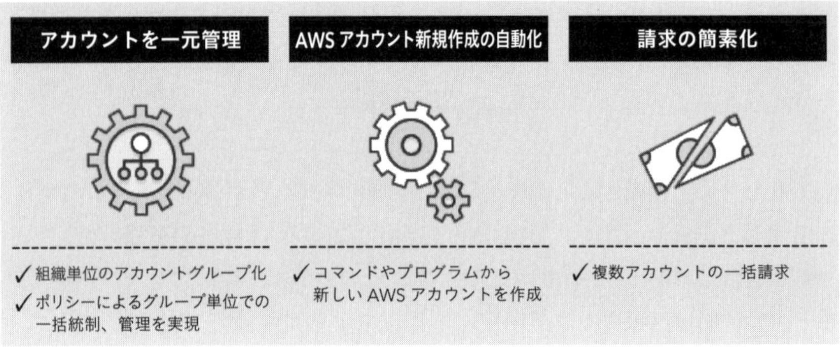

アカウントを一元管理	AWSアカウント新規作成の自動化	請求の簡素化
✓組織単位のアカウントグループ化 ✓ポリシーによるグループ単位での一括統制、管理を実現	✓コマンドやプログラムから新しいAWSアカウントを作成	✓複数アカウントの一括請求

AWS Organizationsを利用するうえで最初に押さえておきたい用語を表2-1に列記します。最初にすべてを理解する必要はありませんので、入り口としてまずは「マルチアカウント管理を効率よく行うサービスである」ことを押さえておいてください。

表2-1 AWS Organizations の利用上押さえておきたい用語

用語	説明
組織	AWS Organizationsにおいて、複数のAWSアカウントを一元的に管理するためにグループ化したものを組織といいます。組織には、1つの管理アカウントと、任意の数のメンバーアカウントが含まれます
管理アカウント	組織を管理するためのアカウントです。組織内の管理アカウント以外のアカウントは、すべてメンバーアカウントになります。管理アカウントには、自身の料金だけでなく、メンバーアカウントによって発生したすべての料金を支払う責任があります。そのため、請求関連の文脈では支払いアカウント（ペイヤーアカウント）と呼んだりもします
Organization Unit（OU・組織単位）	組織内において、AWSアカウントを複数まとめたグループのことです。親子関係をもつ階層構造を構成することができて、OUの中に複数のOUやメンバーアカウントを所属させることができます。ただし、OUやメンバーアカウントは複数のOUに所属することはできません（親OUはひとつ）
ルート	階層全体における最上部で組織のすべてのアカウントが設定されます。SCPをルートに適用すると、組織内のすべてのOUとアカウントに適用されます。なお、ルートは1つのみ持つことができ、組織の作成時にAWS Organizationsによって自動的に作成されます
Service Control Policy（SCP）	SCPは、組織内のAWSアカウントに対して、権限制御を行う仕組みです。ポリシーを組織のルートあるいはOUにアタッチすることで、そこに所属しているAWSアカウントに対して機能します

これらの構成要素を図示すると、図2-2のようになります。

図2-2 AWS Organizationsの構成

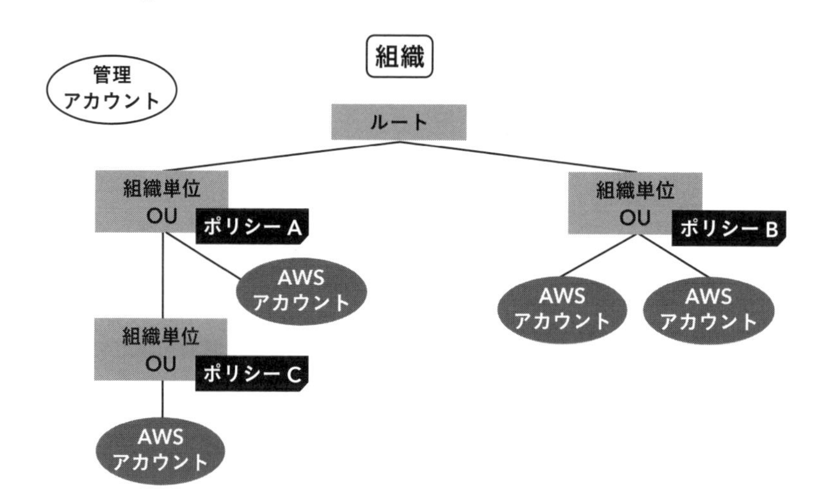

全体像のイメージを持ったうえで、AWS Organizations※2で実現できることについて、具体的に見ていきましょう。

(1) アカウントを一元管理

AWS Organizationsでは、OUを作ってAWSアカウントをグルーピングすることができます。作成したOUにはSCPを設定することができます。SCPは簡単にいうと、アカウントにおけるアクセスコントロールを行う仕組みで、AWS IAMとよく似ています。AWS IAMは利用者単位、ロール単位にコントロールが行われるのに対し、SCPは対象のAWSアカウント全体に対して適用されます。全体に適用されますので、そのAWSアカウント内のルートユーザー※3に対しても、サービス、リソース、リージョンへのアクセスを制限することができます。

また、サービスの中には、AWS Organizationsと統合されているサービスも存在します。例えばAPIの使用状況を追跡し、利用者の活動を継続的に

※2 AWSアカウントの作成（調達）方法によっては、AWS Organizationsが利用できない場合があります。AWSのパートナー企業から購入されている場合は、AWS Organizationsが使えるかどうか購入元に確認が必要です

※3 AWSアカウントを作成した時に用意したEメールアドレスとパスワードを使用してサインインできるアカウントであり、請求情報など支払いに関連したものも含めた、AWSのすべてのサービスとリソースに対して無制限にアクセス可能な強力な権限を保有しています

モニタリングできるAWS CloudTrailというサービスがありますが、AWS Organizationsと組み合わせて使うことで、管理アカウントをはじめとした組織のすべてのメンバーアカウントのガバナンス、コンプライアンス、運用およびリスクの監査ログの記録を有効化できます。

(2) AWSアカウント新規作成の自動化

組織に属する新しいAWSアカウントを作成し管理することができます。また、AWS CloudFormationと組合わせて利用することで、作成したアカウントに合わせてリソースもプロビジョニングすることができます。

(3) 請求の簡素化

一括請求（コンソリデーティッドビリング）機能を使用して、管理下のアカウントにおける個々のクラウド利用費用を表示および管理することができます。また、後述するSavings Plans / リザーブドインスタンスを複数のアカウント間で共有でき、従量制割引（ボリューム割引）の対象金額も合算できるため、より効率的にクラウド利用費用最適化の恩恵を受けられるようになります。

Column

AWSアカウントとルートユーザー、IAMユーザー

混同しがちな言葉として、AWSアカウントとルートユーザー、IAMユーザーがあります。ルートユーザーはメールアドレスとパスワードで認証し、AWSアカウント内のすべてのリソースへの完全かつ無制限なアクセスを有します。ルートユーザーは、日常的には利用しないことをお勧めします。一方でIAMユーザーは、AWS IAMを使用して作成するIDで、通常はこちらを利用します。通常の利用では、AWSアカウントの中に1つのルートユーザーと、自身で作成した複数のIAMユーザーが存在することが一般的です。

3 クラウド利用費用観点でのAWS Organizations活用

AWS Organizationsの一括請求機能を使うことで、組織のAWSアカウントにおける利用費用を一元的に管理することができます。どのようにクラウド利用費用を一元管理できるのか、まずはイメージをつかんでいきましょう。図2-3のように、一括請求における各アカウントの関係は、管理アカウントに対して複数のメンバーアカウントが紐づけられているような状態です。したがって、一括請求においては管理アカウントのことを「支払いアカウント」「ペイヤーアカウント」「Payerアカウント」と呼んだり、メンバーアカウントのことを管理アカウントに紐付けされたアカウントの意味で、「リンク済みアカウント」「リンクトアカウント」「Linkedアカウント」と呼んだりすることもあります。本書では特に使い分けはせず、管理アカウントとメンバーアカウントで説明を続けていきます。

図2-3のように、管理アカウントには、メンバーアカウントの支払いがまとめて請求されます。また、管理アカウントではAWSの請求を一括表示でき、各メンバーアカウントの請求情報を確認できます。

図2-3 管理アカウントとメンバーアカウント

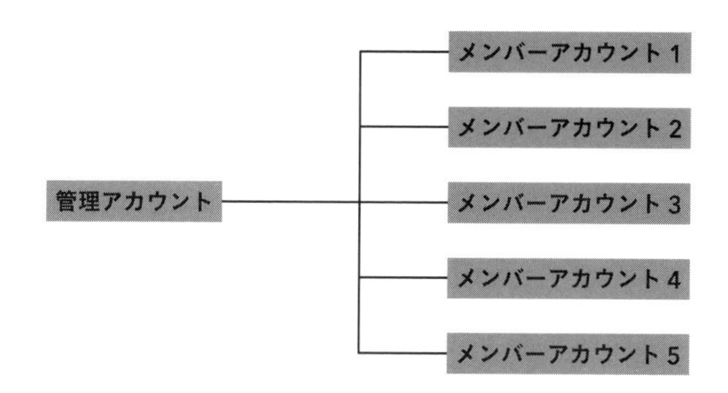

さらに、一括請求ではクラウド利用費用を下げるための以下の仕組みが利用できます。

(1) Savings Plans / リザーブドインスタンスの共有

Savings Plans / リザーブドインスタンスはアカウントごとに購入しますが、AWS Organizationsを使うことで、個々のアカウントが持っているSavings Plans / リザーブドインスタンスをAWS Organizations配下のメンバーアカウントで共有できます。これにより、使わなかった（余らせてしまった）Savings Plans / リザーブドインスタンスを、ほかのアカウントに適用させるといったことができるため、組織全体で見て効率的に割引を利かせることができます。例を挙げて説明しましょう。

図2-4のような、AWS Organizationsにアカウント1とアカウント2という名前のメンバーアカウントが存在する環境があるとします。アカウント1は東京リージョンにおいて、m5.xlargeインスタンスのリザーブドインスタンスを5つ保有しています。

図2-4 リザーブドインスタンスとSavings Plansの共有の説明例

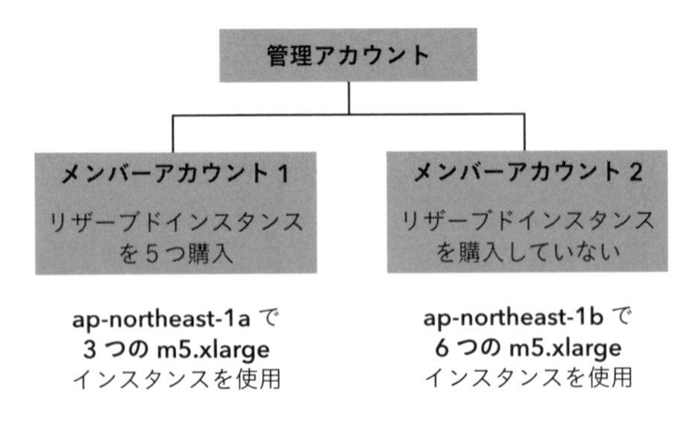

アカウント1ではm5.xlargeを当初5台使用する予定でしたが、一部のプロジェクトが中止となり、現状は3台で運用しています。一方、アカウント2では別のシステムにm5.xlargeを6台使用しています。このケースにおいて、一括請求を使ってSavings Plans / リザーブドインスタンスの共有をする場合と共有しない場合について考えてみましょう。

- **一括請求を使ってSavings Plans / リザーブドインスタンスの共有をする場合**

アカウント1はm5.xlargeのリザーブドインスタンスを5つ購入していますが、アカウント1における該当インスタンス（m5.xlarge）の使用台数は3台です。この時リザーブドインスタンスが2つ未使用となりますが、AWS

Organizationsを使ってSavings Plans / リザーブドインスタンスの共有をすることで（共有はデフォルトで有効になっています）、アカウント2の2台分にリザーブドインスタンスが適用されます。結果として、オンデマンドの利用料金を払う必要があるインスタンス数はアカウント2の4台になります。

- **Savings Plans / リザーブドインスタンスを共有しない場合**

アカウント1のm5.xlarge 3台にはリザーブドインスタンスが適用されますが、アカウント2には適用されません。アカウント2は6台分のオンデマンド利用料金を支払う必要があります。組織的に見れば、リザーブドインスタンスを2つ分無駄にしているともいえます。

あえて共有しないケースとしては、Savings Plansやリザーブドインスタンスの購入を行ったアカウントの所掌外でそれらを使われたくない場合や、会計処理の都合などの理由が考えられます。

(2) 従量制割引における利用量の合算

AWSのサービスには、使用量が増えるにしたがって単位あたりの利用費用が下がるものがあります。このような割引を「従量制割引」や「ボリューム割引」「ボリュームディスカウント」と呼びます。例えばAmazon S3では、表2-2のようにひと月あたり50TB以下は1GBあたり$0.025ですが、50TB超500TB以下の1GBあたりの単価は$0.024、500TBを超えると1GBあたり$0.023となります。

表2-2 Amazon S3標準ストレージ料金（東京リージョン）

利用容量	クラウド利用費用
50TB/月以下	$0.025/GB
50TB/月超500TB/月以下	$0.024/GB
500 TB/月超	$0.023/GB

一括請求を適用している場合、組織におけるすべてのアカウントを合算して利用量を算出します。個々のアカウントにおける使用量では割引基準まで至らない場合でも、組織下のほかのアカウントの利用状況により割引が適用されることがあります。

では、ここで具体的にシミュレーションしてみましょう。

A株式会社の一括請求には、情報システム部とサービス部のアカウントの2つが含まれているとします。情報システム部のアカウントは管理アカウントであるため、自身とサービス部の両方の料金を合算して支払います。

ある1か月における、Amazon S3標準のストレージ利用量は以下のとおりでした。

- ○ 情報システム部　300TB
- ○ サービス部　400TB

この場合について、一括請求を利用している場合と、個別に支払いを行っている場合の2パターンでシミュレーションしてみます。

● 一括請求を利用している場合のクラウド利用費用

2部門合計で700TBのAmazon S3標準を使用しています。この場合、次の金額がAWSより請求されます。

- ○ 50TBの利用料としてGBあたり$0.25（$0.25 × 50 × 1024）
- ○ 450TBの利用料としてGBあたり$0.24（$0.24 × 450 × 1024）
- ○ 200 TB の利用料として GB あたり $0.23（$0.23 × 200 × 1024）

これらを合計すると、$170,496となります。

● 個別に支払いを行っている場合のクラウド利用費用

〈情報システム部の利用料金〉

- ○ 50 TB の利用料として GB あたり $0.25（$0.25 × 50 × 1024）
- ○ 250 TB の利用料として GB あたり $0.24（$0.24 × 250 × 1024）

合計　$74,240

〈サービス部の利用料金〉

- ○ 50 TB の利用料として GB あたり $0.25（$0.25 × 50 × 1024）
- ○ 350 TB の利用料として GB あたり $0.24（$0.24 × 350 × 1024）

合計　$98,816

各部が個別に支払いを行っている場合は、A株式会社としての支払いは2部門合計で74,240 + 98,816 = $173,056となります。このケースでは、一括請求を適用することで、月々$2,560のクラウド利用費用の削減ができることになります。対象アカウントや利用量が増えれば、削減量はさらに大きいものとなるでしょう。

3 タグ付け

AWS上で多くのリソースを稼働させ、管理しているとそのリソースが誰のものなのか、どのシステムのものなのか把握しづらくなってきます。タグ付けは、それを解決する方法の1つです。タグはAWSリソースに張り付けるラベル（名前）のようなもので、タグを使用する（＝リソースにタグ付けする）ことで、AWSリソースを組織、環境、目的などさまざまな方法で分類し、管理することができます。例えば「このAmazon EC2はウェブサーバーとして使われているので、Name = WEBという値を設定する」といった運用です。そして、タグにはクラウド利用費用の把握や管理に役立つ機能があります。これを特に「コスト配分タグ」といいます。

1 コスト配分タグ

コスト配分タグには、「AWS 生成コスト配分タグ」と「ユーザー定義のコスト配分タグ」の2種類があります。AWS 生成コスト配分タグはAWSにより自動で設定されるもので、特別な操作は必要ありません。ここでは自分たちで定義できる「ユーザー定義のコスト配分タグ」について詳しく説明します。

先ほどタグはAWSリソースに張り付けるラベル（名前）のようなものと述べましたが、コスト配分タグについてもそのイメージを持っておいてください。図2-5のように、タグはそれぞれ、1つの“キー（Key）”と1つの“値（Value）”の組み合わせで構成されており、どちらも利用者自身で設定を行います。図2-5の場合はキーに"Name"を設定し、値に"test"と設定しています。

図2-5 コスト配分タグ

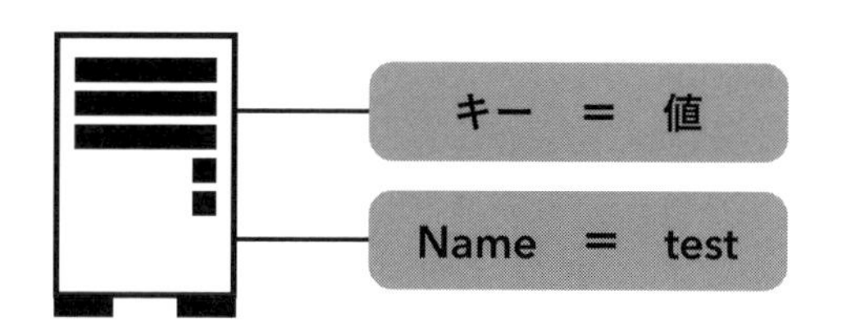

Amazon EC2インスタンスなどのリソースにタグを付けることで、AWS Cost Explorerや請求レポートにおいて設定したタグ別に利用料金を出力することができます。例えば、システム開発部で複数の開発案件があり、同じアカウントでそれぞれ複数のAmazon EC2インスタンスを使っているとします。案件Aには「PJ-A」、案件Bで使用するものには「PJ-B」というタグを付けておきます。こうすることで、同じAmazon EC2の利用費用でも案件AとBで分けて確認することができます。

ただし、どういうリソースにどのようなタグを付けるか、また命名規則はどうするのかを事前に考えておかないと、将来運用が破綻し、かえって混乱を招くおそれがあります。タグを追加する前に、しっかりとタグを管理するための戦略を立てることで、一貫したタグの運用を長期に渡って行うことができます。ここからは、AWSリソースにおけるタグ付け戦略について解説します。

2 タグ付け戦略

タグ付けをするにあたって、事前に整理しておくべき観点を3つ挙げます。

(1) タグ付けの目的
(2) ステークホルダーの明確化
(3) タグ付けできないリソースの扱い

まず、タグ付けの目的を以下に記します。

(1) タグ付けの目的

タグ付けをする目的は、表2-3に示すように、大きく4つ挙げることができます。

表2-3 タグ付けの目的

タグ付けの目的	概要
クラウド利用費用・利用量割り当て	コスト可視化や予算管理を目的として、クラウド利用費用と利用量の割り当て状況を管理します。
操作制御	タグを使って、操作を行う対象を指定できます。
運用の効率化	AWSリソースを特定し、運用を効率よく行ったり、オペレーションミスを防いだりすることを目的とします。
アクセス・セキュリティ制御	アクセスコントロールや、セキュリティおよびコンプライアンス制御を目的とします。

まず、本書のトピックであるクラウド利用費用を管理するためのものです。先に述べたとおり、タグを付けることで、案件やシステムごとに発生している利用費用や予算を可視化し、管理しやすくなります。

次に、操作制御です。タグを使ってオペレーションやサービスの操作対象を指定することができます。AWS Instance Schedulerというソリューション（詳細は第3章5節で説明します）を例に挙げて説明してみましょう。

AWS Instance Schedulerは、Amazon EC2インスタンスやAmazon RDSインスタンスの開始スケジュールと停止スケジュールを設定することで、クラウド利用費用を管理するサービスです。開発環境のウェブサーバーとして稼働しているAmazon EC2は平日の朝9時に起動して17時に停止する、土日は終日停止状態にしておく、といった具合に運用を自動化できます。

このとき、Amazon EC2ダッシュボードからインスタンスの一覧を見ても、複数あるうちのどのインスタンスが「開発環境のウェブサーバー」であるかは、システムを管理している担当者以外はわかりません。ここで登場するのがタグです。起動・停止オペレーションの対象範囲をタグで指定することにより、複数台のAmazon EC2に対し、まとめて起動・停止命令を出せます。開発環境のウェブサーバーに同じタグを付け、それを対象に指定することで、AWS Instance Schedulerではタグが付けられたサーバー群に対して一括制御ができます。

また、タグで制御範囲を指定できるAWSサービスもあります。例えばAWS CodeDeployはコンピューティングサービスへのソフトウェアのデプロイを自動化するマネージド型のサービスですが、このサービスでは指定したタグが付いているインスタンスに対してソフトウェアやアプリケーションのデプロイをする、といったような制御ができます。

3番目は運用の効率化です。これは操作制御と似た使い方ですが、操作制御はどちらかといえば自動実行やサービスからの実行を主な目的として設定していました。これに対し、運用の効率化は人（運用担当者）のためにつけるタグといえます。担当者がシステムやサービス、役割を見分けるのにタグを使うという目的です。

4番目のアクセス・セキュリティ制御は、セキュリティリスク管理を強化する必要があるリソース（例えば、機密データや機密データを処理するアプリケーションをホストするAmazon EC2インスタンスなど）を識別する使い方です。AWS IAMを用いてタグに応じて利用者ごとの実行権限を設定することで、適切なアクセスを保証できます。

(2) ステークホルダーの明確化

次に、ステークホルダーについて整理します。もともとは利害関係者と訳されることが多い言葉ですが、タグ付け戦略においてはそのタグの利用に関与する人、という意味合いで用いています。

「クラウド利用費用・利用量割り当て」のステークホルダーはシステム部門や財務系の部門が該当するでしょう。この場合、設定するタグキーには、リソースの保有者を設定するもの、例えば"Owner"や、"Cost-center/Business Unit"、"Project"などが考えられます。

「操作制御」のステークホルダーにはシステム部門等が該当します。設定するタグキーは、サービスのオン・オフをコントロールするためのもの、例えば"Date/Time"や"Opt in/Opt out"などが考えられるでしょう。

「運用の効率化」のステークホルダーは保守・運用部門になります。タグキーには"Name"、"Application ID/Role"、"Environment"など運用に関わるものが設定されるでしょう。

「アクセス・セキュリティ制御」のステークホルダーはセキュリティ部門やシステム管理部門などが該当します。タグキーには"Confidentiality"や"Compliance"などが考えられます。

このように、タグにステークホルダー、つまり担当組織名やグループ名を設定することで、どの組織が該当リソースの窓口になっているか、アクセス権限を持っているのはどのグループか、などを素早く把握することができます。

可視化ツールとして挙げたAWS Cost Explorerでは、タグを使用してAWSリソースの使用状況をタグ別にグループ単位で分類したり、集計したりすることができます。例として、Amazon EC2がA組織で30台、B組織で50台運用されているケースを想定してみましょう。これを1つのアカウントで運用すると、80台分のクラウド利用費用の合計値が表示され、各組織における利用料を算出し、分配する手間が必要になります。ここで、各インスタンスに利用組織のタグを付与しておけば、タグ別に利用費用を出力することができます。

(3) タグ付けできないリソースの扱い

AWS サービスの中には、タグをサポートしていないものもあります※4。税金やサポートに関わる費用や、データ転送費用なども、タグを付けることができない点に注意が必要です。タグをサポートしていないサービスや、請求期間中にタグを未設定にしている時は、請求において未分類 コストとして扱われる場合があります。これらについては、コスト配賦方法を別途整備する必要があります。コストの配賦については、第6章3節で詳細を述べます。

(4) タグ付けの注意事項

個人情報などの機密情報や秘匿性の高い情報はタグに設定しないようにします。タグは、多くの AWS のサービス（請求など）からアクセスできることを認識しておく必要があります。

3 タグを付与する方法とアクティブ化

タグを使うことによる効果を説明したところで、ここからはタグを付与する方法と、請求情報への反映（アクティブ化）の方法を見ていきます。全体の流れは以下のようになります。

※4 参考：AWS リソースグループ でサポートされているリソース
https://docs.aws.amazon.com/ja_jp/ARG/latest/userguide/supported-resources.html

①メンバーアカウントでリソースにタグを付与
②管理アカウントのコスト配分タグの画面に表示されるまで待つ
③管理アカウントのコスト配分タグの画面でタグをアクティブ化
④請求レポート、AWS Cost Explorerへの反映を待つ

タグの付与については、本書ではマネジメントコンソールを使う方法を紹介します。マネジメントコンソールからタグを付与する場合、個々に付与するのか、集中管理的に付けていくのかで手段を使い分けるとよいでしょう。

(1) リソースに対して個々に付与
(2) AWS Resource Groupsタグエディタを用いてタグを集中管理

(1) リソースに対して個々に付与

タグを付与するもっとも簡単な方法は、リソースに対して個々に直接付けていく方法です。タグはリソースを作成するタイミングで付けることもできますし、作成した後もいつでも付けることが可能です。ここでは、すでに作成し稼働しているAmazon EC2インスタンスに対して、タグを付与していくシナリオを紹介します。

Amazon EC2サービスメニューからダッシュボードを選択すると、運用しているAmazon EC2インスタンスが表示されます（図2-6）。

図2-6 Amazon EC2のマネジメントコンソール画面

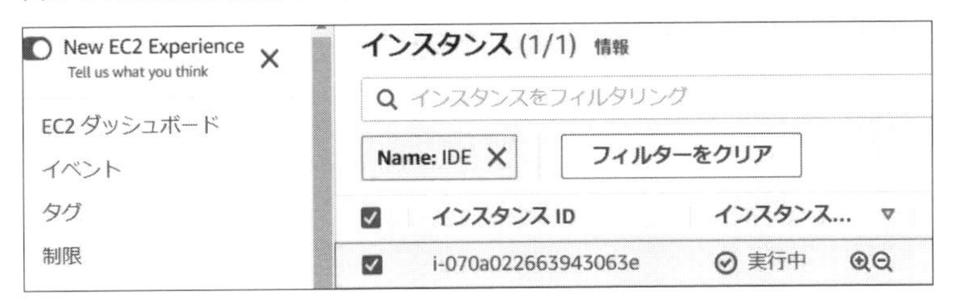

ここで任意のインスタンスを選択し、メニューからタグを選択すると、そのAmazon EC2インスタンスに付与されているタグが確認できます。この例では、Key="Name", Value="IDE" というタグが確認できます。

インスタンス: i-070a022663943063e (IDE)

詳細 セキュリティ ネットワーキング ストレージ ステータスチェック モニタリング タグ

タグ

タグを管理

Key	Value
Name	IDE

新たにタグを追加したり、編集・削除したりする場合は、右側に見える「タグを管理」ボタンをクリックします。

これにより「タグを管理」機能に遷移し、GUIからタグの設定を行うことができます。この画面にも、先ほど確認したKey="Name", Value="IDE" というタグが確認できます。

また、Amazon EC2にはタグを一括管理するタグ管理機能が用意されています。この機能を利用するには、メニューからタグを選択します(図2-7)。

図2-7 Amazon EC2のタグメニュー

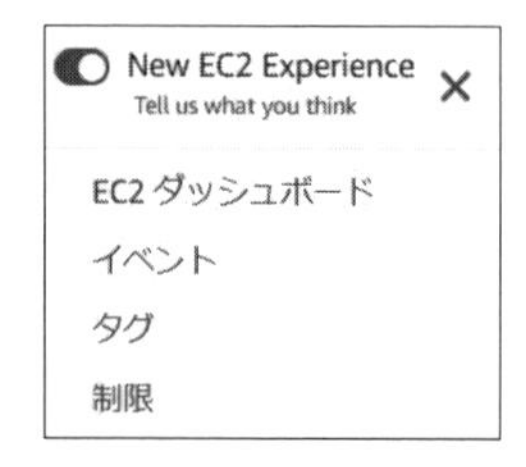

タグ管理機能では、管理インスタンスのリソースIDが列挙され、それらに対してタグを一括付与したり、削除したりすることが可能です。ここでは、5つのインスタンスを選択（チェック）し、キーにOwner、値にTeamAを設定しています。

タグ > 管理

リソースにタグを追加すると、EC2 インフラストラクチャの管理を簡略化できます。下のグリッドからリソースを選択し、グリッ
トロールを使用して新しいタグを適用するか、既存のタグを削除します。各リソースに最大 10 個のユニークなキーを追加し、各
ョンで値を指定できます。タグのキーと値は大文字と小文字が区別されます。

フィルタ: インスタンス
リソースの検索
5 中の 1

リソース ID
i-0e2eeda592810faa0
i-0b2bfde4aeea510df
i-05dd3dd69be148af2
i-070a022663943063e
i-0367d730b049d9059

タグの追加
キー Owner 値 TeamA タグの追加
または
タグの削除
キー 最大 128 文字 タグの削除

タグの追加をクリックすると、Amazon EC2ダッシュボードからもタグが一括付与されたことが確認できます。

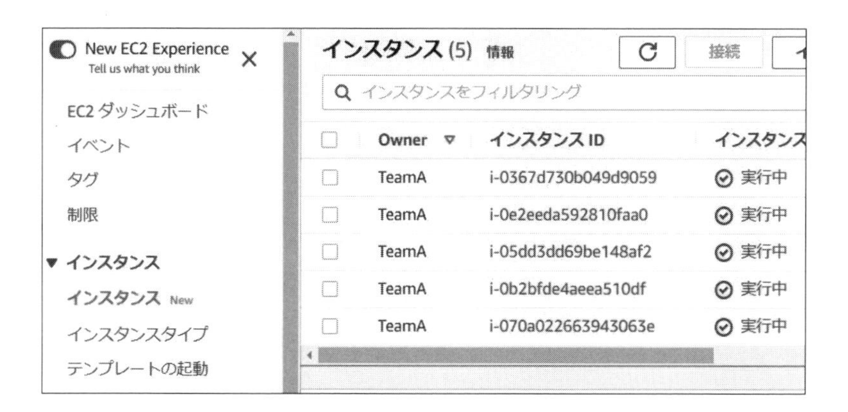

(2) AWS Resource Groupsタグエディタを用いてタグを集中管理

AWS Resource Groupsは、多数のリソース上のタスクを一度に管理および自動化できるサービスです。本サービスのタグエディタ機能を使用して、タグをサポートしている複数のリソースに一度にタグを追加や削除、置換することができます。使うには、AWS Resource Groupsの左メニューから Tag Editor(タグエディタ) を選択します (図2-8)。

図2-8 AWS Resource Groupsタグエディタ

最初にリージョンやリソースタイプ、タグ名などを検索項目として指定し、リソースを検索します。次の画面では、検索条件に合致したリソースが一覧表示されます。

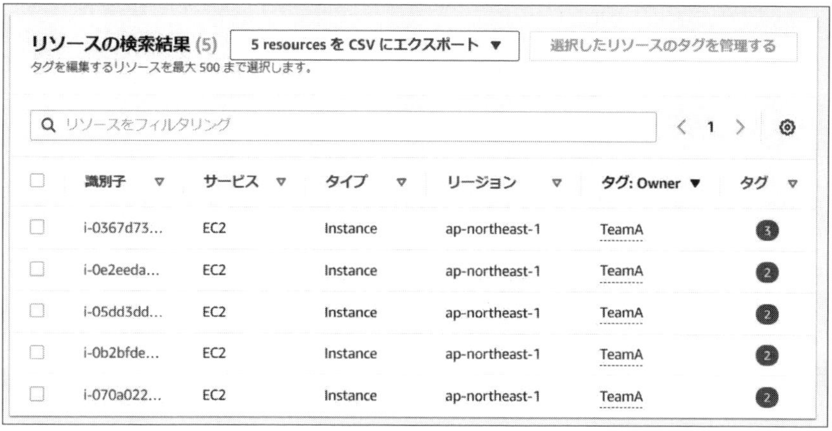

リソースの検索結果 (5)　5 resources を CSV にエクスポート ▼　選択したリソースのタグを管理する
タグを編集するリソースを最大 500 まで選択します。

リソースをフィルタリング　< 1 >

	識別子	サービス	タイプ	リージョン	タグ: Owner	タグ
☐	i-0367d73...	EC2	Instance	ap-northeast-1	TeamA	3
☐	i-0e2eeda...	EC2	Instance	ap-northeast-1	TeamA	2
☐	i-05dd3dd...	EC2	Instance	ap-northeast-1	TeamA	2
☐	i-0b2bfde...	EC2	Instance	ap-northeast-1	TeamA	2
☐	i-070a022...	EC2	Instance	ap-northeast-1	TeamA	2

選択（チェック）したリソースは一括で編集できます。

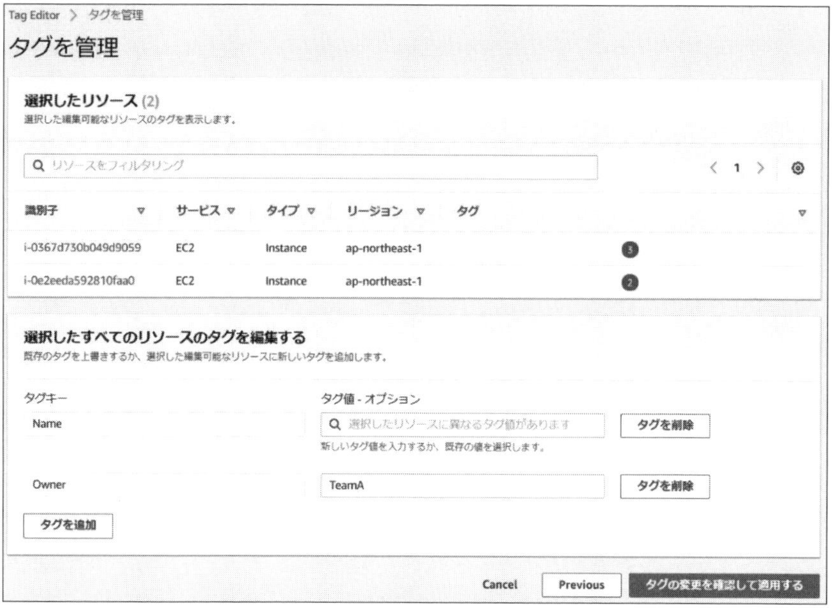

Tag Editor > タグを管理

タグを管理

選択したリソース (2)
選択した編集可能なリソースのタグを表示します。

リソースをフィルタリング　< 1 >

識別子	サービス	タイプ	リージョン	タグ
i-0367d730b049d9059	EC2	Instance	ap-northeast-1	3
i-0e2eeda592810faa0	EC2	Instance	ap-northeast-1	2

選択したすべてのリソースのタグを編集する
既存のタグを上書きするか、選択した編集可能なリソースに新しいタグを追加します。

タグキー	タグ値 - オプション	
Name	選択したリソースに異なるタグ値があります 新しいタグ値を入力するか、既存の値を選択します。	タグを削除
Owner	TeamA	タグを削除

タグを追加

Cancel　Previous　タグの変更を確認して適用する

このように、AWS Resource Groupsタグエディタは複数のリージョンやリソース種別を横断して利用できること、検索機能・フィルタリング機能を持っていることが特徴です。うまく活用することで、タグ設定を効率化できます。

4 タグのアクティベート

設定したタグは、このままではAWSの請求レポートやAWS Cost Explorerには表示されません。設定したタグを表示するには、適用されたタグをAWS Billing and Cost Managementコンソールで有効化する必要があります（図2-9）。

図2-9 AWS Billing and Cost Managementのマネジメントコンソール画面

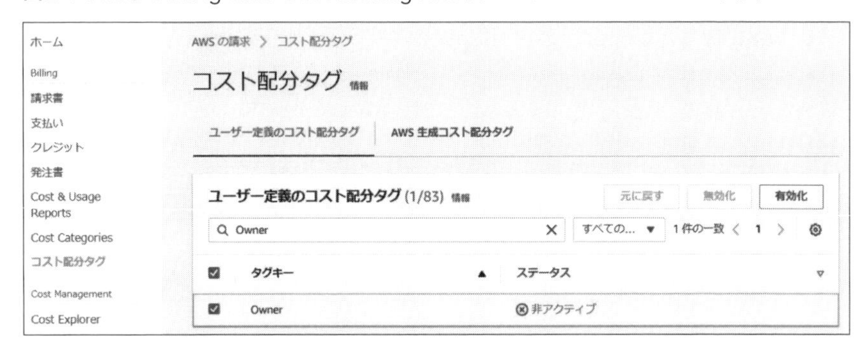

AWS Billing and Cost Managementコンソール画面のコスト配分タグ一覧には、リソースに付与されているタグキーが一覧表示されます。付与済みのものが表示されるため、現在使用しておらず、将来付与する予定のキーを設定できない点に注意が必要です。また、有効化を実施後、タグが実際に有効になるまでに最大24時間かかることがあります。

なお、タグの有効化の操作は請求を管理するアカウント（AWS Organizationsを利用している場合は管理アカウント）で実施します。コスト配分タグの作成やリソースへのタグの付与であればメンバーアカウントでも可能ですが、メンバーアカウントはコスト配分タグページにアクセスする権限がないため、タグの有効化は行えません（メンバーアカウントで作成したタグは、管理アカウントのコスト配分タグページに表示されます）。よって、コスト配分に関わるルールやガバナンスは、組織全体のルールとして整備し、運用する必要があります。こちらについては、この後の「タグ付けに係るガバナンス」にて解説します。

4 タグ付けに係るガバナンス

タグをうまく使って可視化することで、コスト管理を効率よく行うことができます。また、運用やセキュリティ面においても利益をもたらします。しかしながら、リソースを作成する際にタグ付けを行う場合、作業者各人の操作となるため、注意しても作業漏れが発生する可能性があります。もちろんタグの命名規則など、標準化ルールを策定することは大切ですが、整備したルールどおりにタグが付与されていないと意味がありません。ここでは、タグ付けに係るガバナンスを維持するための取組みとして、AWS OrganizationsおよびIAMポリシー、AWS Config、AWS Service Catalogを使った仕組みづくりについて解説します。

1 AWS Organizationsによるタグポリシー

タグポリシー機能はAWS Organizationsのポリシー機能の一種で、組織のアカウント内のリソース間でタグを標準化する際に役立ちます。タグポリシーでは、リソースのタグ付けの際に適用されるタグ付けルールを指定することができます。例えば、タグの運用精度を落とす大きな要因の一つに、大文字小文字が統一されていないことが挙げられます。「Costcenter」、「costcenter」、「CostCenter」といった表記揺れなどが発生してしまうと、付与したタグが一貫性を持って管理できなくなってしまいます。タグポリシーを利用することで、同じ目的を果たしたいタグの表記を統一することが可能です。

- **タグポリシーを管理するための条件**
  - 組織で「すべての機能」が有効になっていること
  - 組織の管理アカウントにサインインしていること
  - タグポリシーを管理するためのアクセス許可があること

AWS Organizationsでは、組織を作成する際に「すべての機能を有効にした組織を作成」するか、「一括請求のみを有効にした組織を作成」するかを選択することができます。タグポリシーを利用するためには、「すべての機能が有効化されている組織」である必要があります。

すべての機能が有効になっている組織において、タグポリシーを管理するためのアクセス許可※5を持った利用者またはロールで管理アカウントにサインインすることで、タグポリシーを管理できます。

準備ができたところで、タグポリシーの利用方法を見ていきましょう。

AWS Organizationsのマネジメントコンソールにアクセスし、サービスからTag policiesを選択します（図2-10）。サービス内の「コンプライアンスと監査」を選択することで、見つけやすくなります。

図2-10 AWS Organizationsののマネジメントコンソール画面

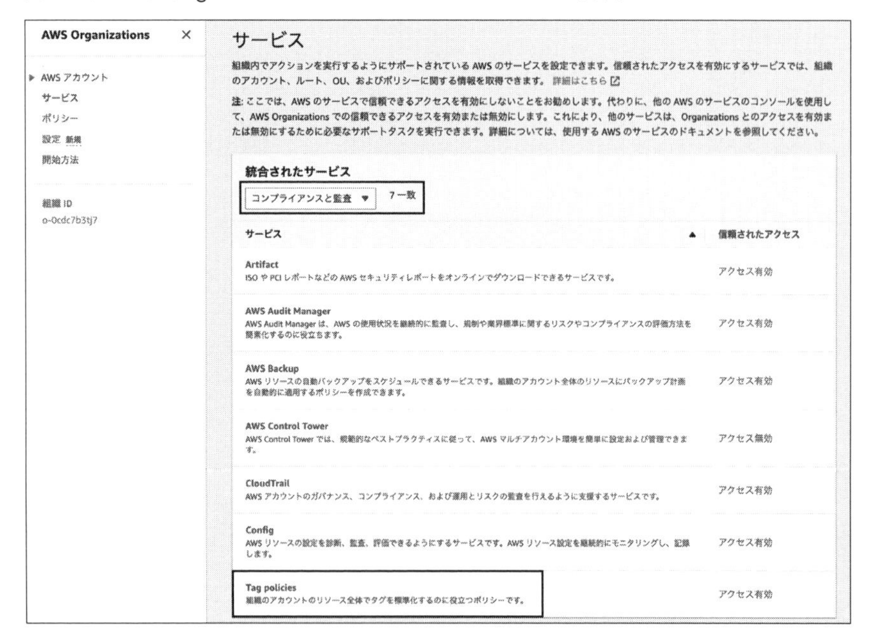

信頼されたアクセスが有効になっていることを確認してください。有効に

※5 参考：タグポリシーを管理するためのアクセス許可設定について
https://docs.aws.amazon.com/ja_jp/organizations/latest/userguide/orgs_manage_policies_tag-policies-prereqs.html

なっていない場合は、有効化します。

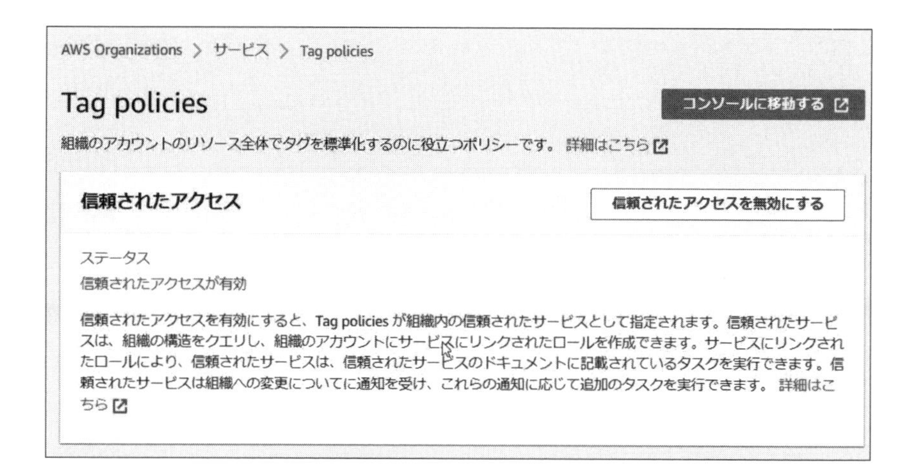

続いて、AWS Organizationsのポリシーからタグポリシーを選択します（図2-11）。

図2-11 AWS Organizationsにおけるポリシーの選択

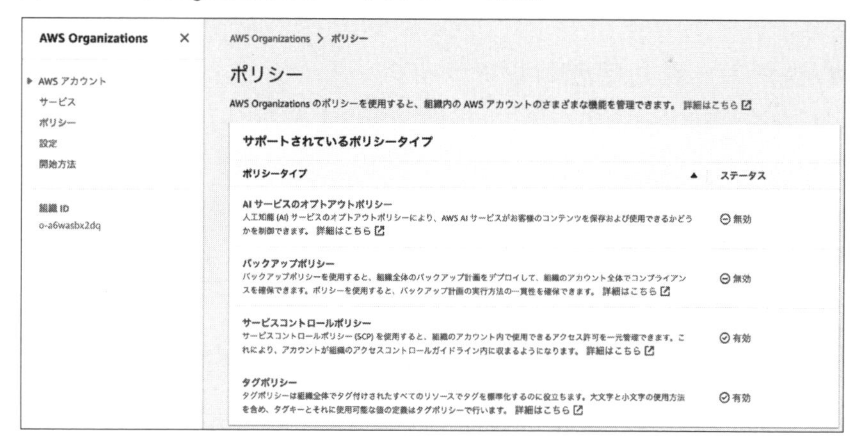

「ポリシーを作成」をクリックすると、新しいタグポリシーを作成する画面が表示されます。任意のポリシー名を定義してください。ここでは「Main」という名前にしています。

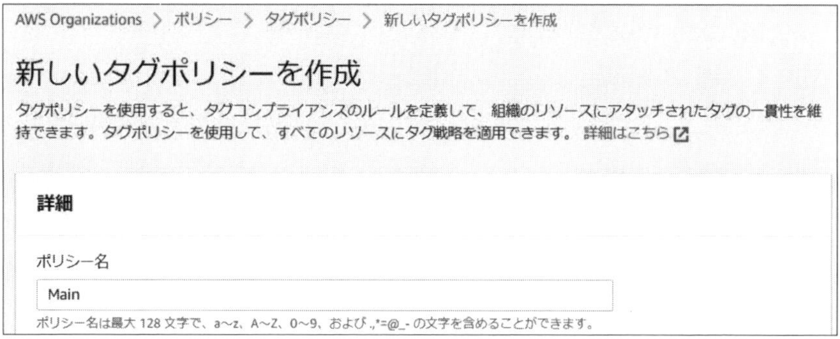

AWS Organizations > ポリシー > タグポリシー > 新しいタグポリシーを作成

新しいタグポリシーを作成

タグポリシーを使用すると、タグコンプライアンスのルールを定義して、組織のリソースにアタッチされたタグの一貫性を維持できます。タグポリシーを使用して、すべてのリソースにタグ戦略を適用できます。 詳細はこちら

詳細

ポリシー名

Main

ポリシー名は最大 128 文字で、a～z、A～Z、0～9、および .,*=@_- の文字を含めることができます。

タグポリシーには、3種類のルールを適用できます。選択できるルールの内容は、以下になります。

○タグキー大文字化コンプライアンス
○タグ値コンプライアンス
○強制するリソースタイプ

それぞれ、設定画面を見ながら内容を説明していきます。

■ タグキー大文字化コンプライアンス

有効にすると、大文字・小文字の区別を行うようになります。無効状態では、CostCenterもcostcenterも同一文字列として扱われますが、有効状態ではキーに「costcenter」を設定しようとするとポリシーに「非準拠」としてエラーとなります。

■ タグ値コンプライアンス

タグ値コンプライアンスを有効にすると、該当キーに設定できる値を指定（制限）することができます。今回の場合は、キー「CostCenter」に設定可能な値が「Media BU」「Entertainment BU」「Security Office」「Headquarters」に制限され、それ以外の値が入力されるとエラーとなります。

タグ値コンプライアンス

☑ このタグキーに許可される値を指定する
タグキーには、指定された大文字化を含め、指定された値のみが許可されます。 詳細はこちら

値を編集

Media BU
Entertainment BU
Security Office
Headquarters

■ 強制するリソースタイプ

強制するリソースタイプにチェックをすることで、タグポリシー適用を強制するAWSリソースを指定できます。この設定で選択されたリソースにタグを設定する際に、タグキー大文字化コンプライアンスおよびタグ値コンプライアンスで指定した内容が評価され、非準拠の場合はリソースの作成に失敗します。また、すでに設定されているタグを、許可されていないタグに変更することを禁止します。

「CostCenter」タグの非準拠操作を防止する

AWS は、以下で選択したリソースタイプの「CostCenter」タグに対する非準拠操作を防止します。 詳細はこちら

EC2

すべて選択 | すべてクリア

- EC2 (ec2:*)
  - ☐ ec2:capacity-reservation
  - ☐ ec2:client-vpn-endpoint
  - ☐ ec2:customer-gateway
  - ☐ ec2:dhcp-options
  - ☐ ec2:elastic-ip
  - ☐ ec2:fleet
  - ☐ ec2:fpga-image
  - ☐ ec2:host-reservation
  - ☐ ec2:image
  - ☑ ec2:instance
  - ☐ ec2:internet-gateway
  - ☐ ec2:launch-template
  - ☐ ec2:natgateway

キャンセル　変更を保存

上記ではec2:instanceが選択されています。この例の場合、Amazon EC2インスタンスに付与されるタグに対してポリシーの強制が適用されます。強制するリソースタイプを指定しない場合、許可されていないタグを付与することは可能ですが、非準拠状態として管理されることとなります。

なお、1つのタグポリシーでタグキーは複数定義することができます。

組織に適用するタグポリシーが作成できたら、それをアタッチすることを忘れずに行います。このタグポリシーをOUや特定のアカウントにアタッチすることで、このルールを適用することができます。

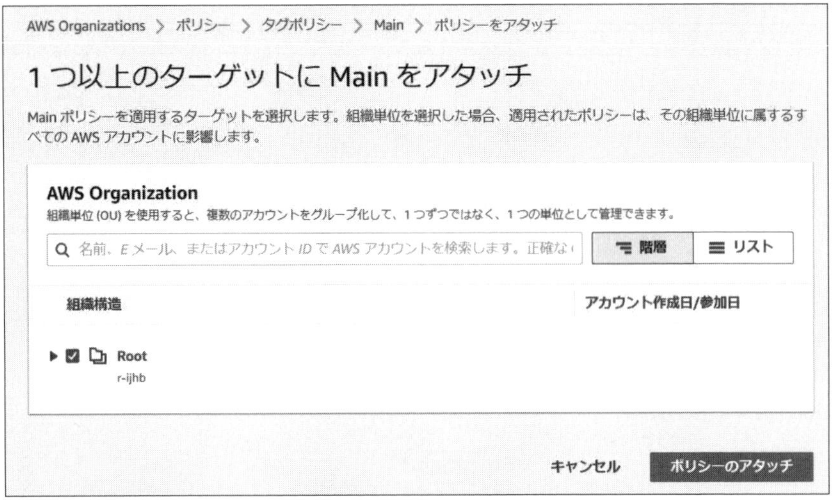

Column

タグの制御とエラー内容

タグに対してポリシーが強制されていると、準拠していないタグを付けようとした時に失敗します。例えば図2-12はCostCenterタグについて、"CostCenter"という綴りしか許さない（大文字・小文字を厳密にチェック）した場合に出力されるエラー画面です。

図2-12 タグポリシー：エラー画面①

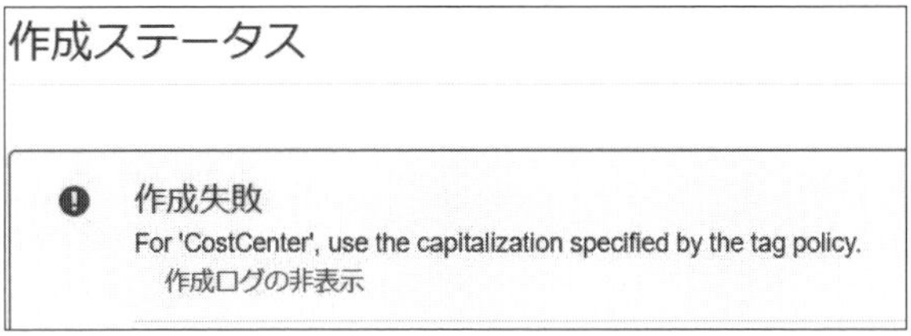

作成ステータス

作成失敗
For 'CostCenter', use the capitalization specified by the tag policy.
作成ログの非表示

ここでは、CostCenterがタグポリシーによって制御されており、Amazon EC2インスタンスの作成に失敗したことが確認できます。

また、タグ値コンプライアンスで規定された値以外が入力されている場合は、図2-13のエラー画面が表示されます。

図2-13 タグポリシー：エラー画面②

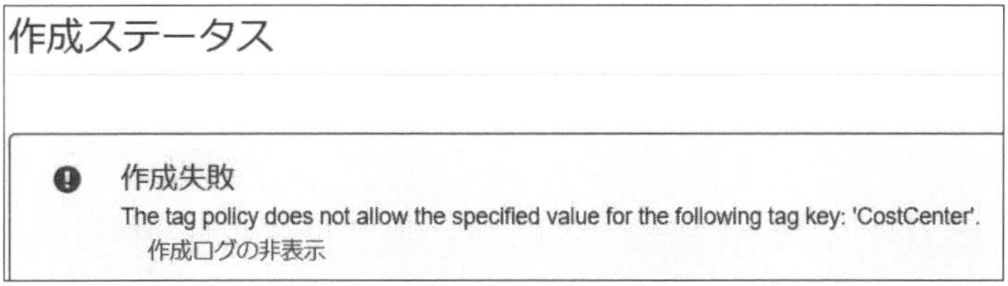

作成ステータス

作成失敗
The tag policy does not allow the specified value for the following tag key: 'CostCenter'.
作成ログの非表示

このように、タグポリシーを利用することで、タグ付けを強制したり、タグの表記を統一したりすることができます。

■ タグポリシーと準拠状況の確認

現在設定されている有効なタグポリシーとその内容は、マネジメントコンソールAWS Resource Group（AWSリソースグループ）からタグポリシー を選択することで確認できます（図2-14）。

図2-14 AWSリソースグループ

タグポリシーの準拠状況を確認したい場合は、同画面からコンプライアンスレポートを作成することで、有効なタグポリシーに準拠しているか評価することができます。レポートには、各リソースのアカウント名、リージョン、ARN、タグ、コンプライアンス違反状況が記録されます。

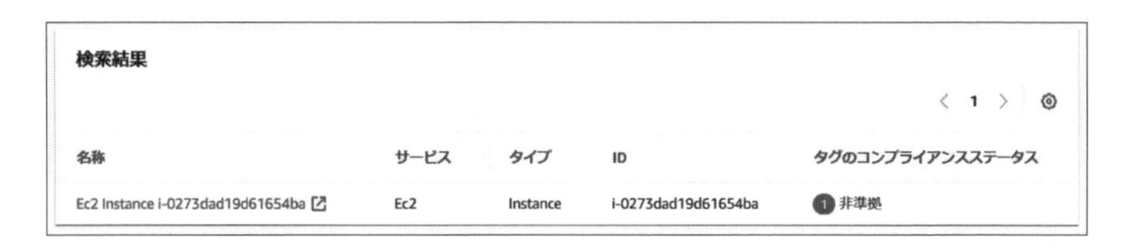

2 IAMポリシーによるタグ付けの強制

AWS Organizationsを使わずタグ付けを強制する方法としては、AWS IAMのIAMポリシーを使う方法があります。IAMポリシーの設定により、Amazon EC2の作成などのAPIを呼び出す際に、特定のタグが指定されていることを強制できます。このIAMポリシーを特定のIAMユーザーやIAM Roleに設定することで、タグの使用を強制できます※6。図2-15は、すべての新しく作成されたボリュームに対し、costcenterおよびstack タグ（それぞれ「115」および「prod」の値を持つ）の使用を要求するポリシーのサンプルです。

図2-15 タグ付けを強制するIAMポリシーのサンプル

```
{
    "Version": "2012-10-17",
"Statement": [
    {
      "Sid": "AllowCreateTaggedVolumes",
      "Effect": "Allow",
      "Action": "ec2:CreateVolume",
      "Resource": "arn:aws:ec2:us-east-1:123456789012:volume/*",
      "Condition": {
        "StringEquals": {
          "aws:RequestTag/costcenter": "115",
          "aws:RequestTag/stack": "prod"
        },
        "ForAllValues:StringEquals": {
            "aws:TagKeys": ["costcenter","stack"]
        }
      }
     },
     {
       "Effect": "Allow",
       "Action": [
         "ec2:CreateTags"
       ],
       "Resource": "arn:aws:ec2:us-east-1:123456789012:volume/*",
       "Condition": {
         "StringEquals": {
             "ec2:CreateAction" : "CreateVolume"
         }
       }
    }
  ]
}
```

※6 参考：タグを使ったIAM制御が可能なリソースの一覧 https://docs.aws.amazon.com/ja_jp/IAM/latest/UserGuide/reference_aws-services-that-work-with-iam.html

3 AWS Configルール「required-tags」

AWS ConfigはAWSリソースの構成情報や設定を継続的にモニタリング・記録するサービスです。構成情報を定期的にチェックし、必要に応じて通知することができます。そして、Configルールを使うことで、構成評価を行うことができます。

Configルールは「準拠すべきルールを事前に設定し、有効化する」ことで、ルールに沿った構成となっているか、逸脱していないかを評価します。逸脱している場合は通知を行ったり、修正操作を自動的に実行できます。この機能を使い、タグ付けに係るガバナンスを維持することが可能となります。

AWS Config ルールのマネージドルール（あらかじめ定義されたルール）には「required-tags」というルールがあり、これを使うことで設定変更時に指定したタグが設定されているかどうかをチェックします。AWSリソースの構築時に強制的にタグを付与するのではなく、タグが付与されていないことを後から検出する仕組みです。

それでは、実際の画面と併せて動作を確認していきましょう。

まずはルールの追加です。マネジメントコンソールAWS ConfigのAWS Configのセットアップ（図2-16）を選択します。

図2-16 AWS Configのセットアップ

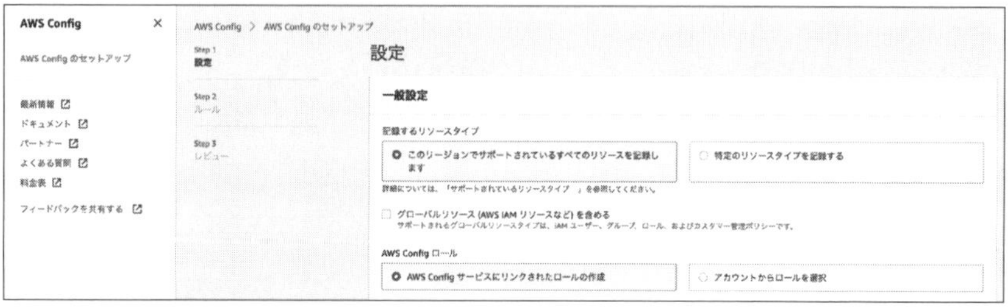

注：すでにAWS Configが有効化されている場合は、メニューバーにルールが表示されているため、ルールを選択しルールの追加を行います。

「required-tags」はAWSマネージド型ルールとして準備されているため、ルールタイプの選択で「AWSによって管理されるルールの追加」を選択し、探します。「required-tags」にチェックを入れて「次へ」を押すと、パラメータの設定画面になります。

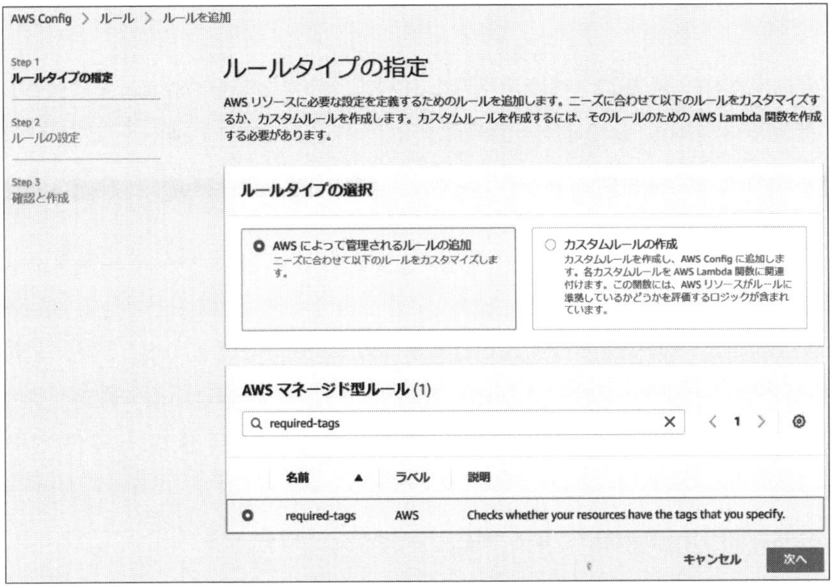

AWS Config ＞ ルール ＞ ルールを追加

Step 1
ルールタイプの指定

Step 2
ルールの設定

Step 3
確認と作成

ルールタイプの指定

AWS リソースに必要な設定を定義するためのルールを追加します。ニーズに合わせて以下のルールをカスタマイズするか、カスタムルールを作成します。カスタムルールを作成するには、そのルールのための AWS Lambda 関数を作成する必要があります。

ルールタイプの選択

AWS によって管理されるルールの追加
ニーズに合わせて以下のルールをカスタマイズします。

カスタムルールの作成
カスタムルールを作成し、AWS Config に追加します。各カスタムルールを AWS Lambda 関数に関連付けます。この関数には、AWS リソースがルールに準拠しているかどうかを評価するロジックが含まれています。

AWS マネージド型ルール (1)

required-tags

名前	ラベル	説明
required-tags	AWS	Checks whether your resources have the tags that you specify.

キャンセル　次へ

タグに対して、評価したいキーと値を設定します。例えば、キーにtag1Key、値にCostCenterを設定した場合、値にCostCenterが設定されているかどうかを判定するパラメータとなります。設定後は、ルールの評価を実行することで、パラメータに基づきリソースがチェックされます。

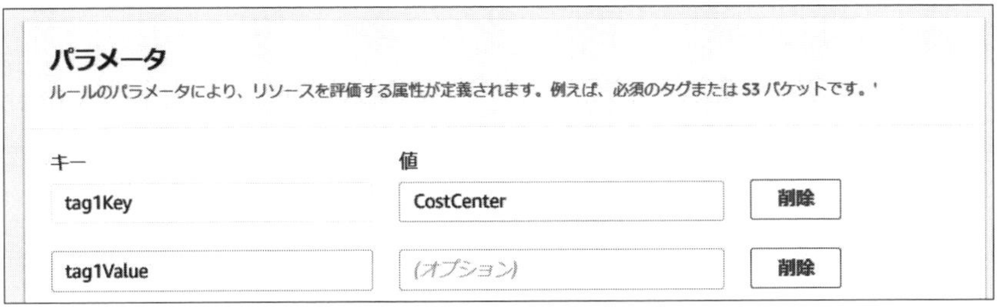

パラメータ

ルールのパラメータにより、リソースを評価する属性が定義されます。例えば、必須のタグまたは S3 バケットです。

キー	値	
tag1Key	CostCenter	削除
tag1Value	(オプション)	削除

非準拠のリソースがあった場合は、該当ルールの対象範囲内のリソース欄に該当項目がリストアップされます。

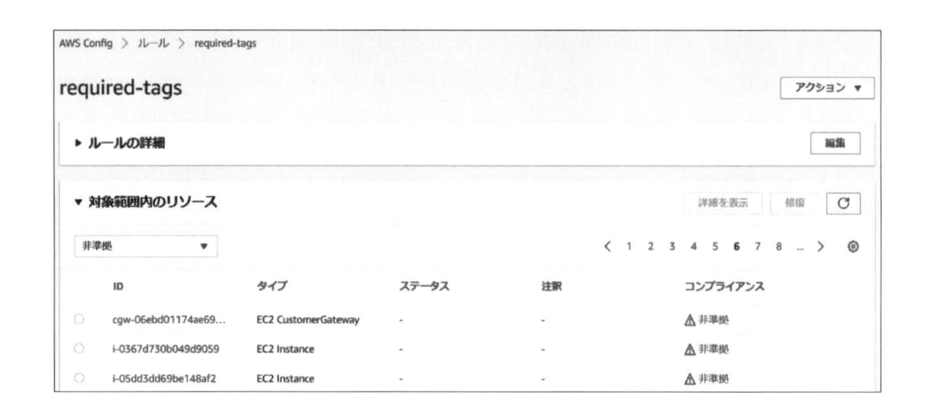

このように、AWS Config ルール を使うことで、タグ付けのガバナンスチェックを行うことができます。また、少し発展的な設定となりますが、Amazon EventBridge とAWS Lambda、そして修正アクションを連携することで、タグの修正などの修復のためのアクションを自動で実行することができます。

なお、AWS Configルールによるタグチェックを行ううえでは、required-tags※7を使って検出できるのは同タグに対応しているリソースに限定されるという点に注意が必要です。

4 AWS Service CatalogにおけるTagOptions

AWS Service Catalogを使ったタグのガバナンスを説明する前に、AWS CloudFormationについて紹介します。

AWS CloudFormationは、作成したいAWSリソースの状態を定義した設定ファイル（テンプレート）を作成し、それをもとにAWSリソースを構築できるサービスです。Amazon EC2やElastic Load Balancing（ELB）といったAWSリソースの環境構築を、テンプレートを元に自動化することができます。

AWS CloudFormationを使うことで、迅速に同じ構成を再現することや、複数のAWSアカウント／リージョンへの展開も容易に行うことができます。このようなコードによるインフラストラクチャのプロビジョニングを自動化する

※7 参考：AWS Config required-tags
https://docs.aws.amazon.com/ja_jp/config/latest/developerguide/required-tags.html

仕組みを、Infrastructure as Codeといいます。

上記を踏まえたうえで、AWS Service Catalogの話に移ります。AWS Service Catalogを使うと、管理者が登録した製品を利用部門が素早く簡単に立ち上げる仕組み（セルフサービスのポータルサイト）が構築できます（図2-17）。製品とは、AWS CloudFormationのテンプレートをもとにAWS Service Catalog上で定義したITサービスのこと（Webアプリケーションなど）で、サービスを構成するAmazon EC2インスタンス、ストレージ、データベース、監視設定などがパッケージされたものです。

図2-17 AWS Service Catalogの全体像

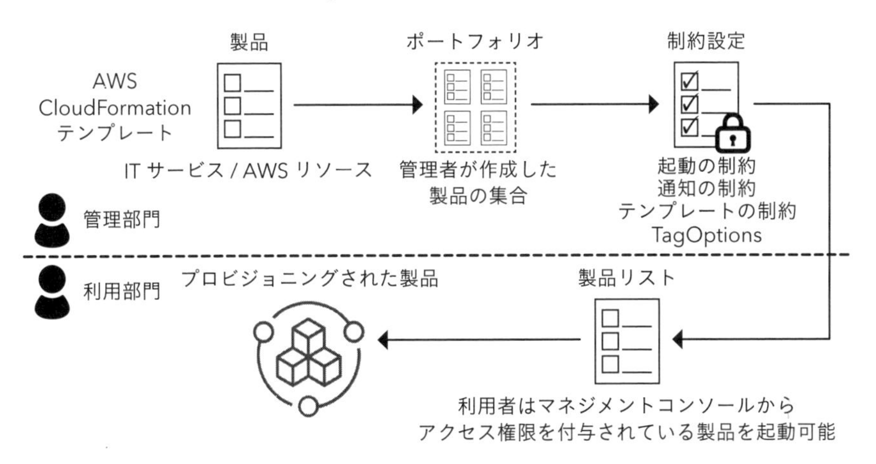

これによって、利用者は管理部門によって品質が担保されたサービスを自由に立ち上げることができるため、迅速に開発に取り組むことができます。一方、管理部門側はセキュリティ、コンプライアンス、品質を確保した製品を登録することによって、煩雑な管理を簡素化し、サービスを可視化することができます。

AWS Service Catalogを使ったタグのガバナンス維持は、製品にTagOptionsを設定することで行います。また、値の入力を利用者に自由に行わせるのではなく、管理部門側で利用者が設定できるタグを定義することができます。これにより、タグの抜け漏れを防ぎ、整合性のある分類を実現することが可能になります。

AWS Service CatalogでTagOptionsを利用する流れは以下のとおりです。

(1) TagOptions ライブラリでTagOptionsを作成する（管理部門の作業）
(2) 製品へのTagOptions 設定（管理部門側の作業）
(3) 設定された製品を利用する（利用部門）

実際の画面を見てみましょう。

(1) TagOptions ライブラリでTagOptionsを作成する

TagOptionsの作成では、実際のタグ設定と同じように"キー"と"値"を入力し、追加していきます。例えば、ENVというキーに値を3種類（DEV、PROD、SANDBOX）設定しています。

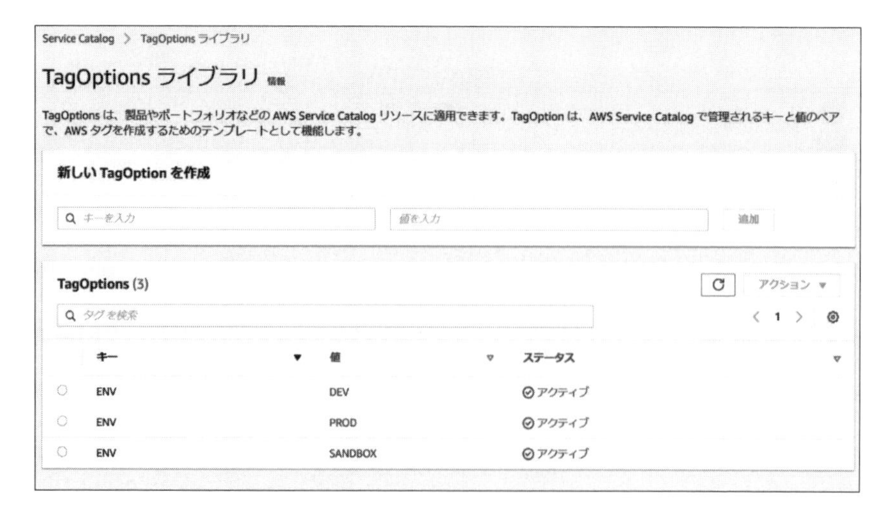

(2) 製品へのTagOptions 設定

次のステップは製品へのTagOptions 設定です。製品の詳細画面でTagOptionsタブを開き、設定したいTagOptionsを追加します。ここでは「EMR Cluster」という製品に対して、先ほど作成した3つのTagOptionsを設定しています。これで管理部門側の作業は完了です。

(3) 設定された製品を利用する

利用部門が製品「EMR Cluster」を起動する際、設定画面中に"タグを管理"という項目が表示されます。ここに「必須のタグ」として、先ほど設定したTagOptionsが表示されます。

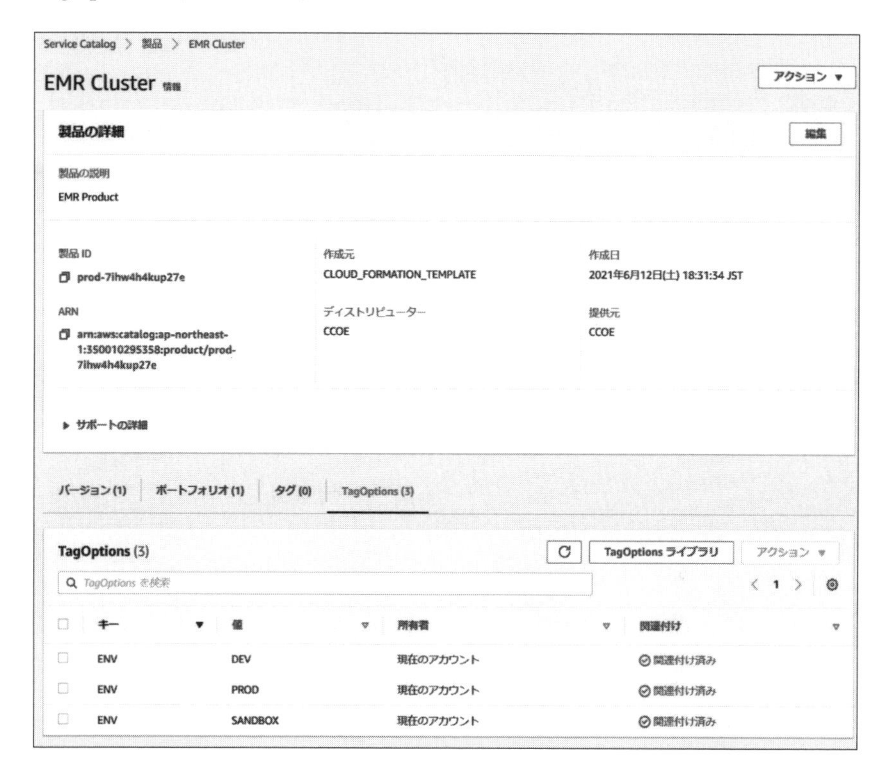

この例ではキー(ENV)は共通ですが、値は3種類設定されているため、この中からプルダウンで選択することになります。

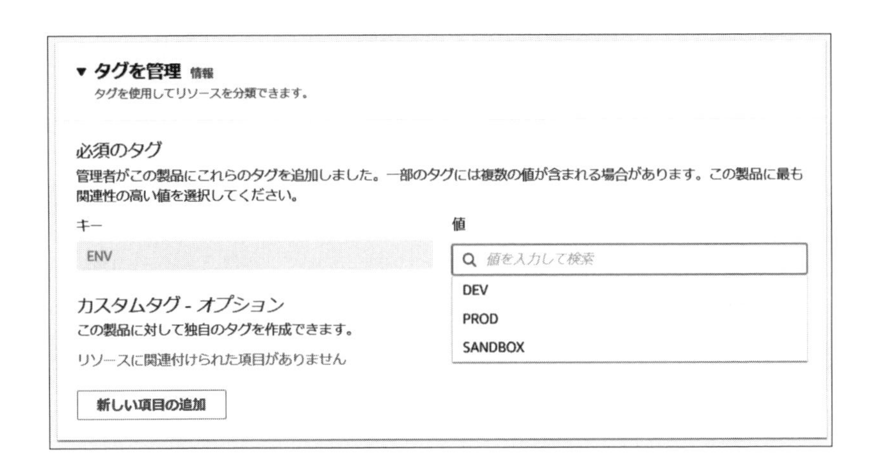

「必須のタグ」という名のとおり、未選択の場合はエラーとなり、製品起動に失敗します。

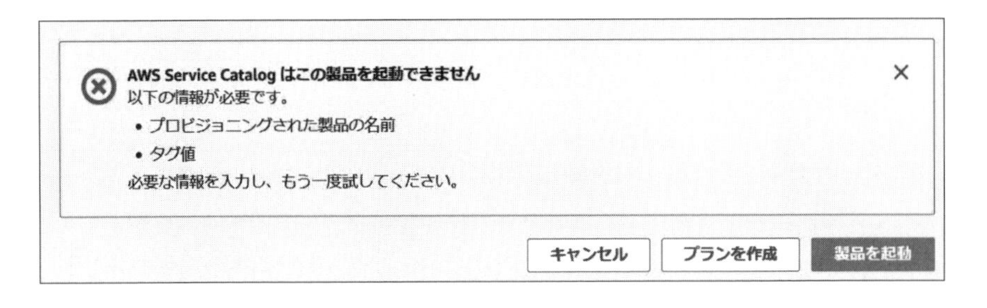

このように、AWS Service Catalogでは管理部門側の製品設定により、タグの付与および内容を制御することが可能となります。なお、今回はTagOptionsについて製品に直接設定する手順を説明しましたが、製品ではなくポートフォリオに対して設定することも可能です。

5 可視化のための AWSサービス

AWS利用者自らがクラウド利用費用と利用状況の可視化をどのように行うのか、以下のAWSコスト管理サービスの利用方法について解説します。

- ○ **AWS Cost Explorer**：経時的なクラウド利用費用と利用量を可視化、把握、管理するための無償サービス
- ○ **AWS Cost and Usage Report(AWS CUR)**：時間単位、日単位、月単位、製品または製品リソース別、または利用者が定義したタグ別に分類した利用費用と使用状況のデータをAmazon S3バケットに送信するサービス。Amazon S3の料金やAWS CURのデータを利用、可視化するために、Amazon AthenaやAmazon QuickSightなどのサービスを使用する場合は、それぞれのサービスの費用がかかる
- ○ **AWS Cost Categories**：カテゴリルールを定義し、アカウントやタグなどの請求ディメンションを使用して、利用費用をマッピングおよび分類し可視化を行う無償のサービス
- ○ **AWS Cost Anomaly Detection**：利用者の支払いパターンをモニタリングしながら異常な支払いを検出し、その根本原因の分析を行うための無償サービス
- ○ **AWS Billing Conductor**：マルチアカウント環境において、請求をまとめたいアカウントごとにグループピングすることで、組織のコスト管理を行いやすくするサービス

1 AWS Cost Explorerによる可視化

AWS Cost Explorerは、クラウド利用費用最適化におけるもっとも幅広い機能を持ったサービスです。費用の可視化のみならず、Savings Plans / リザーブドインスタンスの推奨などといった最適化、実績から今後の費用の伸びを推測する予測・計画にも使用できます。クラウド利用費用と利用量の経時的変化を

可視化し、実際の費用と使用状況が想定どおりか、わかりやすい形で可視化することができます。また、さまざまな条件でフィルタリングをすることで、利用費用と利用量のデータを分析できます。すべてのアカウントの合計利用費用と利用量といった大局的なデータ分析や、利用費用と利用量のデータを詳細に分析することで、利用費用の傾向や増加/減少している要因、想定外の利用が発生していないかを調査できます。

■ AWS Cost Explorerで確認できる情報

AWS Cost Explorerの主要な機能は以下のとおりです。

- ○ 最大過去13か月分のAWSのサービスの利用量や利用費用をグラフや表で可視化
- ○ 現在のサービスの利用量から推測したリザーブドインスタンスやSavings Plansの推奨や購入
- ○ Savings Plansやリザーブドインスタンスのカバレッジ（オンデマンド稼働に対してどのくらいSavings Plansやリザーブドインスタンスが適用されているか）や利用率（購入したSavings Plansやリザーブドインスタンスが実際にどのくらい適用されているか）を表示
- ○ Amazon EC2インスタンスのサイズの適正化に関する推奨事項の提示

AWS Cost Explorerでは、少なくとも24時間ごとに一度、データが更新されます。ただし、初めてAWS Cost Exploreを有効にした場合は、当月のデータは約24 時間後に表示可能になり、ほかのデータについては表示可能になるまで数日かかります。Savings Plansやリザーブドインスタンスの推奨事項の表示、使用状況レポート、カバレッジレポート、サイズの適正化に関する推奨事項については第3章8節で紹介します。

■ AWS Cost Explorerの利用について

マネジメントコンソールからAWS Cost Explorerを使ってみます。AWS Cost Explorerにアクセスできない場合は、AWS Cost Explorer自体が有効化されていないか、必要な権限が与えられていない可能性があります。AWS Cost Explorerの利用に必要となるIAMポリシーを下記の表2-4に記します。

表2-4 AWS Cost Explorerの利用に必要なるIAM権限

IAMポリシー	権限対象
ce:GetPreferences	AWS Cost Explorerの設定ページを表示する許可を IAMユーザーに与えるか拒否します
ce:UpdatePreferences	AWS Cost Explorerの設定ページを更新する許可を IAMユーザーに与えるか拒否します
ce:DescribeReport	AWS Cost Explorerレポートページを表示する許可を IAMユーザーに与えるか拒否します
ce:CreateReport	AWS Cost Explorerレポートページを使用してレポートを作成する許可をIAMユーザーに与えるか拒否します
ce:UpdateReport	AWS Cost Explorerレポートページを使用して更新する許可をIAMユーザーに与えるか拒否します
ce:DeleteReport	AWS Cost Explorerレポートページを使用してレポートを削除する許可をIAMユーザーに与えるか拒否します
ce:DescribeNotificationSubscription	予約概要ページでAWS Cost Explorerの予約の失効アラートを表示する許可をIAM ユーザーに与えるか拒否します
ce:CreateNotificationSubscription	予約概要ページでAWS Cost Explorer予約の失効アラートを作成する許可をIAM ユーザーに与えるか拒否します
ce:UpdateNotificationSubscription	予約概要ページでAWS Cost Explorer予約の失効アラートを更新する許可をIAM ユーザーに与えるか拒否します
ce:DeleteNotificationSubscription	予約概要ページでAWS Cost Explorer予約の失効アラートを削除する許可をIAMユーザーに与えるか拒否します

■ AWS Cost Explorerの可視化における基本的な使い方

AWS Cost Explorerの可視化における基本的な使い方を解説します。AWS Cost Explorerの画面の基本構成を図2-18に記載します。

図2-18 AWS Cost Exploreの基本画面構成

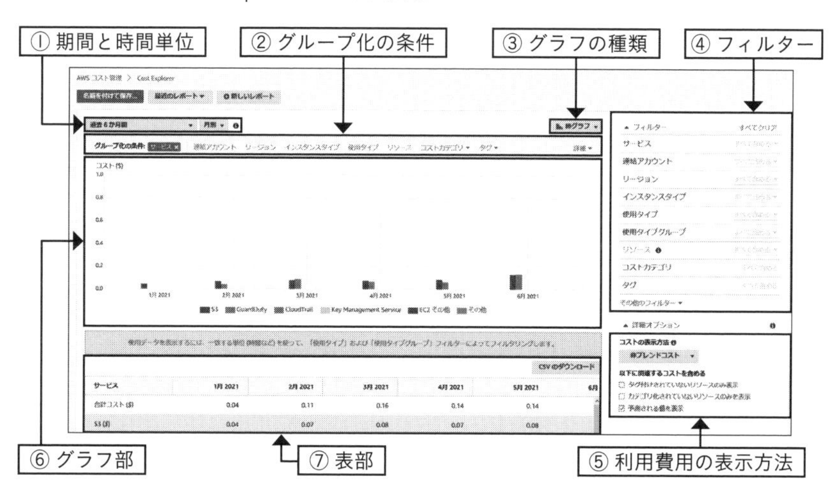

① 期間と時間単位

表示する期間と、集計の時間単位を設定します。期間は、過去3か月、6か月、1年などあらかじめセットされた期間を選択する方法、カレンダーから選択する方法、日付を直接入力する方法があります。時間単位は、デフォルトでは月別／日別で選択できますが、Amazon EC2サービスについてはAWS Cost Explorerの設定により、図2-19に示すとおり、1時間単位での集計も可能です。ただし、直近14日間のデータであることと、この設定を有効にした場合は、リソースレベルのデータの保存に利用費用がかかります。利用費用は1000個のUsageRecordあたり$0.01です。例えば、Amazon EC2インスタンスが1台24時間稼働していると、1時間に1件、1日で24件のUsageRecordsが生成されます。

図2-19 1時間単位での集計を有効にする方法

左側のナビゲーションペインの「設定」を選択し、「時間単位とリソースレベルのデータ」のチェックを入れると1時間単位でのデータの集計が可能になります。

② グループ化の条件

データ集計をどのようなグループ単位で集計・分析するのかを設定する項目です。以下の項目が選択可能で、それぞれの項目別に集計して結果を表示します。

- ○ サービス
- ○ 連結されているアカウント単位
- ○ リージョン
- ○ インスタンスタイプ
- ○ 使用タイプ
- ○ リソース
  (AWS Cost Explorerでリソースレベルの分析を有効にする必要があります)
- ○ コストカテゴリ
- ○ タグ
- ○ APIオペレーション
- ○ アベイラビリティゾーン
- ○ 購入オプション
- ○ テナンシー
- ○ データベースエンジン
- ○ 請求エンティティ
- ○ 法人
- ○ 料金タイプ

例えば、図2-20に示すように、グループ化の条件にサービスを指定した場合、クラウド利用費用がサービスごとに集計されて表示されます。

図2-20 グループ化の条件にサービスを指定した場合

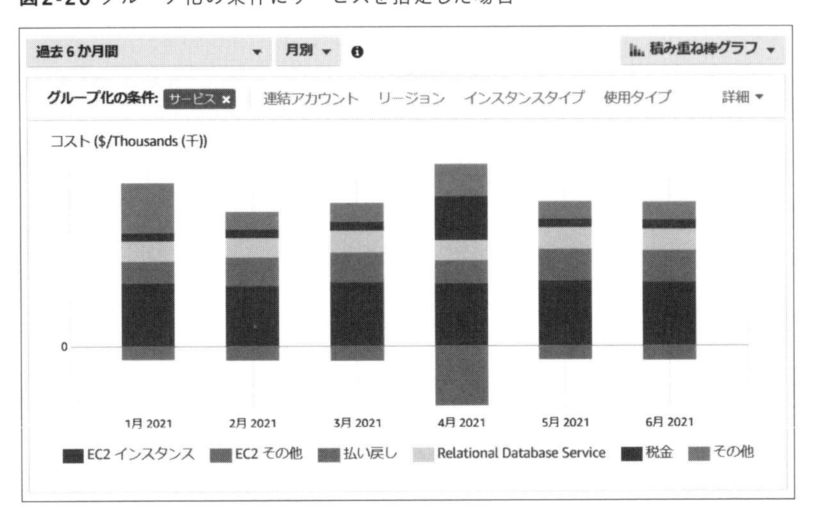

グループ化の条件で選択できるのは1つだけです。主なグループ化の条件について表2-5で説明します。

表2-5 グループ化の条件

グループ化の条件	説明
連結アカウント	クラウド利用費用を連結アカウントで細分化し、どのアカウントの利用費用が大きいのかを調べることができます
リージョン	リージョンごとにどのくらいの費用がかかっているのか、分類して表示することが可能です
インスタンスタイプ	どのインスタンスタイプがどのくらい使用されているのかを表示することが可能です。フィルターでサービスを指定すると、サービスごとに使用されているインスタンスタイプを表示することも可能です
使用タイプ	各サービスをさらに細分化しどのタイプのリソースを使用したのか分類して集計します。例えば、APN1-APS3-AWS-Out-Bytes（GB）はAmazon S3のサービスの中で、さらにAPN1（東京）からAPS3（ムンバイ）に対してアウトバウンドの通信容量がどのくらい発生したかを表します
タグ	利用費用をタグごとに分類して表示することが可能です。タグ付けを徹底することでアカウント単位よりも詳細な分析が可能となります
APIオペレーション	サービスに対するリクエストおよびサービスによって実行されるタスク（Amazon S3 に対する書き込みおよび取得リクエストなど）のAPI別に集計して表示します
購入オプション	オンデマンド、Savings Plans、リザーブドインスタンス、スポットインスタンスといった購入オプション別に集計して表示します

グループ化の条件	説明
請求エンティティ	利用者にサービスを提供し、費用を請求する組織別に集計して表示します。AWSのサービス料金については、AWSが請求エンティティとなります。AWS Marketplace を通じて販売されたサードパーティーのサービスについては、AWS Marketplace が請求エンティティとなります
法人	AWSのサービスのプロバイダ別に集計して表示します。中国やインドなどAWSではない法人がAWSサービスのプロバイダになっているリージョンもあります
料金タイプ	使用料金、Savings Plans / リザーブドインスタンスなどコミットメントに対する料金、AWSからの払い戻し（費用としてはマイナスで計上されます）、税金、サポート費用、その他といった分類で集計して表示します

③ グラフの種類

表示されるグラフの種類を選択できます。選択肢は、棒グラフ、積み重ね棒グラフ、折れ線グラフの3つです。

④ フィルター

表示させるデータにフィルター条件を付けることが可能です。特定の項目のみを表示させる、あるいは特定の項目を除いて表示させるといったことができます。

フィルタリングしたい項目がある場合は、検索ダイアログからキーワードを入力すると、素早くフィルターの設定を行えます。また、タグや後述するコストカテゴリもフィルターとして使用できます。コスト配分タグやコストカテゴリを利用している場合、フィルターを使うことで、アカウント単位よりもさらに細分化された、システム単位や利用者単位での表示も可能です。

フィルター設定可能な項目は、グループ化の条件とほぼ同じです。ここでは、フィルターのみで使用できる「使用タイプグループ」について説明します。使用タイプグループは、使用タイプのうち、同じ属性のものをまとめたものになります。例えば、使用タイプの説明に出てきたAPN1-APS3-AWS-Out-Bytes（GB）は、Amazon S3のサービスの中で、さらにAPN1（東京）からAPS3（ムンバイ）に対してアウトバンドの通信容量がどのくらい発生したかを表します。対して使用タイプグループでは、S3:Data Transfer- Region to Region（Out）のように、どのリージョンからどのリージョンという詳細ではなく、リージョン間でどのくらいのAmazon S3のアウトバウンドの通信が発生したのか、というようなまとめ方になります。特定の費用の項目をまとめて扱いたいときに便利な項目です。サービスよりは粒度が小さく、使用タイプよりは粒度が大きい、といったフィルター項目になります。使用タイプよりも、まとまった項目でフィルタリングすることが可能です。

⑤ 利用費用の表示方法

クラウド利用費用の表示方法は、表2-6のように選択できます。クラウド利用費用の推移を見る際は、償却コストで表示するのが有効です。Savings Plansやリザーブドインスタンスで前払いや一部前払いを選択すると、特定の月の支出が多くなってしまいますが、償却コストで表示をすると、購入時の一時的な費用の増加が毎月の費用に按分される（ならされる）ため、サービスの利用費用の推移がとらえやすくなります。一方で、実際の請求された費用を確認したい場合は非ブレンドコストを選択します。

表2-6 AWS Cost Explorerで使用する利用費用の表示方法

項目	説明
非ブレンドコスト	利用者への請求書に記載されている費用です。請求タイプ別にグループ化された場合、非ブレンドコストは割引をそれぞれの明細項目に分けます。これにより、受け取った各割引の金額を確認できます
償却コスト	Savings Plansやリザーブドインスタンスの購入費を契約期間全体で按分して、償却分として表示します
ブレンドコスト	一括請求全体の平均利用費用を反映しています。ブレンドレートと呼ばれるオンデマンド、Savings Plans、リザーブドインスタンスの平均レートを算出し、各アカウントのサービスの使用率を掛けて算出されたものがブレンドコストです
非ブレンド純コスト	非ブレンドコストに大規模利用によるディスカウントを反映させた費用を表示します
償却純コスト	償却コストに大規模利用によるディスカウントを反映させた費用を表示します

⑥ グラフ部

①〜⑤において行った設定により、グラフを表示します。

⑦ 表部

⑥のグラフで表示されている内容を表にします。グラフ部で「その他」としてまとめられている部分も、表部では項目別に内訳を確認できます。また「CSVのダウンロード」というボタンを押すと、表示されている内容をCSVとして保存することも可能です。

同じ設定で繰り返し見たいといったときには、レポート機能を利用するとよいでしょう。保存したレポートは、画面左側のナビゲーションペインの「レポート」を選択すると、すでに構成済みのレポートとともに管理されています。該当レポートを選択すると、保存されたときの設定のまま、さまざまな時間軸で可視化できます。

■ AWS Cost Explorerのレポート例

では実際に、AWS Cost Explorerを使って利用量を可視化してみましょう。AWSでSavings Plansやリザーブドインスタンスが推奨されているとします。このとき、Savings Plansやリザーブドインスタンスを検討するため、各サービスにおいてどのようなインスタンスがどのくらいオンデマンドで実際に稼働しているのか、月ごとのトレンドを調べたい、という状況を想定します。

① 期間と時間単位の設定
② グループ化の条件の設定
③ フィルターの設定

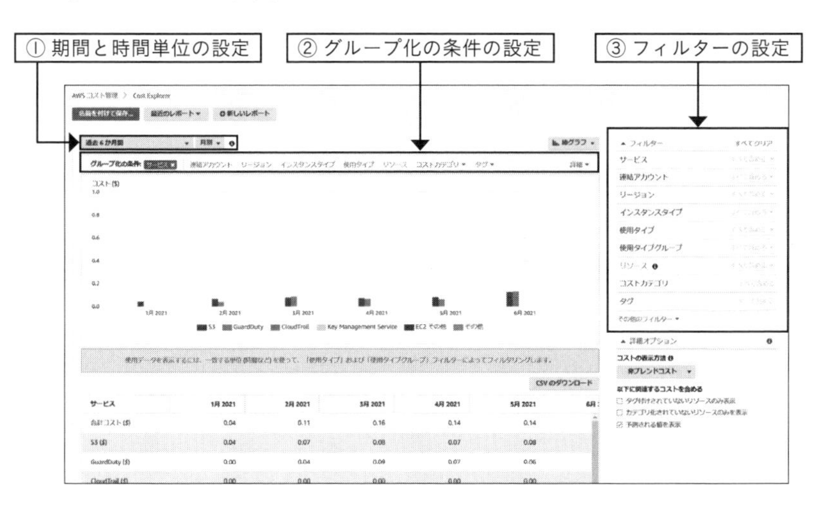

①まずは期間を「過去6か月間」、時間単位を「月別」に設定します。Savings Plansやリザーブドインスタンスの推奨は30日間（7日間や60日間も選択できます）のオンデマンドの稼働をベースに損益分岐点を算出し、推奨値を計算しています。この期間の利用量が底なのか（すなわち今後利

用量が増えていくので推奨値は確実に使い切ることができる）頂点なのか（すなわち今後利用量が減っていくので推奨値どおり購入すると使い切れない可能性がある）を把握するため、より長い期間の利用量の動向を捉えることが目的です。

②次にグループ化の条件を「インスタンスタイプ」に設定します。これにより、インスタンスタイプ別に各月の稼働時間を表示できるようになります。購入対象とするインスタンスタイプごとに稼働時間を確認することができるようになります。

③最後にフィルターの設定です。フィルターの項目で、使用タイプグループの検索ボックスに「running」と入力すると、各サービスのインスタンスの稼働時間（Running Hours）の項目が表示されます。そこで、ELB以外の項目をすべて選択します。ELBはインスタンスタイプの設定はないため、選択すると「No インスタンスタイプ」という項目で集計されます。今回はSavings Plans / リザーブドインスタンスの推奨に対してオンデマンドの稼働時間を見るという目的であり、ELBはSavings Plans / リザーブドインスタンスの対象外なので、チェックを外します。

そして、購入オプションのフィルターを追加します。ここではオンデマンド

で稼働している稼働時間を確認したいため「On Demand」を選択します。

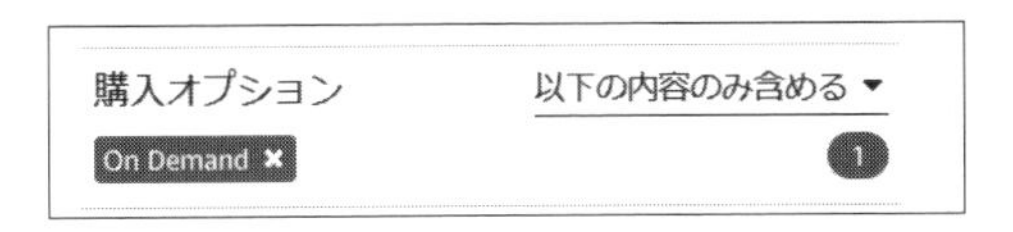

これらのフィルター設定により、下記のように各インスタンスタイプにおけるオンデマンドの稼働時間を確認することができます。

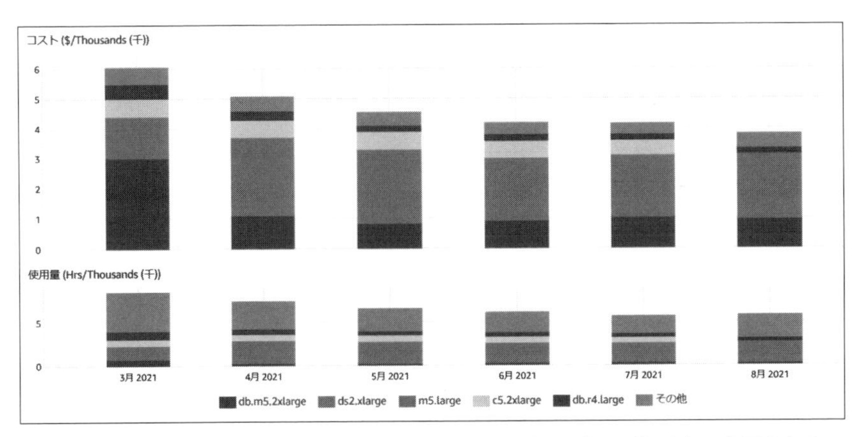

グラフではトップ5位までのインスタンスのみ表示され、残りは「その他」として表示される。さらにグラフの下の表、あるいは「CSVでダウンロード」を選択して表示結果をCSVでダウンロードすることで、6位以下も表示できる

このように、AWS Cost Explorerでは「グループ化の条件」と「フィルター」の2つを使いこなすことで、必要としている情報を集計／表示できます。

2 AWS Cost and Usage Reports(AWS CUR)による可視化

AWS Cost Explorerよりも各サービスの詳細な使用状況を調査したいときは、AWS CURの出番です。AWS Cost Explorerは簡単に使用できるというメリットがありますが、「利用者側で用意している可視化の仕組みに統合する」「サービスの中で利用状況のデータに対して複雑な計算処理を行う」「ドリルダウンをするようなビューを構成する」「検索結果に対してさらにフィルタリングをする」といったような高度な可視化を行いたい場合などには対応できません。

そのような場合には、AWS CURの使用が適切です。AWS CURはAWSの各サービスの使用状況を追跡し、アカウントに関連する推定請求額を示します。各レポートには、AWSアカウントで使用するAWS製品、使用タイプ、オペレーションの固有の組合せごとに明細項目が表示されます。クラウド利用費用と使用状況レポートは、時間、日、または月単位で情報を集計するようにカスタマイズできます。

また、AWS CURでできてAWS Cost Explorerでは取得できない情報の一つに、Amazon EC2などの各インスタンスに適用されているSavings Plans / リザーブドインスタンスのID（ReservationARNあるいはSavingsPlanARN）があります。第2章2節で述べたAWS Organizationsにおいて共有設定をした場合、それぞれのインスタンスに適用されているSavings Plans/リザーブドインスタンスが、どのアカウントで購入されたどのSavings Plans/リザーブドインスタンスなのか、特定することができます。AWSの費用を各アカウントやプロジェクトチームに費用請求するときに、適用されているSavings Plans/リザーブドインスタンスによって費用按分することも想定されますが、その際にはAWS CURを活用して配賦ルールを作ることが可能です。

AWS CURのこれらのデータの保存には、利用者のAmazon S3のバケットが使用されます。AWS Cost Explorerはフィルターなどの設定により、管理者や運用者が直接見たり、簡単な集計をするためにCSVで出力するなどいった用途を想定しています。一方、AWS CURは、保存された使用状況のデータをAmazon Redshiftなどのデータウェアハウスに取り込んで分析したり、Amazon QuickSightなどのBIツールでダッシュボードによる可視化を行うことが可能になります。そのほかAWS Cost ExplorerとAWS CURの主な違いについて表2-7に記します。

AWS CURによる使用状況レポートは1日3回まで更新され、レポートの作成・取得・削除を行う場合はAWS CUR APIを使用します。

表2-7 AWS Cost ExplorerとAWS CURの比較

	AWS Cost Explorer	AWS CUR
可視化	ダッシュボード機能付き	AWS CURの出力をAmazon QuickSightなどのBIツールに取り込み独自のダッシュボードの構築が必要
将来予測	過去の利用実績から3か月先あるいは12か月先の予測を表示可能	AWS CURの出力から予測を行う仕組みが必要

	AWS Cost Explorer	AWS CUR
コスト配分タグによる分類	グループ化の条件、あるいはフィルターで分類やフィルタリングが可能	CURの出力にコスト配分タグ情報が含まれているためタグによる分析にも対応
分析対象期間	最大過去13か月	データを保存しておけば任意の期間での分析が可能
コスト削減推奨	Savings Plans/リザーブドインスタンスの推奨やサイズの適正化推奨値を提示可能	なし
費用	基本利用は無料 時間単位、リソースレベルの分析には1000個のUsageRecordあたり$0.01がかかる	AWS CURの情報の保存のためAmazon S3のバケットの利用料金が発生

■ AWS CURを使う準備

AWS CURを使用する流れは以下のとおりです。

① レポートを保存するAmazon S3バケット準備（設定中に新規のバケット作成することも可能）

② CURのレポートの定義（保存先、収集対象、時間粒度、保存形式など）

AWS CURを使用するには、まずレポートが保存されるAmazon S3のバケットを用意する必要があります。レポート保存用のAmazon S3のバケットを作成したら、マネジメントコンソールのBilling（請求情報とコスト管理ダッシュボード）のページにアクセスします（図2-21）。

図2-21 Billingのマネジメントコンソール画面

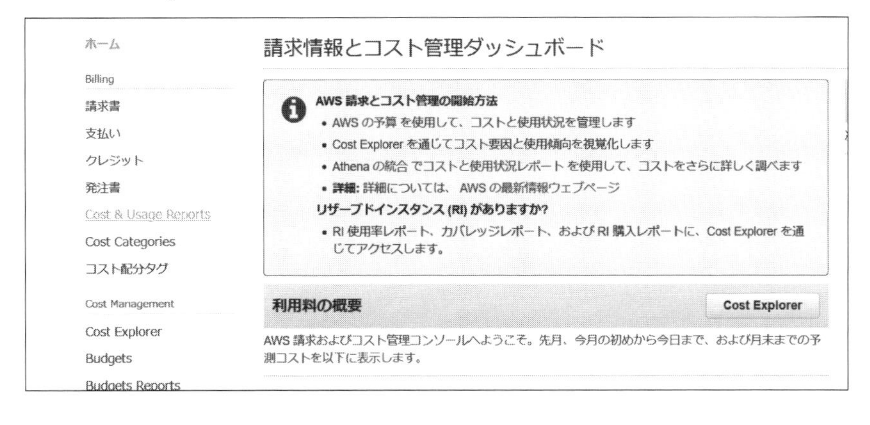

ダッシュボード左側の「Cost & Usage Reports」を選択すると、レポートの管理画面に移ります。レポートの作成を選択するとレポート名やレポートの設定ができます。

次に、レポートを保存するAmazon S3バケットを新規作成するか、保存先となる既存のAmazon S3バケットを選択します。さらに、レポートが保存されるレポートパスのプレフィックス、時間詳細度、バージョニング設定、レポートデータ統合の有効化、圧縮タイプの設定を行います。

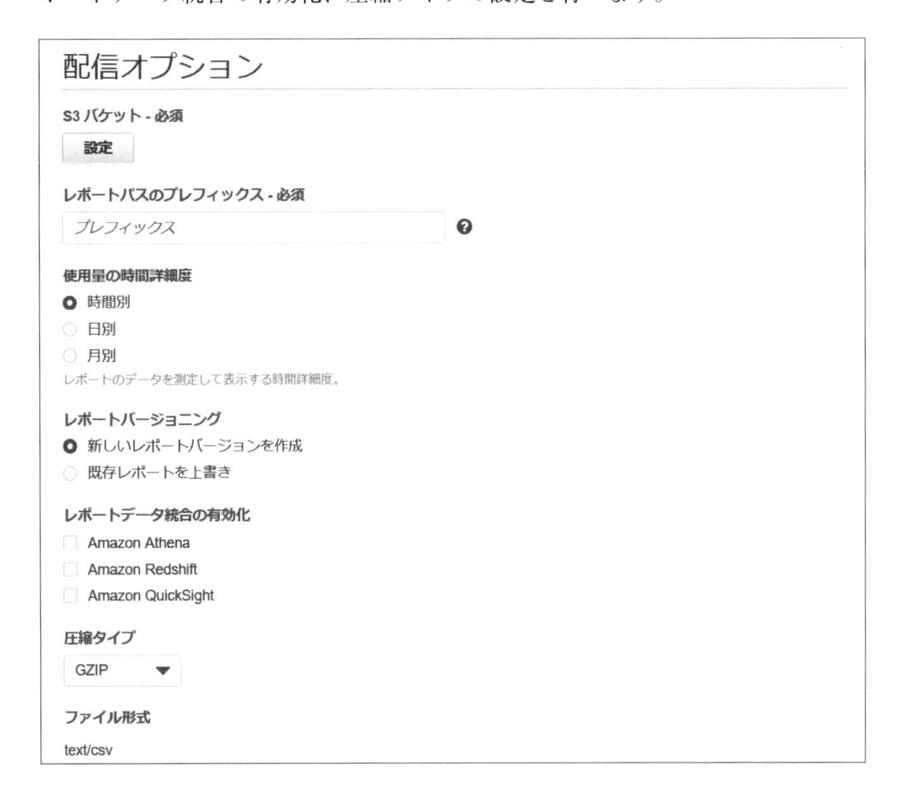

保存するAmazon S3のバケットを設定すると、レポート保存のためのポリシーが設定されます。既存のAmazon S3バケットをレポート保存用に使用すると、ポリシーが上書きされるので注意が必要です。また、レポートデータ統合については、Amazon Athenaと統合するときには圧縮タイプの技術的な理由により、Amazon RedshiftやAmazon QuickSightとは連携できなくなります。一方、Amazon RedshiftやAmazon QuickSightは共通の圧縮タイプのため、AWS CURのデータをAmazon RedshiftとAmazon QuickSightの両方で連携が

可能です。

設定に問題がなければ、図2-22のように画面のリストにレポート名が表示されます。そして24時間以内に、設定されたAmazon S3バケットにレポートが配信されます。レポートの編集（設定変更）、削除をする場合もこの画面から操作します。レポート名のみ作成後の変更はできませんが、その他の項目については編集から変更可能です。また削除を選択した場合、レポートの設定が削除されるだけで、Amazon S3の保存されたレポートが削除されるわけではありません。配信されたレポートを削除しAmazon S3の容量を解放したい場合は、Amazon S3バケットの中で設定したプレフィックスの配下のオブジェクトを削除する必要があります。

図2-22 myReport1という名前でレポートが定義された状況

■ AWS CURのユースケース

AWS Cost Explorerでは情報を取得できず、AWS CURだからこそ情報取得できるユースケースの一つとして、AWS OrganizationsでSavings Plans/リザーブドインスタンスが共有されている状況で、各アカウントがどのくらいSavings Plans/リザーブドインスタンスの割引効果を得ているのか、算出する例を見てみましょう。

AWS Organizationsでアカウントをまとめている場合、Savings Plans/リザーブドインスタンスの共有設定を行い、各メンバーアカウントでは、管理アカウントで購入したSavings Plans/リザーブドインスタンスを利用しているという状況はよく見受けられます。個別のアカウントで購入するよりも、共有した方がアカウント全体で使用されているインスタンスを対象としてSavings Plans/リザーブドインスタンスが適用されるため利用率が高くなり、全体最適を図ることができます。ただし、AWS Cost Explorerでは自身のアカウントで購入したSavings Plans/リザーブドインスタンスの割引効果は表示できるものの、ほかのアカウントで購入したSavings Plans/リザーブドインスタンスの割引効果は表示することができません。購入したアカウントでAWS Cost Explorerを見てみても、それぞれの割引効果は出力できますが、その割引効果が複数のアカウントで利用されたのか、利用された場合はどのアカウントでどのくらいの割引効果を生み出したのか、というところまで情報を表示することができません。

AWS CURには、利用されたSavings Plans/リザーブドインスタンスの詳細情報が記載されるため、ほかのアカウントで利用されたSavings Plans/リザーブドインスタンスの割引効果も算出することができます。そのため、全体でSavings Plans/リザーブドインスタンスを購入し、その使用状況（割引効果）に応じてSavings Plans/リザーブドインスタンスの費用配賦をする場合必要な情報を取得することが可能になります。では具体的に、どのように算出するのかを見てみましょう。

①AWS CURの情報の取得

Savings Plans/リザーブドインスタンスを購入したアカウントでAWS CURの情報を取得します。

②lineItem/LineItemTypeのフィルタリング

lineItem/LineItemType の列で、Savings Plansの場合は"SavingsPlanCoveredUsage"、リザーブドインスタンスの場合は" DiscountedUsage"の項目でフィルタリングを実施（図2-23参照）します。

図2-23 CURの出力を “SavingsPlanCoveredUsage” でフィルタリングしたリスト

lineItem/UsageAccountId	lineItem/LineItemType	lineItem/prod	lineItem/UsageType	lineItem/UnblendedCost	lineItem/BlendedRate	savingsPlan/SavingsPlanARN	savingsPlan/SavingsPlanRate	savingsPlan/SavingsPlanEffectiveCost
	SavingsPlanCoveredUsage	AmazonEC2	APN1-BoxUsage:m5a.large	2.688	0.112	arn:aws:savingsplans:	0.065	1.56
	SavingsPlanC0veredUsage	AmazonEC2	APN1-BoxUsage:c4.large	5.232	0.218	arn:aws:savingsplans:	0.171	4.104
	SavingsPlanCoveredUsage	AmazonEC2	APN1-BoxUsage:r4.xlarge	3.024	0.3024	arn:aws:savingsplans:	0.343	2.058
	SavingsPlanCoveredUsage	AmazonEC2	APN 1-BoxUsage:m4.large	0.221	0.008818203	arn:aws:savingsplans:	0.1653	0.1653
	SavingsPlanCoveredUsage	AmazonEC2	APN1-BoxUsage:c4.xlarge	0.436	0.218327284	arn:aws:savingsplans:	0.392	0.392
	SavingsPlanCoveredUsage	AmazonEC2	APN1-BoxUsage:t2.medium	0.394	0.018921388	arn:aws:savingsplans:	0.0525	0.2625

こうして得られたリストを基に、例えばアカウントごとの割引効果を求めたければ、"lineItem/UsageAccountId"のアカウントごとに割引効果を算出したり、Compute Savings Plansでどれだけサーバーレスのサービスが適用されているのかを調べる場合は、"lineItem/ProductCode"の項目ごとに割引効果を算出するなどの方法でSavings Plansの適用状況をより詳細に調べることができます。これらの情報はSavings Plans/リザーブドインスタンスの割引効果に合わせてSavings Plans/リザーブドインスタンスの費用配賦をする場合は、有益な情報となります。

3 AWS Cost Categoriesによる費用分類

アカウントやタグによる利用費用の分類は、比較的簡単に利用できることもあり、多くの利用者に活用されていますが、すべての状況に対応できるとは限りません。時にはプロジェクトチームが複数のアカウントにまたがったリソースやサービスを利用しているなど、分類条件が複雑な状況も出てきます。

AWS Cost Categoriesを使用すると、アカウント、タグ、サービス、支払いタイプなどの請求ディメンションを使用して、カテゴリルールと呼ばれる分類定義を作成し、利用費用をマッピングして追跡することができます。定義したカテゴリはAWS Cost Explorerのグループ化の条件やフィルタリングで指定することができますし、AWS CURでも利用可能です。また、図2-24のように定義したコストカテゴリ間に階層関係を持たせることもできます。

図2-24 コストカテゴリの階層化の例

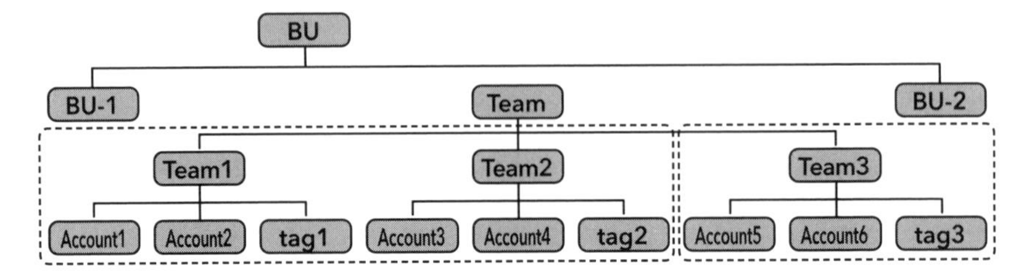

①Team というコストカテゴリでアカウントとタグに基づいたグループ定義を作成
②その Team というコストカテゴリをディメンションとして新しい Business Unit(BU) というカテゴリを作成、BU-1/BU-2 を定義

■ 複数のディメンションを使用したカテゴリの作成

コストカテゴリは、次の3つのステップで作成します。

①コストカテゴリの名前を定義する
②コストをコストカテゴリ値に分類するルールを記述する
③コストカテゴリ値の間で料金を分割するルールを定義する

コストカテゴリは、マネジメントコンソールのBillingから作成できます（図2-25）。

図2-25 BillingからCost Categoriesを選択した画面

AWS Cost Categoriesにアクセスしたら、コストカテゴリの名前を定義します。

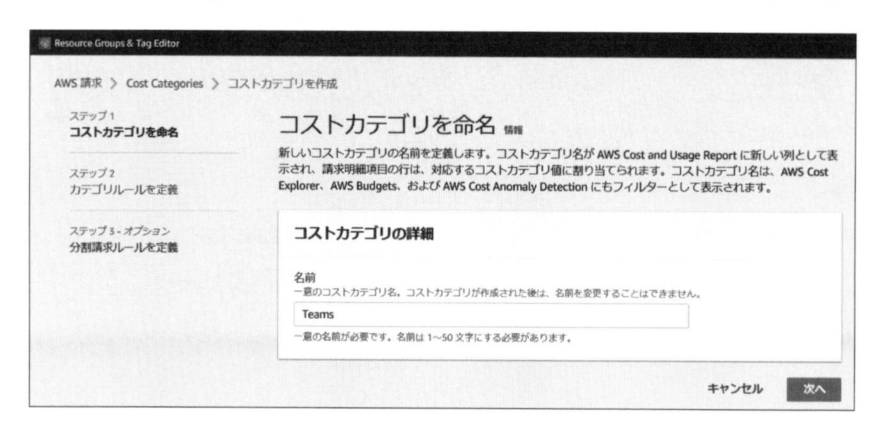

続いて、コストカテゴリに分類するルールを記述します。

ルールとは、コストカテゴリを分類するときの条件を規定するものです。個々のコストカテゴリについて、1つあるいは複数のルールを設定することができます。ルールは、ディメンションと条件式で構成されます。ディメンションの対象には、アカウント、タグ、料金タイプ、サービス、別に作成したコストカテゴリを選択でき、値と演算子を入力・選択することで条件式を設定します。別に作成したコストカテゴリを選択することで、コストカテゴリは階層構造をとることも可能です。

上記の例では、Teamsというコストカテゴリの中のTeam1というコストカテゴリ値に、分類するためのルールを作成しています。

ディメンション 1

ディメンション　タグキー　演算子

タグ　Environment ...　次である

次である
次ではない
存在せず
次を含む
次で始まる
次で終わる

タグ値

タグ値を入力　値を追加

タグ値では大文字と小文字が区別されます。

AWS　Production

AND

また、このディメンションは複数定義することが可能です。

コストカテゴリのルールを決めるのに便利なのが、ルールタイプで「継承された値」を使うことです。

例えばteamsというタグキーがあり、タグ値としてa/b/cという3つの値のどれかをとっているとします。それぞれにteams=a, teams=b, teams=cというディメンションから成り立つルールを設定することも可能ですが、ルールタイプを継承された値にして、ディメンションをコスト配分タグ、タグキーをteamsとすると、上記と同じことが実現できます。さらに、チームが増えてteams=dという新しいタグ値ができた場合も、新たにルールを追加する必要はありません。動的に変化する条件でコストカテゴリを規定したいときに有効です。

また、図2-26に示すように、コストカテゴリ値の各ルールは適用の順番を設定することが可能です。

図2-26 カテゴリルールの適用順

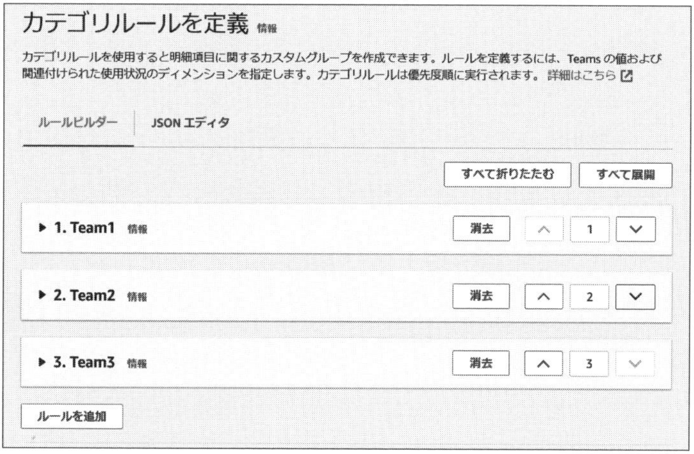

上から順に判定が行われルールに合致したコストカテゴリ値が適用される。コストカテゴリ値の右側の数字が適用順番で、数字の左右の「^」「v」で順番を前後させることが可能

AWS Cost Categoriesでは、分割請求ルールというものを設定することもできます。これは、上で定義したコストカテゴリ値（Team1、Team2、Team3）に、利用料金をどのように配分するかを決めるルールです。例えば、各プロジェクトチーム個別ではなく、プロジェクトチーム全体で利用している共有の利用費用と、利用費用を按分した場合の各チームの支払い分を確認することができます。

費用の割り当て方法も「按分」（利用量に比例して費用を按分）、「固定」（割合を手動で設定）、「均等分割」（コストカテゴリ値間で均等に配分）が選択可能です（図2-27）。

図2-27 分割請求の定義画面

AWS Cost Categoriesは一度設定しておくと、利用費用情報を自動的に分類してくれます。さらにAWS Cost ExplorerやAWS CURでも利用可能なため、さまざまな応用が考えられるサービスです。複雑なルールがあり、利用費用の可視化に苦労しているという場合に有効なサービスです。

4 AWS Cost Anomaly Detectionによる異常検知

Anomaly Detectionは、一般的に異常値検知と呼ばれています。異常値検知とは、統計分析や機械学習モデルを利用して、通常とは異なると思われる状況/状態を検出する機能です。

「いつもとは違う」ことを識別するのは意外と難しいものです。通常の検知は一定の閾値を設定し、その閾値を上回る、あるいは下回るときに通報をします。しかしこの方法だと、もともと使用状況が異なる場合に閾値の設定が複雑になってしまいます。

例えば、月初、月末は月次の処理が走るので、ほかの日に比べると利用費用が高くなる、というようなことが定常的にあった場合、この月初、月末の利用費用の上昇は異常ではなく、正常であるといえます。通常の検知/監視業務であれば、月初、月末は利用費用が高くなるから閾値を高くし、それ以外は閾値を低くする、などと閾値の変更を行われなければなりませんが、さまざまな要因が入ってくると、その閾値の変更のルールも複雑になり、管理が大変です。

一方、異常値検知は大量の蓄積されたデータからベースラインを導き出し、そのベースラインから逸脱した値を検出します。状況が変動しやすい場面において、固定的な閾値による誤検出（異常ではないのに異常と検知してしまう）やミス（異常なのに正常として見逃してしまう）を減らすことが期待できます。特にクラウドサービスのような利用状況の変動が大きい場面では、このAWS Cost Anomaly Detectionはクラウド利用費用管理に有効といえるでしょう。

クラウド利用費用の大幅な上昇に対してアラートを上げ、原因を追究する、という本来の利用費用の監視、異常検出はもちろん重要です。ですが、想定されている利用費用の上昇に対して、わざわざアラートを上げて関係者の時間や手間がかかると、クラウドサービスのアジリティや簡易性などのアドバンテージが損なわれてしまいます。運用業務における不要なアラートをいかに排除していくかがどれだけ大事か、ご理解いただけるかと思います。

AWS Cost Anomaly Detectionは、AWSのサービスの利用状況を機械学習モデルによって学習し、ベースラインを設けて、そのベースライン（想定される使用状況）から大きく逸脱した値を「異常」として検知する仕組みです。もともとAWSではモニタリングサービスであるAmazon CloudWatchにこの機能が実装されていましたが、AWS Cost Anomaly Detectionによって、利用者の支払い、サービスの利用費用の変化についても異常値検知ができるようになりました。

■ AWS Cost Anomaly Detectionのアラートの設定方法

AWS Cost Anomaly Detectionは、2つの要素から構成されています。1つは、異常検知の対象や粒度を設定するモニターで、もう1つは、異常と判定する閾値や通知の頻度を設定するサブスクリプションです。1つのモニターには、複数のサブスクリプションを登録することも可能です。モニターの作成は、AWS Cost Explorerの「コスト異常検出」を選択し、「コストモニターを作成」の「ご利用開始にあたって」ボタンから行います（図2-28）。

図2-28 AWS Cost Anomaly Detectionのマネジメントコンソール画面

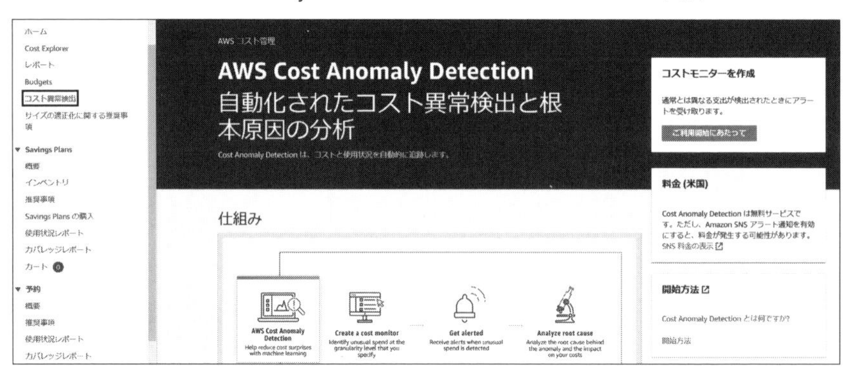

まず、モニタータイプの選択で、モニタリング対象の種類、粒度を選択します。AWSのサービス単位、アカウント単位、コストカテゴリ単位、コスト配分タグ単位をモニタリング対象に設定できます。

それぞれの対象で過去の利用実績から逸脱した支出が発生した場合にアラートを送信する

次に、アラートサブスクリプションを設定します。コストモニターが異常を検出したときのアラート方法（異常として検知された利用費用のアラートのしきい値、アラート頻度）と、アラートの受信者を設定します。アラートに使用できるのは、Eメールあるいは Amazon SNSです。

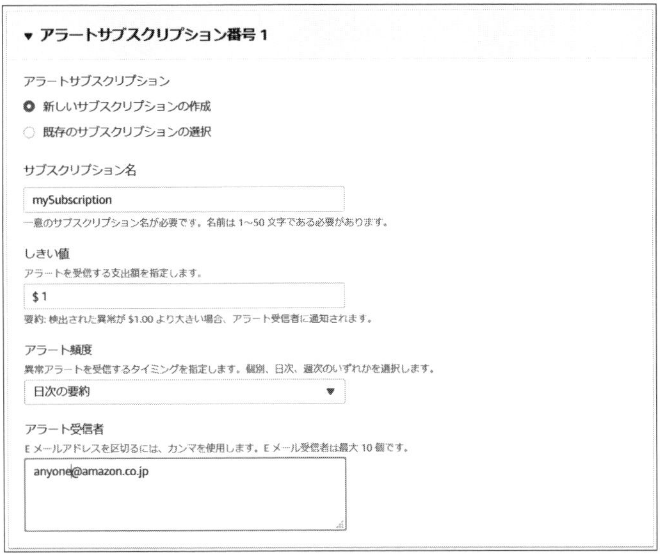

▼ アラートサブスクリプション番号 1

アラートサブスクリプション

新しいサブスクリプションの作成

既存のサブスクリプションの選択

サブスクリプション名

mySubscription

一意のサブスクリプション名が必要です。名前は 1~50 文字である必要があります。

しきい値

アラートを受信する支出額を指定します。

$1

要約: 検出された異常が $1.00 より大きい場合、アラート受信者に通知されます。

アラート頻度

異常アラートを受信するタイミングを指定します。個別、日次、週次のいずれかを選択します。

日次の要約

アラート受信者

E メールアドレスを区切るには、カンマを使用します。E メール受信者は最大 10 個です。

anyone@amazon.co.jp

設定したコストモニターと紐付けて、誰に、どのメディア(EメールあるいはAmazon SNS)、どの頻度(都度、日次で、週次で)で送信するのかを設定する

一度モニターの設定を行うと、概要で異常検知の履歴を確認できるようになります。設定したコストモニターで異常が検知されると、図2-29のように検出履歴としてリスト表示されます。

図2-29 異常検知されたサービスの履歴

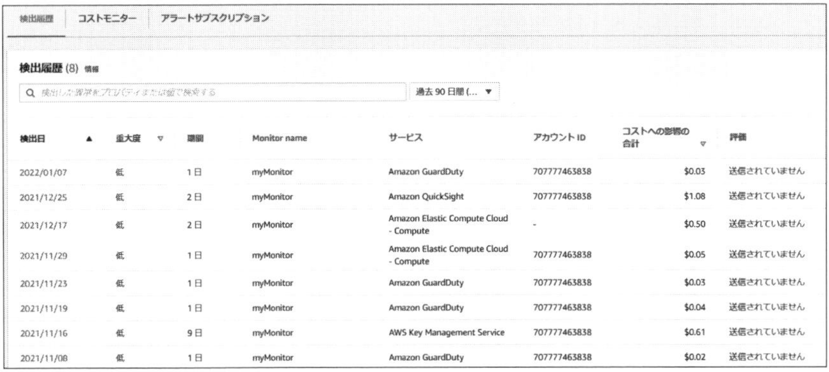

検出履歴　コストモニター　アラートサブスクリプション

検出履歴 (8) 情報

過去 90 日間 (...

検出日	重大度	期間	Monitor name	サービス	アカウント ID	コストへの影響の合計	評価
2022/01/07	低	1日	myMonitor	Amazon GuardDuty	707777463838	$0.03	送信されていません
2021/12/25	低	2日	myMonitor	Amazon QuickSight	707777463838	$1.08	送信されていません
2021/12/17	低	2日	myMonitor	Amazon Elastic Compute Cloud - Compute	-	$0.50	送信されていません
2021/11/29	低	1日	myMonitor	Amazon Elastic Compute Cloud - Compute	707777463838	$0.05	送信されていません
2021/11/23	低	1日	myMonitor	Amazon GuardDuty	707777463838	$0.03	送信されていません
2021/11/19	低	1日	myMonitor	Amazon GuardDuty	707777463838	$0.04	送信されていません
2021/11/16	低	9日	myMonitor	AWS Key Management Service	707777463838	$0.61	送信されていません
2021/11/08	低	1日	myMonitor	Amazon GuardDuty	707777463838	$0.02	送信されていません

上図では、過去の利用実績から逸脱したものが、異常として検出されています。個々のアラートを選択すると、そのアラートに対して「たしかに異常」「誤検出」「利用料自体は異常だが予期されたもの」という3つの選択肢で「評価を送信」できます。このフィードバックは、より適切な異常検出の仕組みの実現に使用されます。

5 AWS Billing Conductorによる請求管理

AWS Billing Conductorはマルチアカウント環境において、請求をまとめたいアカウントごとにグループピングすることで、組織のコスト管理を行いやすくするサービスです。

AWS Organizationsの一括請求では、請求管理上、組織のすべてのアカウントが1つのアカウントとして扱われることは先に述べたとおりです。Savings Plans / リザーブドインスタンスの共有設定をしている場合は、どのアカウントで購入したものであっても全体で共有され、AWS利用料が組織全体で最適化（安くなる）されるように各アカウントに適用されていきます。

つまり組織内の全アカウントは、ほかのアカウントで購入したSavings Plans / リザーブドインスタンスの恩恵を受けられるわけですが、これは裏を返すと自担当のAWSアカウント内で購入したSavings Plans / リザーブドインスタンスが、必ずしもそのAWSアカウントに適用されるとは限らないことを意味しています。これによって、組織内の各事業部門（またはリセラーパートナー経由でAWSを利用されている利用者）がAWSアカウント単位で独立した費用の管理をしている場合は、アカウント単位においては不要な支出もしくは他アカウントからの恩恵を自動で受けることになり、適切な支出管理ができないことが課題となりえます。

そのため、一括請求を管理している部門では、独自の計算処理の仕組みを作り込むことにより、組織内の各アカウントに向けた利用明細を作成し、請求を行っているケースがあります。例えば、AWSアカウントごとにクラウド利用費用および使用状況レポート（AWS CUR）を分割し、計算処理するような仕組みです。計算処理の中で、サービス固有の割引やSavings Plans / リザーブドインスタンスの割引を、そのAWSアカウント利用者と合意したレートと条件で適用します。こうして適切な割引率が適用されたうえで請求金額を再計算し、利用明細とともに個別に算出したクラウド利用費用を各事業部門に請求します。

この仕組みの構築と維持は本来労力を必要とするものですが、AWS Billing Conductorを使えば、図2-30で示すように請求者（支払いアカウント）は簡単に独自のコストレートを定義することができます。そして定義に基づいて、グループごとのAWS利用料の請求書を発行できます。

図2-30 AWS Billing Conductorの全体像

※ AWS Organizations の利用が前提

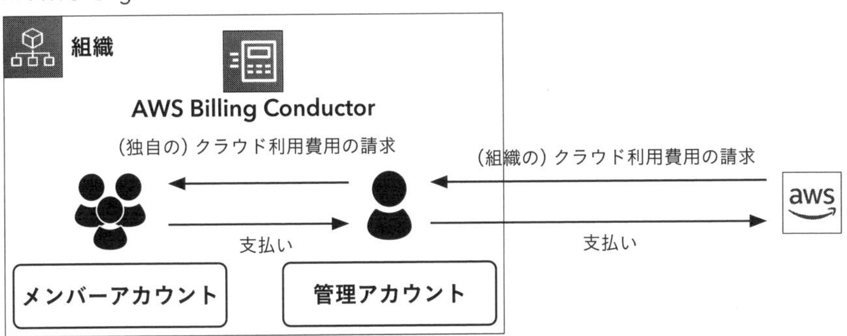

AWS Billing Conductorのイメージをつかんだところで、実際の使い方について解説していきます。AWS Billing Conductorで独自のAWS利用料の明細（AWS CURや請求書）を生成するには、「請求グループ」と「料金プラン」、そして必要に応じて「カスタム明細項目」の定義が必要です。

図2-31のように、同一の請求書見積もりの単位としたいアカウントをグルーピングし、これに独自の料金プラン（あるサービスは割引にする、逆に割増にするなどのルール）を関連付けていきます。サービスに紐づかない個別の料金（サポート料金や、情報システム部等が各アカウントに対して共通的に徴収している手数料など）は、カスタム明細項目として設定し、関連付けます。各項目を詳しく見ていきましょう。

図2-31 請求グループと料金プランおよびカスタム明細項目の関係

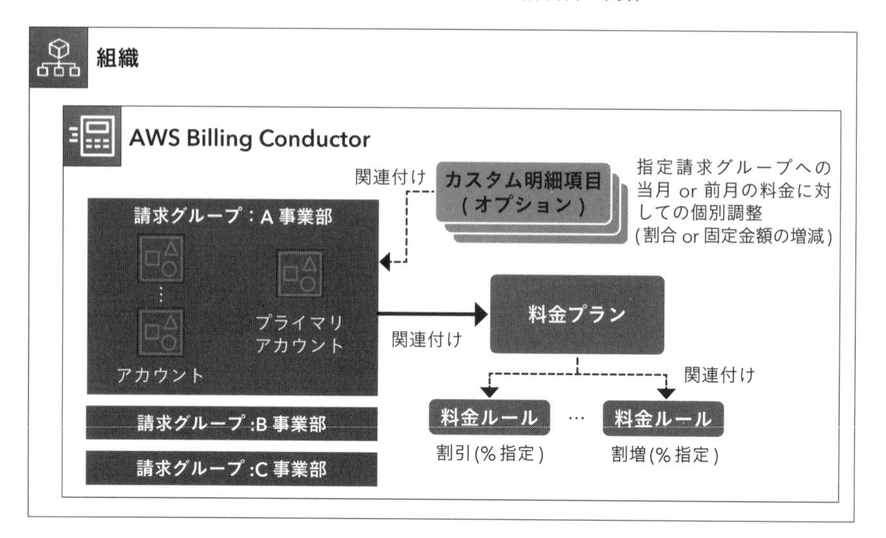

(1) 請求グループ

請求グループは、組織に含まれる管理アカウントの中から、同一の請求書作成の単位としたい単一もしくは複数のアカウントを切り出したものです。請求グループに対して、後述する料金プランやカスタム明細項目を適用します。例えば、AWS Organizations配下にA事業部、B事業部、C事業部のアカウントが含まれているとき、本来であればAWS CURには3事業部のアカウントがすべて含まれますが、事業部ごとの請求グループを作成することによって、A事業部、B事業部、C事業部単位でAWS CURの見積もりを作成することができます(図2-32)。

図2-32 請求グループの定義

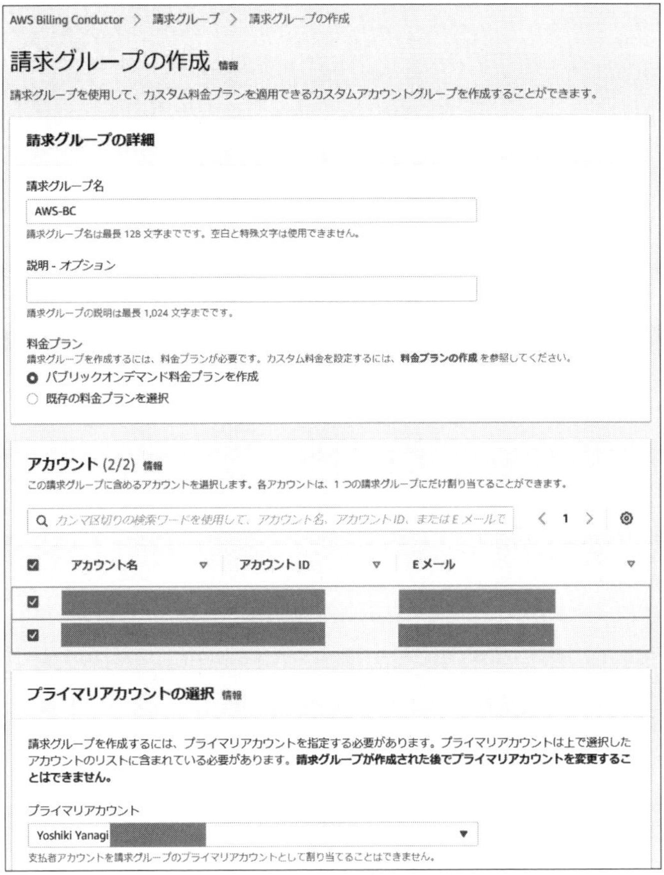

AWS Billing Conductor > 請求グループ > 請求グループの作成

請求グループの作成 情報

請求グループを使用して、カスタム料金プランを適用できるカスタムアカウントグループを作成することができます。

請求グループの詳細

請求グループ名

AWS-BC

請求グループ名は最長 128 文字までです。空白と特殊文字は使用できません。

説明 - オプション

請求グループの説明は最長 1,024 文字までです。

料金プラン

請求グループを作成するには、料金プランが必要です。カスタム料金を設定するには、料金プランの作成 を参照してください。

パブリックオンデマンド料金プランを作成

既存の料金プランを選択

アカウント (2/2) 情報

この請求グループに含めるアカウントを選択します。各アカウントは、1 つの請求グループにだけ割り当てることができます。

カンマ区切りの検索ワードを使用して、アカウント名、アカウント ID、または E メールで

アカウント名 アカウント ID E メール

プライマリアカウントの選択 情報

請求グループを作成するには、プライマリアカウントを指定する必要があります。プライマリアカウントは上で選択したアカウントのリストに含まれている必要があります。請求グループが作成された後でプライマリアカウントを変更することはできません。

プライマリアカウント

Yoshiki Yanagi

支払者アカウントを請求グループのプライマリアカウントとして割り当てることはできません。

請求グループ名を定義し、グルーピングしたいアカウントを選択しています。作成する請求グループに含めるアカウントは、AWS Organizationsの組織内から選択できます。選択したアカウントの中から、請求グループ内での代表アカウント（プライマリアカウントといいます）を指定する必要があります。請求グループにおけるAWS使用状況確認や、AWS CURに関わる操作はプライマリアカウントからのみ可能です。

なお、1つの請求グループ内には複数のAWSアカウントを設定できますが、その逆はできません。つまり、AWSアカウントは複数の請求グループに属することはできない点に注意してください。

(2) 料金プラン

料金プランは、料金ルールをグルーピングしたものです。料金ルールとは、サービスごとに割引率または割増率を設定した項目で、利用者が自由に決めることができます。例えば、図2-33では「Amazon CloudFrontの利用料金を10%割増する」料金ルール（BASIC-PLAN-CF）と、「Amazon EC2の利用料金を20%割引する」という料金ルール（BASIC-PLAN-EC2）が作成されています。図2-33のように作成した料金ルールを束ねて、料金プランを作成します。料金プラン単位で請求グループに紐づけるので、束ねるルールはその請求グループに適用したいものを選択していくことになります。この例では、AWS-BCという名前の料金プランを作成し、適用する料金ルールには先ほど確認したBASIC-PLAN-CFとBASIC-PLAN-EC2を設定しています。

図2-33 料金ルール

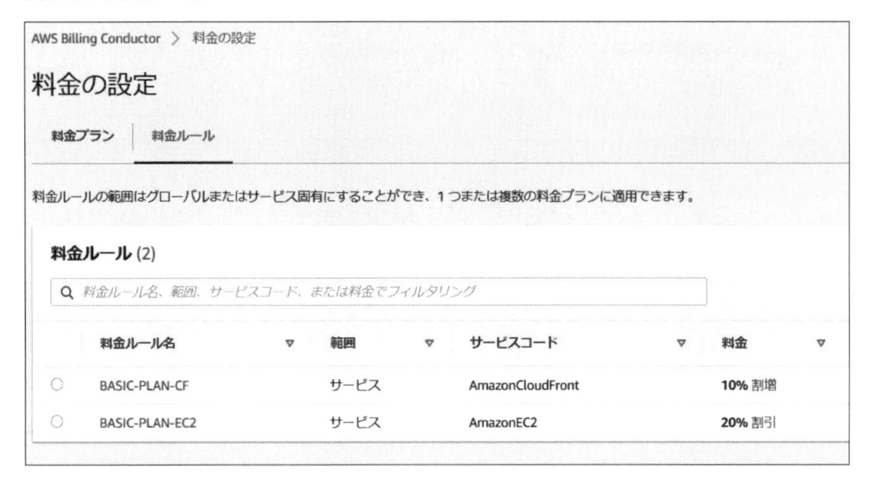

なお、料金ルールではサービス単位に加えて、全料金を割引もしくは割増するといった設定もできます。その場合は、範囲をサービスではなくグローバルに設定します（図2-34の「ALL 10percentOFF」を参照）。

図2-34 料金プラン

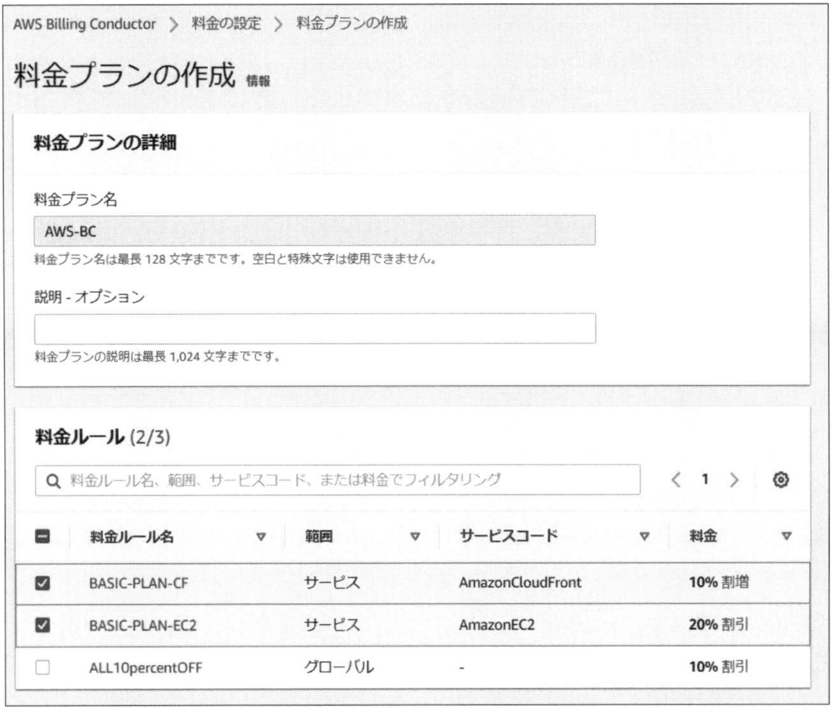

AWS Billing Conductor > 料金の設定 > 料金プランの作成

料金プランの作成 情報

料金プランの詳細

料金プラン名

AWS-BC

料金プラン名は最長 128 文字までです。空白と特殊文字は使用できません。

説明 - オプション

料金プランの説明は最長 1,024 文字までです。

料金ルール (2/3)

料金ルール名、範囲、サービスコード、または料金でフィルタリング

	料金ルール名	範囲	サービスコード	料金
☑	BASIC-PLAN-CF	サービス	AmazonCloudFront	10% 割増
☑	BASIC-PLAN-EC2	サービス	AmazonEC2	20% 割引
☐	ALL10percentOFF	グローバル	-	10% 割引

(3) カスタム明細項目

カスタム明細項目は、請求グループに対して独自のコストや割引（割増）を適用したい場合に使用します。共通費などが考えられます。一般的なユースケース例は以下のとおりです。

- AWS Support料金の割り当て
- 共有サービス利用料の割り当て
- マネージドサービス料金の適用
- 税金の適用
- クレジットの割り振り

図2-35は独自のコーポレート共通費として、請求グループ「AWS-BC」に対してクラウド利用費用とは別に、毎月10ドル固定で請求を行っている例で

す。料金は固定金額か、もしくは割合で指定できます。

図2-35 カスタム明細項目

カスタム明細項目 (1) 情報

カスタム明細項目の検索　2022年

名前	説明	固定料金	割合料金	請求グループ
overhead-costs	corporate costs	$10.00	-	AWS-BC

■ 請求グループへの適用とマージン分析

作成した料金プランとカスタム明細項目を請求グループに紐付けることで、独自のコストレートを適用したレポートとAWS CURを受け取ることができます。図2-36は請求グループ「AWS-BC」に、先ほどのカスタム明細項目と料金プラン「AWS-BC-pricingplan-1658401474999」を紐付けた例です。

図2-36 請求グループへの適用とマージン分析

AWS Billing Conductor > 請求グループ > AWS-BC

AWS-BC　表示された日付: 2022年7月

請求グループの詳細　アカウントの表示　請求グループの削除　請求グループの編集

プライマリアカウント名	プライマリアカウントID	請求グループのアカウント	料金プラン
Yoshiki Yanagi		2	AWS-BC-pricingplan-1658401474999

毎月のマージン分析の概要　マージンレポートの表示

請求額	AWS のコスト	マージン
$2,568.57	$2,693.07	-$124.50 (-4.62%)

カスタム明細項目 (1) 情報　カスタム明細項目を作成

カスタム明細項目の検索

名前	説明	固定料金	割合料金	関連リソース	作成済み
overhead-costs	corporate costs	$10.00	-	-	2022/7/21

図2-36のように、毎月のマージン分析の概要として、請求額とAWSの（実際の）コストが表示されているのが確認できます。マージンには、両者の乖離量が表示されます。「マージンレポートの表示」をクリックすることで、より詳細な分析を行うことが可能です。

AWS CURを出力したいときは、AWS CURの画面から設定で「データビュー:見積もり」を「有効化」します（図2-37）。

図2-37 レポートの明細項目

レポートの明細項目

レポート名 - 必須

Billing-Conductor Report

データビュー

見積もり

請求グループ

AWS-BC

有効化後は、レポートの作成画面を開き、データビューの項目で「見積もり」を選択することで、請求グループが選択できるようになります。任意の請求グループを選択すれば、AWS CURの出力設定を行うことができます。

■ AWS Billing Conductorのまとめ

これまで見てきたように、AWS Billing Conductor を使えば、簡単に独自のコストレートを請求グループごとに適用し、クラウド利用費用を視覚化することができます。最後に、AWS Organizationsの一括請求とBilling Conductorによる見積もりのスコープの違いについて整理しておきます（図2-38）。

AWS Organizationsは、組織に含まれるアカウント全体が含まれたAWS CURと請求を1つ生成します（組織に所属するアカウント全体を、1つのアカウントとみなすイメージです）。AWS Organizationsにおいて共有設定を有効にしている場合は、Savings Plans / リザーブドインスタンスはアカウント全体で共有され、適用されます。各アカウントに対して、リザーブドインスタンスを購入したアカウントのみにリザーブドインスタンスを適用したり、独自の費用軽減や負担を設定する場合は、AWS CURをもとに別途計算を行う必要があります。

図2-38 AWS OrganizationsとAWS Billing Conductorのスコープ

AWS Organizations のスコープ
(一括請求における実際の請求)

組織

アカウント A1　アカウント B1
アカウント A2　アカウント B2
アカウント A3　アカウント B3

生成

一括請求全体の
" コストと使用状況レポート "(CUR)
" 請求書 "(Billing)

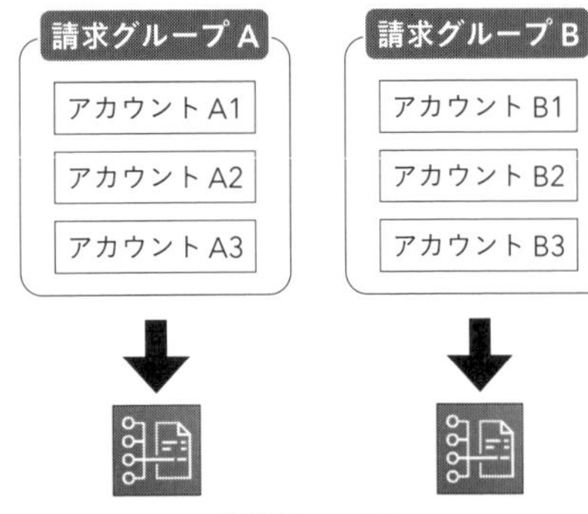

一方でAWS Billing Conductorでは、請求グループとして任意のアカウントをグループ化し、そのグループ単位で見積もり用のAWS CURや請求書を作成できます。そしてその請求グループに対して、料金プランやカスタム明細項目を関連付けることで、独自のコストレートを適用することができます。

また、Savings Plans / リザーブドインスタンスについては、請求グループの中でのみ共有されます。例えば図2-38において、アカウントA1だけがリザーブドインスタンスを購入していた場合、AWS Organizationsにおける一括請求では組織内（アカウントA1～A3、アカウントB1～B3の計6アカウント）でリザーブドインスタンスを共有しますが、AWS Billing ConductorではアカウントA1が所属する請求グループA内でのみ共有された場合のシミュレーションを行います。

なお、AWS Billing Conductorはあくまでシミュレーションであり、利用者とAWSの間の実際の請求には影響を与えないことに留意が必要です。

第3章

クイックウィン最適化

概要

クラウドの利用費用最適化というと、技術的に深い知識が必要と思われるかもしれません。技術やアーキテクチャに深い知識があるからこそできる利用費用最適化の方法もあります。しかし、使い方次第で、利用費用を最適化できるポイントがいくつもあります。本章では、アーキテクチャの変更などを伴わず比較的「クイック」に実施できるクラウド利用費用の最適化手法について解説していきます。

3−1でクイックウィンのためのアプローチの概要を紹介後、3−2では、主要なAWSサービスにおける適切なインスタンス選定の考え方について解説します。3-3ではオンデマンド、Savings Plans、リザーブドインスタンスやスポットインスタンスなどの購入オプションについて述べます。さらに、3−4で不要リソースの停止、3−5でスケジュール調整、3−6では、インスタンスのみならずストレージの適切な選定方法にも触れていきます。3-7では、ライセンス最適化の考え方、3-8でクイックウィン最適化のためにAWSが提供しているサービスについて紹介します。

1 クイックウィン最適化の概要

クイックウィン最適化は、「クラウドネイティブアーキテクチャの採用によるクラウド最適化」と比較すると「クイック」に実施可能であり、かつその効果も「クイック」に得られるアプローチのことです。そのため、1年に1回ではなく、1か月に1回、あるいは毎週、できればシステムに変更があった場合はすぐに、というように実施サイクルを短くすることが理想です。そのためには、日頃のAWSサービスの利用状況、およびそのクラウド利用費用を把握し、どこに最適化の余地があるのかを常に把握しておくことが肝要です。本章においては、表3-1に記載のクイックウィン最適化の取組みについて解説します。

表3-1 代表的なクイックウィン最適化

アプローチ	概要
インスタンス選定	プロセッサやメモリ、ネットワークやストレージI/Oなどの利用状況を確認し、適切なリソースを選択し直す。過剰なリソースが割り当てられている場合はインスタンスサイズを適切な容量まで小さくする。また価格性能比が高くなることから最新世代のインスタンスタイプを選択する。さらに、AMD/Gravitonへの変更を検討する。また安価な海外リージョンへの移行も検討する
購入オプション選定	1年あるいは3年の利用のコミットメントをすることで利用料金の割引を得られるSavings Plans / リザーブドインスタンスの適用や、オンデマンドに比べて最大90%のコスト削減効果のあるスポットインスタンスを採用する
不要リソース停止	使用されていないサーバーは稼働を停止/削除する
スケジュール調整	夜間や週末など利用しない時間帯のオンデマンドのインスタンスを停止する
ストレージ選定	最新のストレージサービス利用や、アクセス頻度に応じてより低価格なストレージを利用する
ライセンス最適化	必要な商用ソフトウェアのライセンス数および商用ライセンス費用を適正化する

このクイックウィン最適化の取組みにおいて重要なのは、割り当てられたリソースを設計時の値を固定して利用するのではなく、利用実績や実情に合わせて柔軟に変更するという姿勢です。クラウド利用費用に対して予算を超過する危険水域となる閾値を設定し、その閾値を超えないかを監視して、それを超え

たときにアラートを発してアクションをとるだけでは不十分です。正常時でも、リソースをどの程度利用しているのか、夜間や週末、あるいは季節によって稼働が変化しているのか、どのような特性を持っているのか……といったことを把握できれば、クラウド利用量の最適化の余地がどこにどれだけあるのかを判断する材料になります。

さらに将来的に、システムをクラウドネイティブ化するときにも有益な経験、知見となります。クラウド利用費用最適化の取組みを通じて、設計構築時だけでなく、システムのライフサイクルのあらゆるフェーズにおいて、どういったサービスがどのような利用方法によってどのくらいの費用がかかっているのかといったシステムの特性を把握することは、より適切なアーキテクチャの設計、サービスの選択につながるからです。

上記クイックウィン最適化の余地がどのくらいあるのかをAWSで分析した結果、月額利用料に対して、平均20%、中央値17%[※1]という最適化の余地がありました。みなさんが担当しているアカウントやシステムでも、まだまだクイックウィン最適化の余地があるかもしれません。

※1 2021年に日本でAWSを利用されているアカウント174件のベンチマーク調査結果

2 インスタンス選定

AWSが提供する仮想サーバーのことをインスタンスと呼びます。インスタンス選定はクイックウィン最適化の中でも重要な最適化手法の一つです。インスタンスを選定するための観点は多岐にわたりますが、一例としてインスタンスのCPUやメモリのサイズの適正化について考えてみます。

AWSが実施したCPU使用率に関する調査※2によれば、ピーク時であっても物理サーバーで約24%、仮想サーバーで約21%でした。インスタンスを利用中のものよりも1段階小さくすることができれば、当該インスタンスの利用費用を約半分にできます。また、より新しいインスタンスタイプを利用することで、より高いコストパフォーマンスを得ることもできます。さらに、同じインスタンスだったとしても、起動するリージョンによってより安価に利用できる場合があります。例えば、表3-2にあるようにLinux OSのc5.2xlargeというインスタンスを東京リージョンで起動すると、インスタンス利用費用は$0.428/時です。対して、バージニア北部リージョンで起動すると$0.34/時となり、約21%安価に利用できます。

このように、どのサイズのどの世代のインスタンスを、どこで起動するかを選定することは、クラウド利用費用の観点で重要な検討事項になります。

表3-2 オンデマンドの1時間あたりのインスタンス利用費用

インスタンス ＼ リージョン	東京	シンガポール	バージニア北部
c5.2xlarge （vCPU: 4、メモリ: 8GB）	$0.428/時	$0.392/時	$0.34/時
c5.xlarge （vCPU: 8、メモリ: 16GB）	$0.214/時	$0.196/時	$0.17/時

※2 AWSへの移行を検討されている企業におけるオンプレミス環境において、Migration Evaluatorを用いて評価した100万台を超えるサーバーのCPU使用率のベンチマーク調査結果
Migration Evaluator: https://aws.amazon.com/jp/migration-evaluator/

なお、実際に適切なサイジングを検討する際には、ある程度の余裕を持ったインスタンス選定が必要な場合もあります。過度にインスタンスを小さくしすぎると、今度はシステム全体のパフォーマンスに影響し、利便性が低下する可能性も出てきます。その影響も考慮し、システム全体にかかる費用が増えないかを確認する必要があります。

AWSでは、用途によりさまざまな種類のインスタンスを提供しています。この後紹介するAmazon EC2やAmazon RDSといったサービスごとに、コンピューティング性能を重視したインスタンスやメモリ、ストレージを重視したインスタンスなどがあります。さらに、それぞれにCPUやメモリの大きさで種類が分かれています。AWSが提供するインスタンスの種類は500を超え、その中から利用者が利用用途に合ったインスタンスを選定していくことになります。利用用途によっては、インスタンスファミリーやサイズを見直す機会もあるかもしれません。AWSではどのインスタンスが最適かを過去の利用実績などから判断し、推奨する機能も提供しているため、適宜推奨事項を確認し、必要に応じてインスタンスを変更していくことで適切なサイズにすることができます。

本節ではAmazon EC2、Amazon RDSを中心に、さらにAmazon ElastiCache、Amazon Redshift、Amazon OpenSearch Serviceの5つのサービスを取りあげてインスタンスの種類や最適化の考え方・方法を解説していきます。また、推奨インスタンスを提示するAWS Cost Explorer、AWS Trusted Advisor、AWS Compute OptimizerのAWSコスト管理サービスについても触れていきます。

1 Amazon EC2の選定

Amazon EC2は、あらゆるワークロードのニーズに最適に対応できる仮想サーバー機能を提供するサービスです。シンプルなインターフェースによって、開発者はもちろん、開発が専門でない方でも必要な機能を簡単に利用することができます。

利用者の多様なニーズに応えるため、Amazon EC2では、プロセッサ、ストレージ、ネットワーキング、オペレーティングシステムなどの観点で幅広い選択肢を提供しています。プロセッサにはIntel、AMDだけでなく、AWSが独自に開発したARMベースのGravitonプロセッサを選択することもできます。また、400Gbpsイーサネットでの高速通信を可能とするネットワークを備えており、機械学習や画像処理等の用途を想定したGPU搭載の仮想サーバーもあります。

まず、Amazon EC2におけるインスタンスタイプの読み方について紹介した後に、クラウド利用費用削減のためのインスタンス選定方法、またインスタンス選定のためのツールを解説します。

■ インスタンスタイプの読み方

Amazon EC2ではインスタンスタイプに明確な名前付けのルールがあります。そのため、インスタンスタイプからインスタンスファミリー、世代、追加機能の有無、種類、およびインスタンスサイズが把握できるようになっています。図3-1に挙げたインスタンスを例に、Amazon EC2インスタンスタイプの読み方について紹介します。

図3-1 Amazon EC2インスタンスタイプの読み方

インスタンスファミリーは、どのような用途に適したインスタンスかを示しています。例えば、「M」は幅広い用途に使いやすいインスタンス、「C」はCPUを多く必要とする用途に適したインスタンス、「R」はメモリを特に必要とするアプリケーションに向いているインスタンスです。ほかにも機械学習などに最適化された高速コンピューティングインスタンスである「P」や「G」、「Inf1」、ストレージに最適化されたインスタンスである「I」などがあります。このように、インスタンスファミリーを見れば、そのインスタンスが何に適しているか把握することができます。

インスタンス世代は、数字が大きくなるほど新しい世代となります。インスタンスファミリーによって最新世代は異なりますが、例えばM、Rのインスタンスファミリーでは2022年11月時点において第6世代が、Cでは第7世代が最新世代となっています。

追加機能については、有するインスタンスと追加機能のないインスタンスがあります。追加機能は「a」、「g」といった文字で表されます。例えば「a」はAMDのプロセッサを搭載したインスタンスであることを示しており、「a」が付かない同等のインスタンスよりも低料金で利用できます。一例を挙げると、M5a、C5a、R5aのインスタンスは同等のM5、C5、R5のインスタンスよりも約10%低い料金で利用できます。「g」はAWS Gravitonプロセッサを搭載したインスタンスであることを示しており、最大で40%低い料金で利用できます。

インスタンスサイズは、リソースの大きさを表しています。インスタンスサイズが大きくなると、vCPUやメモリ等のリソースが大きくなります。また、ストレージとの通信速度が高速化するインスタンスもあります。

以上をまとめると、インスタンスタイプとは、インスタンスファミリー、世代および追加機能のまとまりとインスタンスサイズとを「.」でつないだものとなります。

Column

Tインスタンス

「T」で始まる名前のインスタンスはバーストパフォーマンスインスタンスと呼ばれ、定常パフォーマンスインスタンス（例：M5、C5、R5）とは異なります。ワークロードの特徴に応じて適切に利用すれば、クラウド利用費用を効率よく抑制することができます。Tファミリーはインスタンスごとにベースラインパフォーマンスと CPU クレジットとよばれる権利が定められています。ここでベースラインパフォーマンスとは、あらかじめ定められたCPUの閾値のことであり、この閾値を下回っている場合はCPUクレジットが蓄積され、閾値を超過した場合でもこの蓄積されたクレジットを消費するまではパフォーマンスを維持することができます。この閾値以上で稼働することをバースト状態といいます（図3-2）。

図3-2 Tインスタンスのベースラインパフォーマンスとバースト

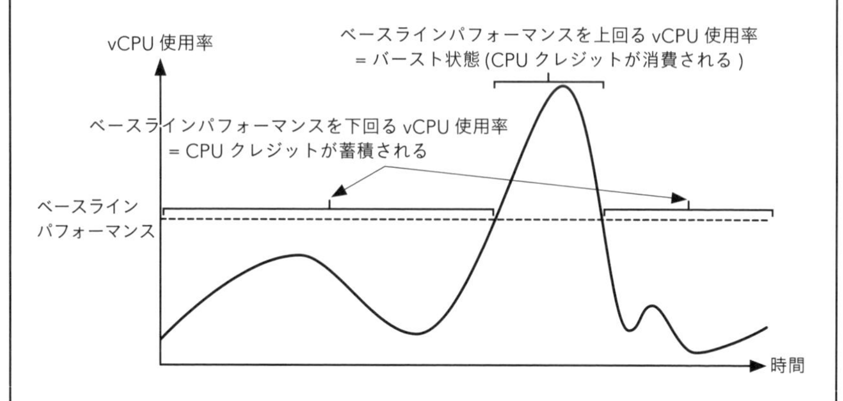

Tインスタンスの価格は、同じvCPUおよびメモリの組合せの場合、vCPUの使用率に閾値があるぶん、定常パフォーマンスインスタンスと比べて安価になっています。表3-3に示すように、例えば東京リージョンでm5.large（vCPU：2、メモリ：8GB）を起動した場合、オンデマンドでの利用費用は1時間あたり$0.124ですが、同じvCPU数とメモリを持つt3.large（vCPU：2、メモリ：8GB）を起動した場合、オンデマンドでの利用費用は1時間あたり$0.1088となっており、約14%安価となっています。

表3-3 T3インスタンス種類

名前	vCPU	メモリ(GB)	ベースラインパフォーマンス/vCPU	蓄積されるCPUクレジット/時	ネットワークバースト幅(Gbps)	EBSバースト幅(Mbps)	オンデマンド料金/時(OS: Linux、東京リージョン)
t3.nano	2	0.5	5%	6	5	最大 2,085	$0.0068
t3.micro	2	1	10%	12	5	最大 2,085	$0.0136
t3.small	2	2	20%	24	5	最大 2,085	$0.0272
t3.medium	2	4	20%	24	5	最大 2,085	$0.0544
t3.large	2	8	30%	36	5	最大 2,780	$0.1088
t3.xlarge	4	16	40%	96	5	最大 2,780	$0.2176
t3.2xlarge	8	32	40%	192	5	最大 2,780	$0.4352

1つのCPUクレジットは、1個のvCPUが100%の使用率で1分間の実行

に相当します。例えばt3.largeの場合、ベースラインパフォーマンスを下回る稼働が1時間あったとすると、2 vCPU × 30% ベースライン × 60分 ＝ 36CPUクレジット/時が蓄積されます。また、バースト時100%のvCPU使用率で稼働する際に必要なCPUクレジットは、2 vCPU × 100% = 2CPUクレジット/分となります。つまり、ベースラインパフォーマンスを下回る稼働が1時間あれば、36CPUクレジット ÷ 2CPUクレジット ＝ 18分間のバーストが可能となります。CPUクレジットは、最大で24時間分まで貯めることができます。この例でいえば、36CPUクレジット × 24時間 ＝ 864CPUクレジット（432分のバーストが可能）まで貯められます。

では、クレジットが足りなくなってしまった場合はどうなるのでしょうか。そのような場合、vCPU時間あたり$0.05で追加購入できます。第2世代であるT2インスタンスでは、CPUクレジットが足りなくなった場合に、利用者自身による追加購入が必要な「標準モード」が初期設定となっています。第3世代であるT3インスタンス以降のインスタンスでは、利用者自身による追加購入ではなく、必要に応じて自動的に購入される「無制限モード」が初期設定となっています。

Tインスタンスのユースケースですが、例えば朝と夕方の一定時間帯のみに負荷が高くなることが想定される、出退勤管理用のサーバーのような負荷となる期間が限定的な場合は、クラウド利用費用の観点では適したインスタンスといえるでしょう。たとえ、朝方と夕方の高付加時にはベースラインパフォーマンスを上回るvCPU使用率となったとしても、パフォーマンスを維持したまま稼働できます。このように高vCPU使用率や負荷が高まる期間を確認した上で、サーバーの負荷特性に合わせたTインスタンスを活用することが肝要です。これにより同じサーバー構成や購入プランであっても、クラウド利用費用を削減することができます。逆に定常的にvCPU使用率が高い場合、Tインスタンスの利用は向いていません。また、クレジットが不足した場合などは、同じ性能が出続けるわけではないため、継続的に同じ性能が必要な場合には、定常パフォーマンスインスタンスの利用が推奨となります。

Column

Gravitonについて

インスタンス名の追加機能部分に「g」が付いているインスタンスは、ArmベースのAWS Gravitonプロセッサを搭載したインスタンスです。AWS GravitonプロセッサはAWSが独自に設計したArmアーキテクチャ採用のCPUプロセッサで、2018年に発表された第1世代（A1インスタンスで利用）から始まり、2019年には第2世代（M6g、C6g、R6gなどのインスタンスで利用）、2022年には第3世代（C7gインスタンスで利用）が発表されています。

Gravitonの特徴は、多様な用途に対応しており、コストパフォーマンスに優れていることです。対象のワークロードは、アプリケーションサーバー、マイクロサービス、ビデオエンコーディング、高性能コンピューティング、電子設計オートメーション、圧縮処理、ゲーミング、オープンソースデータベース、インメモリキャッシュ、CPUベースの機械学習推論など多岐にわたります。またGraviton2搭載のM6gインスタンスを例にとると、x86ベースのM5インスタンスよりも最大40%コストパフォーマンスが向上しています。

第3世代のGraviton3プロセッサは、エネルギー効率にも優れています。Graviton3ベースのインスタンスは、同等のAmazon EC2インスタンスと比較しても、同じパフォーマンスで最大60%少ないエネルギーで稼働するため、二酸化炭素排出量の削減にも寄与します。またGravitonは高集積化やコア数による性能向上ではなく、実際のワークロードに重きを置いて最適化設計しています。こうした性能向上を図るアプローチを取っている点も、コストパフォーマンスに優れている要因でしょう。

GravitonベースのインスタンスはAmazon Aurora、Amazon RDSなどのマネージド型サービスでも利用できます。先に挙げたコストパフォーマンスの利点を活かし、Gravitonベースのインスタンスを選択することにより、クラウド利用費用を抑えつつ、マネージド型サービスにより保守・運用費用を削減するといったことも可能となります。

■ インスタンス選定によるクラウド利用費用の削減

Amazon EC2のインスタンスは、先に紹介したインスタンスファミリーや世代、インスタンスサイズをマネジメントコンソール上から変更できます。利用状況に合わせた適切なインスタンスの選定は、クラウド利用費用の削減に直結します。クラウド利用費用削減に直結するインスタンス選定の主な観点は下記のとおりです。

① サイジング
② 世代の最新化
③ リージョンの選定

以下でそれぞれについて詳しく説明していきます。

1番目の「サイジング」とは、CPUおよびメモリなどのリソースが、実際に必要なCPUやメモリなどを上回りつつ、最小となるインスタンスを選定することです。例えば現在の自社環境が、数年後の需要を予測して構築したオンプレミス環境であったとします。オンプレミス環境の場合、CPUやメモリなどのリソースを容易に追加することができません。そのため、実際にはリソースの最大必要量に加えて、余剰リソースを持った設備を構築することになります。一方で、クラウドであれば実際の需要や見込みの需要に応じて、柔軟にリソースの追加や削除を行えます。また、利用した分のみの課金であるため、適切にサイジングを行うことで、余剰リソースに対するクラウド利用費用を削減できます。

先述したとおり、オンプレミス環境のサーバー稼働状況をAWSが調査したところ、CPUの使用率はピーク時でも物理サーバーで約24%、仮想サーバーで約21%でした。例えば、vCPUが8つのサーバーがあったとして、使用率は20%だったとします。この場合、8vCPU × 20% ＝ 1.6を上回り最小となるvCPUが2つあれば、このサーバーのvCPUリソースは十分まかなえるといえます。なお、今回は簡略化のためにvCPUのみの計算上必要なリソースを基に説明をしましたが、実際にはvCPU以外にもメモリ等のリソースを考慮しかつ業務に影響のないパフォーマンスを実現するために、ある程度の余剰リソースを確保しておくことは必要です。

インスタンスはvCPU / メモリが小さければ小さいほど、クラウド利用費用は低価格となります。サイズが適正であるかどうかの推奨は、後述するAWS Cost Explorer（第3章8節にて詳説）、AWS Trusted Advisor（第3章4節にて詳説）、AWS Compute Optimizer（第3章8節にて詳説）で解説します。

2番目の「世代の最新化」とは、その名のとおり最新のインスタンスを使用するということです。ごく一部の例外を除き、同じインスタンスファミリーの場合、最新世代のほうが高性能でコストパフォーマンスも高くなります。そのため、最新世代のインスタンスを使うだけでもクラウド利用費用を削減できます。

例えば、東京リージョンでLinux OSのインスタンスを利用する想定で、オンデマンドの時間単価を比較してみましょう。c4.largeは$0.126/時であり、その後継世代であるc5.largeは$0.107/時（約15%削減）です。さらに、Linux OSのみで提供されている最新世代であるc6g.largeは$0.0856/時（さらに約20%削減）となります。

また、性能面の比較については図3-3に示すように、世代が最新化されるほど性能が向上していることが分かります。これまで例示したように、世代が最新化されると、高性能になるにも関わらずクラウド利用費用は下がっていることがわかります。

図3-3 インスタンス世代毎のvCPU性能比較（re:Invent 2021 CMP332より抜粋）

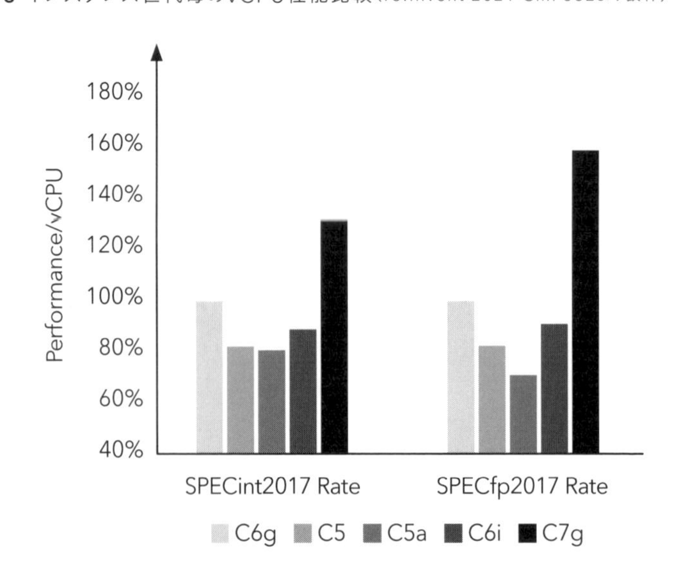

3番目の「リージョンの選定」とは、運用上の制約がなければ、東京・大阪以外のリージョンでインスタンスを立ち上げることです。実は同じインスタンスでも、リージョンにより料金が異なります。そのため、東京・大阪以外のリージョンでも運用上問題なく利用できるのであれば、海外のリージョンでインスタンスを立ち上げることで、クラウド利用費用を下げられる場合があります。

汎用インスタンスであるc5.large（OS: Linux）を例に見てみましょう。東京リージョンで利用する場合、オンデマンドの時間単価は$0.107/時となります。これに対してシンガポールリージョンで利用する場合は$0.098/時（約8%削減）、またバージニア北部リージョンで利用する場合は$0.085/時（約20%削減）となります。ただし、リージョン間で通信が発生する場合はデータ転送料金が発生するため、リージョン変更により発生するデータ転送料金とAWSサービスの削減費用に留意することが必要です。

このようにリソースの使用状況やワークロードの特性、環境を考慮し、インスタンスを定期的に見直し再選定を行うことは、クラウド利用費用の最適化のうえで重要です。インスタンスは、マネジメントコンソール上から変更できるので、オンプレミスのような手間もかかりません。

なお変更自体はインスタンスの再起動により容易に完了できるものの、いくつか注意点もあります[※3]。また、余剰リソースを削減するためにスケールダウンする場合のみならず、パフォーマンスの観点からスケールアップが必要な場合も、注意すべきことがあります。

1点目は、インスタンスを第4世代（C、M、R4など）以前の旧世代から、第5世代（C、M、R5など）以上の現行世代へ変更する場合です。第5世代からはインスタンスの基盤としてAWSが開発した基盤プラットフォームであるNitro System[※4]が採用されているため、その基盤への対応として各種ドライバーのアップグレードと、Windows OSの場合は初期設定ツール等の更新も必要となります。

※3 https://docs.aws.amazon.com/ja_jp/AWSEC2/latest/WindowsGuide/migrating-latest-types.html
https://docs.aws.amazon.com/ja_jp/AWSEC2/latest/UserGuide/ec2-instance-resize.html

※4 https://aws.amazon.com/jp/blogs/news/bare-metal-performance-with-the-aws-nitro-system/

2点目は、インテルからAMDへの変更や、インテル/AMDからGravitonプロセッサ搭載インスタンスへの変更の際に、アプリケーションのリビルドやコード書き換えが必要になる可能性があることです。

AMDのプロセッサは、インテルと同じくx86命令セットアーキテクチャが採用されています。このため基本的には互換性があると考えてよく、インテルプロセッサ搭載のインスタンスで動作しているアプリケーションは、ほとんどのケースでAMD搭載のインスタンスでもそのまま稼働することが期待できます。ただし、明示的にAVX512のようなインテルプロセッサに固有の命令を記述しているケースなどでは、アプリケーションを書き換えて再コンパイルする必要があります。

一方、Gravitonインスタンスが採用しているArm命令セットアーキテクチャは、インテルやAMDの採用するx86命令セットアーキテクチャと互換性がありません。したがって、OSレベルで互換性がなく、x86環境で稼働しているアプリケーションファイルをコピーしてもGravitonインスタンスでは動作しません。このため、Gravitonインスタンスを使うには、まずGravitonインスタンス用にAWSが準備する64ビットArmアーキテクチャ用のAMIを選択し、それから起動したインスタンスに対してミドルウェアの導入ならびにアプリケーションの移行を実施します[※5]。そのうえで、動作試験ならびに性能検証を実施することになります。

1点目、2点目同様に、変更や試験稼働が必要となるため、その稼働量とインスタンス変更のクラウド利用費用の削減を考慮し、総合的な判断を必要とする点に注意が必要です。

2 Amazon RDSの選定

Amazon RDSはマネージド型のリレーショナルデータベースです。データベースエンジンはMySQL、MariaDB、Oracle、Microsoft SQL Server、PostgreSQLとAmazon Auroraから選択できます。各種データベースエンジンとの互換性があるため、検証は必要ですが、現在使用しているコード、アプリケーション、ツールもスムーズに移行できます。Amazon RDSはプロビジョニ

※5 https://github.com/aws/aws-graviton-getting-started/blob/main/transition-guide.md

ング、パッチの適用、バックアップ、リカバリ、障害検知、リペアなど、データベースに関する日々の保守・運用業務を利用者に代わって自動で対応するマネージド型のサービスであるため、保守・運用業務の稼働削減に貢献します。

また、Amazon RDSではレプリケーションが簡単に実行できるため、可用性と信頼性を向上することができます。さらにマルチAZに配置することで、さらなる可用性を高めることも可能です。主のプライマリデータベースから、同期/レプリケーションされた第2のセカンダリデータベースに自動的にフェイルオーバーすることもできます。例えば、読み込み負荷の高いデータベース処理を実行する場合、リードレプリカを使うことで、プライマリデータベース1台の読み込み性能を負荷分散できるようになり、スケールアウトできます。

■ インスタンスタイプの読み方

Amazon RDSでは、Amazon EC2と同様にさまざまなCPU、メモリ、ストレージ、ネットワークキャパシティの組合せから、用途に合わせたインスタンスタイプを選定できます。

例えば、一般的なデータベース処理向けであればT、Mといったインスタンスファミリーが適しています。これらのインスタンスファミリーよりも対CPU比でより多くのメモリを必要とする処理向けには、R、X、Zといったインスタンスファミリーが適しています。

インスタンスタイプにはAmazon EC2と同様に明確な名前付けのルールがあり、インスタンスタイプからインスタンスファミリー、世代、追加機能の有無および種類、インスタンスサイズが把握できます。ただし、データベース用のインスタンスであるため、インスタンスのモデル名はAmazon EC2とは異なり「db」から始まります。なお、Amazon EC2にあったコンピュート最適化インスタンスのCファミリーはなく、汎用のdb.M、db.Tと、メモリ最適化のdb.R、db.X、db.Zといったインスタンスファミリーが用意されています。

インスタンスタイプを例に、RDSインスタンスの名前付けのルールについて紹介します。

インスタンスファミリーは、どのような用途に適したインスタンスかを示しています。例えばdb.Mは汎用インスタンス、db.Rはメモリに最適化されたインスタンスです。インスタンスファミリーを見れば、そのインスタンスが何に適しているかを把握することができます。例えば、バッチのように重いクエリを実行する場合は汎用のdb.M、db.Tが適しています。また、注文管理のように短いデータ書き込みの場合は、db.R5bなどのメモリ最適化インスタンスが適しています。

Amazon EC2と同様にAmazon RDSのインスタンス世代も数字が大きくなるほど新しい世代となります。インスタンスファミリーによって最新世代は異なりますが、例えば、db.M、db.Rのインスタンスファミリーでは第6世代が最新です。

インスタンスサイズは、リソースの大きさを表しています。インスタンスサイズが大きくなると、vCPUやメモリなどインスタンスの持つリソースが大きくなります。また、ストレージとの通信速度が高速化するインスタンスもあります。

追加機能については、有するインスタンスと追加機能のないインスタンスがあり、追加機能の種類は「a」「d」「g」などの文字で表されます。Amazon EC2と同様にAmazon RDSにも「g」、つまりGravitonプロセッサを搭載したインスタンスがあります。またAmazon RDSで特徴的な追加機能としては、db.r5の「tpc1」「tpc2」が挙げられます。これらは、ハイパースレッディングの有無を示しています。「tpc1」であれば、物理コア数とvCPU数が等しくなっており 、ハイパースレッディングなしのインスタンスであることを表します。「tpc2」であれば、vCPU数は物理コア数の2倍になっており、ハイパースレッド率が2でハイパースレッディングありのインスタンスであることを示しています。

さらに、メモリ最適化インスタンスであるdb.r5に追加できる「mem2x」、「mem3x」、「mem4x」、「mem8x」という追加機能もあり、これらはこの追加機能がないインスタンスに対して、メモリをそれぞれ2倍、3倍、4倍、8倍に増量されています。一般的に、同一インスタンスファミリー内のvCPUとメモリの比率は一定です。例えばdb.r5の場合、db.r5.largeはvCPUが2でメモリは16GBで、一つ大きいサイズのdb.r5.xlargeはvCPUが2倍の4になり、メモリも同じく2倍の32GBとなります。そのため、vCPUを増加させる必要はなかったとしても、大きなメモリが必要な場合はvCPUも大きくなってしまい、それに伴いAmazon RDSインスタンスの利用費用も増加してしまいます。このような状況を回避するため、Amazon RDSではメモリ最適化インスタンスに対して、メモリのみを大きくする追加機能が提供されています。

Amazon RDSのインスタンスタイプとは、Amazon EC2と同様にインスタンスファミリー、世代、および追加機能のまとまりと、インスタンスサイズとを「.」でつないだものとなります。

■ クラウド利用費用最適化に向けた検討事項

Amazon RDSのインスタンス利用費用を最適化する主な手法は、Amazon EC2の場合と基本的に同じです。

サイジングでは、CPUおよびメモリ等のリソースが、実際に必要なCPUやメモリ等を上回りつつも最小となるインスタンスを選定することで、利用費用を最適化できます。プライマリインスタンスはもちろんのこと、リードレプリカにおいてはさらに少ないリソースで運用できる可能性もあります。その場合は、プライマリインスタンスとリードレプリカのインスタンスサイズを分けることが肝要です。

ただし、Amazon RDSインスタンスのサイジングには、Amazon EC2と異なる特有の注意点があります。データベースの特性上、メモリの大部分が内部データベースのバッファに割り当てられており、メモリの使用率を基にインスタンスサイズを決められません。例えば、アイドル状態のAmazon RDS Oracleインスタンスでは、接続がない状態でも、使用されているメモリ量が非常に高く表示される場合があります。これは、内部データベースのバッファが常に確保されているためです。

では、クラウド利用費用を優先してインスタンスサイズを小さくするとどうなるでしょうか。インスタンスメモリが小さくなるためバッファが少なくなり、それに伴いキャッシュも小さくなります。キャッシュが小さくなると、そのぶんディスクのI/Oが多くなってしまいます。ここでさらに注意が必要なのが、AWSの提供する各インスタンスはサイズによりディスクのI/O性能が異なる点です。インスタンスサイズが小さくなるとディスクのI/Oも少なくなる場合があり、結果的にクエリ時間が長くなる可能性があります。

したがって、Amazon RDSのサイジングはCPUだけではなく、メモリ、ディスクのI/Oを考慮し、アプリケーションの利用状況を評価することが肝要です。実際の利用環境での検証も必要となるでしょう。

もう1つの観点である「世代の最新化」は、Amazon EC 2と同様に最新世代のインスタンスはコストパフォーマンスも高いため、最新世代のインスタンスを使うだけでもクラウド利用費用を低減できます。もし旧世代のインスタンスを利用している場合、Amazon RDSコンソールから推奨事項にアクセスすると、インスタンスの最新世代が提示されます。

■ スケールアップ/スケールダウンの方法

データベースを利用している中でCPUやメモリのリソースが不足した場合、当該データベースのリソースを増やすという対応が考えられます。逆に、リソース過剰の場合、より少ないリソースのデータベースに変更することでクラウド利用費用を抑制できます。オンプレミス環境やAmazon EC2環境といった、マネージド型サービス以外の環境でデータベースを運用する場合、このリソースを増やすためには一度データベースを停止してバックアップをとり、リソースを増強した環境で、バックアップから新しいデータベースを構築するといった作業が必要になります。これに対して、マネージド型サービスであるAmazon RDSを利用する場合、図3-4に示すようにこの一連の作業をより簡略化できます。

図3-4 スケールアップ/ダウンのイメージ

①スケールアップ/ダウンを実施すると別AZのスタンバイに設定が反映

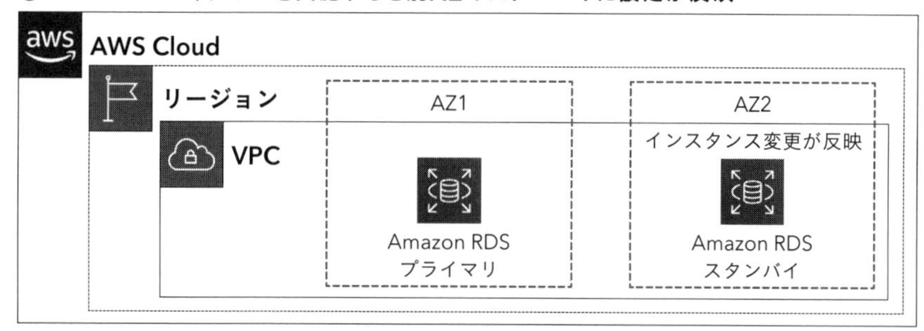

②スタンバイへ切替

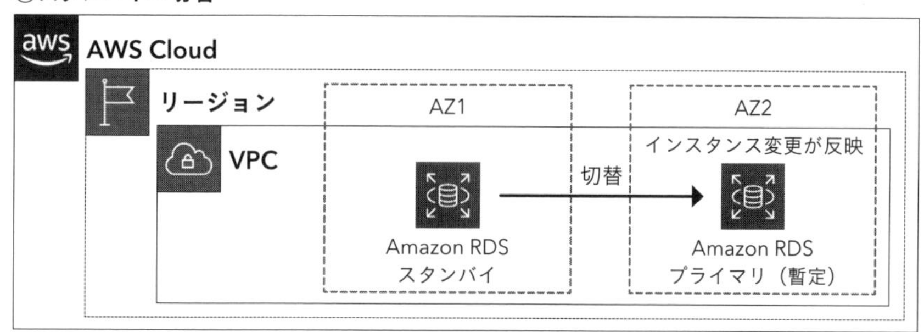

③プライマリへ設定が反映

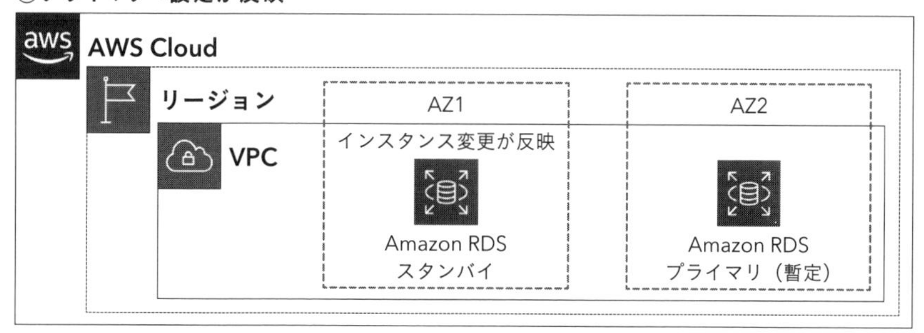

④プライマリへ再度切替

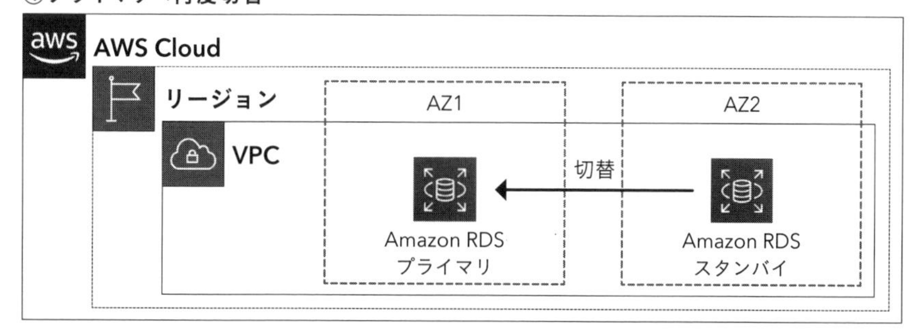

①マルチAZ構成の場合、スケールアップ/ダウンを実行時に別AZのスタンバイ側に設定が反映されます。②続いて同期を確保した後に切替を実施します。この時、暫定的にスタンバイ側のDBがプライマリとなります。また、切替時に1～2分程度の停止が発生します。③次に元々プライマリであったDB側に設定が反映されます。④最後に再度元々プライマリであったDBへ切替を実施します。この一連の作業は全て自動で実施されます。

ここまで見てきたように、Amazon RDSはオンプレミス環境に比べて柔軟で容易なインスタンス変更が可能です。適切なリソースを利用することは、クラウド利用費用の最適化に繋がります。ただし、データベースでスケールダウンを行う際に、どの程度までスケールダウンを行えるかは、負荷の高い時期を含む十分長い期間のパフォーマンスを確認し、事前に検証した上で実施を判断する必要があります。例えば、月に1回の高負荷の時期があるにも関わらず、その時期を含まない直近数日間のパフォーマンスを見ただけでスケールダウンしてしまうと、データベースのパフォーマンスに影響が出かねません。また、データベースのバックアップも必要となるでしょう。設定変更を完了する際には再起動も必要となり、ダウンタイムが発生します。これらがデータベースの運用に問題ないか検討したうえで、スケールアップやスケールダウンの実施を判断することが必要です。

そのほか、先述したインスタンスの再起動以外に、スケールアップやスケールダウンを行う際の注意点は以下のとおりです。ただし、Amazon Aurora Serverless v2 においては、完全にアクセスがなくなった場合には、スケールダウンに対応しています。

- **ディスクI/O帯域やネットワーク帯域が変更となる**

  ディスクI/Oやネットワーク帯域はインスタンスごとに決まっているため、インスタンスを変更するとこれらも併せて変更されます。ディスクI/O帯域やネットワーク帯域が、データベースやアプリケーションのパフォーマンスに影響し得る場合は、この点も考慮に入れてインスタンス変更を検討します。

● **ストレージサイズは拡張できるが縮小が困難**

これは、特にスケールダウン時の留意点です。ストレージサイズは必要に応じて拡張することはできますが、縮小するには新しいDBインスタンスの構築が必要となります。インスタンスのスケールアップに合わせてストレージを拡張し、その後スケールダウン時にストレージもより小さいサイズに変更し、クラウド利用費用を低減したいと思われるかもしれません。しかし、縮小は容易にはできないため、ストレージに関しては必要な分のみ拡張していく必要があります。インスタンスのスケールアップ時には、この点にも留意して事前検証を行いましょう。

なお、必要な分のみ拡張していくためには、日頃からデータベースのストレージ容量が増えすぎないように調整しておくことが重要です。例えばデータとデータ処理を疎結合にしておき、データベース内のストレージ容量の増大を抑制するといった案を検討してみるのもよいでしょう。

3 その他Amazon ElastiCache/Amazon Redshift /Amazon OpenSearch Serviceの選定

ここまで、Amazon EC2やAmazon RDSのインスタンス選定について解説してきました。

本項においてはAmazon ElastiCache、Amazon Redshift、Amazon OpenSearch Serviceについて、各サービスの概要とインスタンス（ノード）選定について少し触れたいと思います。

■ Amazon ElastiCacheの選定

Amazon ElastiCacheは、高速な読み書きを可能にする、マネージド型のインメモリキャッシングサービスです。アプリケーションとデータベースのパフォーマンスを高速化し、バックエンドの負荷を低減することにより、システム全体でのクラウド利用費用を削減できます。また、セッション管理、ストリーミングといった永続的なデータ保持を必要としないワークロードに対して、主要なデータ格納先としても利用されます。

Amazon ElastiCacheは、インメモリデータストアのOSSであるRedisおよびMemcachedと互換性を有しています。Redisの特徴は、シングルスレッドで動作し、スナップショット機能とデータを永続的に保存できることです。なお、

Amazon ElastiCacheでは、最小の構成単位をノードと呼び、図3-5のように、Redisではプライマリノードとレプリカノードを持ちます。一方でMemcachedはマルチスレッドで動作するため、クラスター全体でノードを増やすことによる負荷分散を可能とします。

図3-5 Amazon ElastiCacheのアーキテクチャ

(a)Amazon ElastiCache for Redis

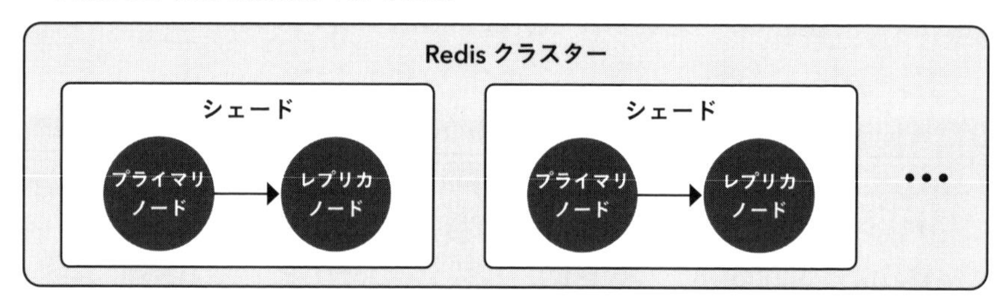

(b)Amazon ElastiCache for Memcached

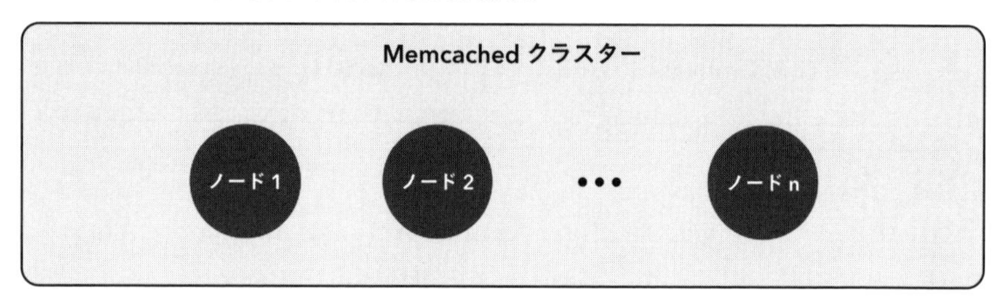

Amazon ElastiCacheの対応しているファミリーは、Tファミリー、Mファミリーと Gravitonアーキテクチャの T4G、M6Gを利用可能な標準キャッシュノード、Rファミリーと Gravitonアーキテクチャの R6Gを利用可能なメモリ最適化キャッシュノードとなります。さらにR6GDファミリーは、使用頻度の低いデータをメモリからSSDに移動させることで、Amazon ElastiCacheクラスターの利用費用を自動的に最適化できる「データ階層化」によるノードも選択可能です。データ階層化によるノードでは、CPU、メモリ、ネットワークパフォーマンスに加えて、SSDの容量の組み合わせでインスタンスを選択します。

ノードタイプの読み方は、Amazon ElastiCacheを特定できるように頭に「cache」が付きます。あとはAmazon EC2と同様に、ファミリー、世代、追加機能の後にノードサイズが記載されます(例：cache.t3.medium)。

ノードのサイズ変更は、Redisの場合オンライン上で実行でき、最小限のダウンタイムでリクエストを処理し続けます。一方で、Memcachedは新規でクラスターを作り直す必要があります。Amazon RDSと同様、Amazon ElastiCacheのサイジングはCPUだけではなく、メモリ、ディスクのI/Oを考慮し、アプリケーションの利用状況を評価し、検証も必要となります。

■ Amazon Redshiftの選定

Amazon Redshiftは、マネージド型のデータウェアハウスおよびデータレイク分析サービスです。Amazon Redshiftは最小の構成単位をノードと呼び、図3-6に示すようにリーダーノード、コンピュートノード、マネージドストレージで構成されています。リーダーノードはクエリのエンドポイントであり、SQLの処理コードを生成してコンピュートノードに展開します。コンピュートノードは、リーダーノードから受け渡された処理コードを並列実行します。分析結果は、Amazon RedshiftのマネージドストレージであるAmazon S3バケットに格納されます。

図3-6 Amazon Redshiftの構成

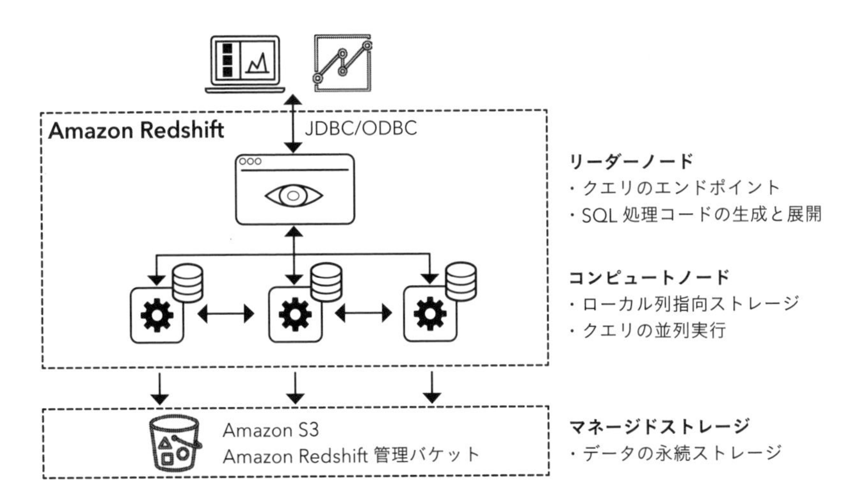

Amazon RedshiftはRA3 with Redshift Managed Storage(RMS)、DC2、DS2の3つのノードタイプを選択することができます。

● **RA3 with Redshift Managed Storage**

RA3ノードは、ノード内にある高性能SSDによって構成されたローカルストレージとAmazon S3で構成されている Redshift マネージドストレージを組み合わせた構成になっています。1つのノード内のデータが増加して大容量ローカル SSD のサイズを超えた場合、そのデータは自動的にオフロードされます。データ格納先がノードに依存しないので、コンピューティング性能のスケーリングとストレージのスケーリングを独立させて行うことが可能です。また、クエリ高速化機能であるAdvanced Query Accelerator（AQUA）、クラスター間でのデータ共有を可能とするData Sharing、AZ 間をまたいだDisaster Recovery（DR：災害復旧）の機能を備えています。

● **DC2、DS2**

DC2、DS2はそれぞれSSD、HDDのマネージドストレージを利用でき、コンピュートノードとマネージドストレージ費用が一体となったノードです。同時にアクセス、クエリに対応するためのConcurrency Scaling（同時実行スケーリング）オプションを利用する場合は、「24時間ごとに1時間分の同時実行スケーリングクラスタークレジットを超えてクエリが実行されている」ときに限り、課金されます（最小課金時間は1分）。

未圧縮で1TB未満のデータセットでは、もっとも低い価格で最良のパフォーマンスが得られるDC2ノードタイプの利用が推奨です。一方で、データ量の増大が予想される場合は、RA3ノードの利用が推奨となります。RA3ノードを使用することで、コンピューティング性能とストレージを別々にサイジングすることが可能となります。

Amazon Redshift Serverlessでは自動的に起動・停止し、さらに容量のスケールアップ・ダウンを行うため、ワークロードの処理中に消費された容量に対してのみ費用が発生します。アドホックな分析や予測困難な需要・需要の増減が大きい分析に対しては、Amazon Redshift Serverlessが有効となります。Amazon Redshift SpectrumはAmazon S3にあるデータにSQLクエリを直接実行でき、スキャンされたバイト数に対して課金されます。また、ストレージ容量はRMSとして課金されます。

Amazon Redshiftは前述したとおり、RA3、DC2、DS2のノードタイプが利用可能です。表3-4に示すように、RA3はコンピュートノードとストレージの費用が独立しています。一方で、DC2、DS2はこれらが一体化された課金体系となります。

表3-4 Amazon Redshiftのノードタイプ毎の費用体系

	vCPU	メモリ	ストレージ	I/O	コンピュート料金	ストレージ料金
DC2						
dc2.large	2	15 GB	0.16TB SSD	0.6 GB/s	$0.314 / 時	
dc2.8xlarge	32	244 GB	2.56TB SSD	7.5 GB/s	$6.095 / 時	
DS2						
ds2.xlarge	4	31 GB	2TB HDD	0.4 GB/s	$1.190 / 時	
ds2.8xlarge	36	244 GB	16TB HDD	3.3 GB/s	$9.520 / 時	
RMS						
ra3.xlplus	4	32 GB	32TB RMS	0.65 GB/s	$1.278 / 時	$0.0261/GB/月
ra3.4xlarge	12	96 GB	128TB RMS	2.0 GB/s	$3.836 / 時	
ra3.16xlarge	48	384 GB	128TB RMS	8.0 GB/s	$15.347 / 時	

Amazon Redshiftのノードを変更する場合、「Elastic Resize(伸縮自在なサイズ変更)」の利用が推奨されます。詳細は第4章5節を参照してください。これを利用することで、ノードタイプ、ノード数、もしくはその両方を変更できます。ノードタイプを変更している場合、クラスターは読み取り専用となります。また、ノード数を変更した場合は、クエリが一時的に停止します。

■ Amazon OpenSearch Serviceの選定

Amazon OpenSearch Serviceは、Elasticsearch 7.10.2およびKibana 7.10.2から派生したマネージド型の検索サービスおよび分析スイートです。リアルタイムのアプリケーションのモニタリング、ログ分析、ウェブサイト検索などに利用できます。

Amazon OpenSearch Serviceは図3-7に示すようにマスターノード、データノード、Ultrawarmノードで構成されています。マスターノードはクラスターの全体管理を行うノードとなり、障害が発生した際に次のマスターを選出するために、最低3台、別々のAZの仮想マシンで構成されます。データノードは、プライマリシャードとレプリカシャードの2種類で構成されます。Ultrawarm

は、アクセス頻度が低いデータに対して、大規模ログ分析をより安価に実現するために利用する読み取り専用のデータ層であり、データノードから移行することで利用できます。さらに、よりアクセス頻度が低いデータを保持するコールドストレージのオプションを利用することもできます。

図3-7 Amazon OepenSearch Serviceの構成

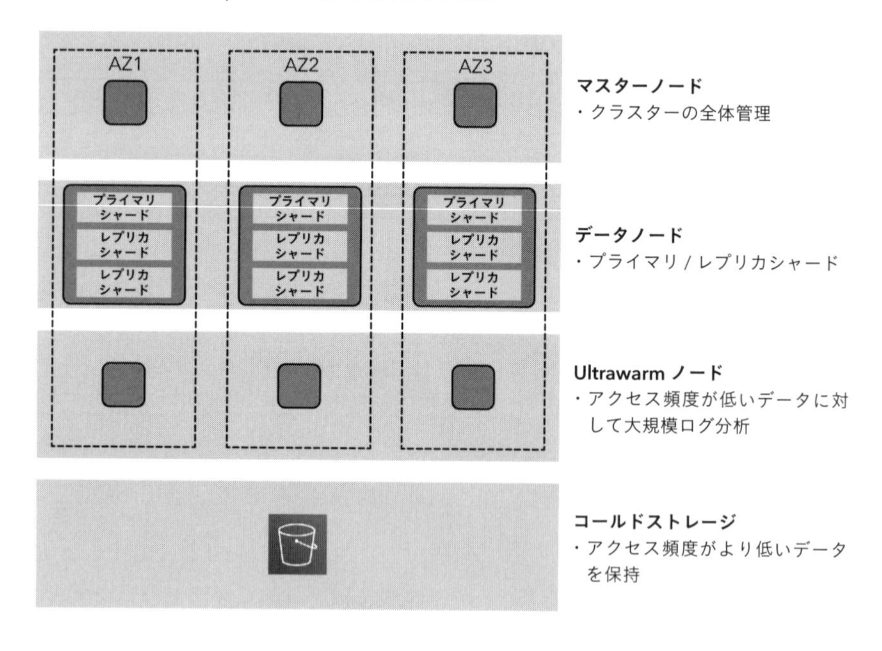

Amazon OpenSearch Serviceにも、さまざまなインスタンスファミリーが用意されています。汎用タイプとして、Tファミリーと Mファミリー、Gravitonアーキテクチャの M6g、コンピューティング最適化タイプとしてCファミリーとGravitonアーキテクチャのC6g、メモリ最適化タイプとしてRファミリーとGravitonアーキテクチャのR6g、ストレージ最適化タイプとしてIファミリーを利用できます。

インスタンスタイプの読み方は、Amazon OpenSearch Serviceを特定できるように後ろに「search」が付き、後は、Amazon EC2インスタンスと同様の読み方になります。ファミリー、世代、追加機能の後ろにインスタンスサイズが記載されます（例：m6g.xlarge.search)。これらのインスタンスの利用費用に加えて、さらにブロックストレージであるEBS、UltraWarmインスタンス、マネージドストレージ、データ転送費用が加わります。EBSは汎用ストレージ、マグネティックストレージ、IOPSボリュームを選択できます。データ転送費用はAmazon OpenSearch Serviceに転送および送出されたデータに対して課金され、Amazon OpenSearch Serviceドメイン内のノード間のデータ転送に対しては課金されません。

Amazon OpenSearchServiceはドメイン構成の設定を編集することで、インスタンスタイプ、ノード数を変更することが可能です。2022年12月にプレビューとなったAmazon OpenSearch Serverlessでは、必要なコンピューティング性能やメモリを事前に設定することなく、検索とログ分析を行うことができます。リソースを自動的にスケーリングして適切な量のキャパシティを提供するため、利用した分の費用によりクラウド利用費用を適正化することができるようになります。

3 購入オプション選定

利用するインスタンスのタイプが選定できたら、次にそのインスタンスをどのような料金体系で利用するかを選定します。AWSではさまざまな料金体系の選択肢を用意しており、これを購入オプションと呼びます。利用用途により最適な購入オプションは異なるため、ビジネスニーズに合ったもっとも費用対効果の高いものを選択することが肝要です。

1 購入オプションの概要

AWSの提供する購入オプションには、オンデマンドインスタンス、Savings Plans、リザーブドインスタンス、スポットインスタンスの4種類があり、Amazon EC2ではこのすべての購入オプションを選択することができます（図3-8）※6。

本章では4つの購入オプションそれぞれを紹介します。

図3-8 Amazon EC2の4つの購入オプション

オンデマンドインスタンス

長期コミットなし、使用分への支払い**（秒単位 / 時間単位）。**

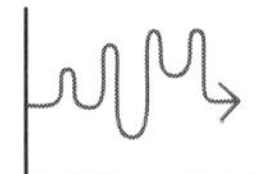

スパイクするようなワークロード

Savings Plans

1年/3年の長期コミットに応じた**大幅なディスカウント**に加えて、**優れた柔軟性**を提供

一定の負荷の見通しがあり、長期コミットできるワークロード

リザーブドインスタンス

1年/3年の長期コミットに応じた**大幅なディスカウント**

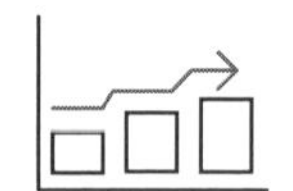

一定の負荷の見通しがあり、長期コミットできるワークロード

スポットインスタンス

Amazon EC2の空きキャパシティを活用し**最大90%の値引き。中断**の可能性あり

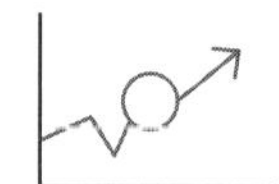

中断に強く、さまざまなインスタンスタイプを活用できるワークロード

※6 ほかにDedicated Hosts、ハードウェア専有インスタンス、キャパシティ予約があります。詳細はAmazon EC2のユーザーガイドを参照ください
https://docs.aws.amazon.com/ja_jp/AWSEC2/latest/UserGuide/instance-purchasing-options.html

- **オンデマンドインスタンス**
  起動するインスタンスに対して秒単位または1時間単位で金額がかかります※7。
- **Savings Plans**
  1年間もしくは3年間、1時間あたりUSD単位で一定の使用量を契約することにより、Amazon EC2およびコンピューティングサービスにかかるクラウド利用費用を削減します。Savings Plansはリザーブドインスタンスの後継であり、柔軟性がより高い購入オプションです。
- **リザーブドインスタンス**
  1年間もしくは3年間、インスタンスタイプとリージョンを含むインスタンス設定を維持する契約により、Amazon EC2にかかる利用費用を削減します。
- **スポットインスタンス**
  Amazon EC2サービスのリソースのうち、使われていない部分（空きキャパシティ）を大幅に割引して提供するサービスです。Amazon EC2にかかる利用費用を大幅に節約することができます。

適用可能なSavings Plansあるいはリザーブドインスタンスを保持している場合、Amazon EC2インスタンス起動時にその割引が適用されます。このとき、提供される仮想コンピューティング環境の機能は、オンデマンドインスタンスと同等であり、一切の違いがありません。対してスポットインスタンスは、オンデマンドインスタンスと機能上の差異があります。

2 オンデマンド（従量制料金）

AWSでは200種類を超えるクラウドサービスについて、オンデマンド（従量制料金）を適用しています。つまり必要な個々のサービスにのみ、サービスを使用する期間だけ支払う仕組みであり、長期契約や複雑なライセンスは不要です。例えるなら、水道や電気などの公共料金の支払方法に似ています。サービ

※7 SQL Enterprise、SQL Standard または SQL Web Instances を使用して Linux、Windows または Windows で起動されたインスタンスについては 1 秒単位での請求となり、ほかのすべてのインスタンスタイプでは、1 時間に満たない各インスタンス時間は 1 時間とみなして請求されます

スを消費した分だけ支払い、サービスの使用を停止したときの追加利用費用や解約料金は必要ありません。

そのため、オンデマンドにすることで、予算を過剰に計上することなく、変化するビジネスの需要に容易に適応でき、変化にすばやく対応できるようになります。需要に応じてビジネスを調節できるため、過大なプロビジョニングやパフォーマンス不足に陥るリスクを減少させることができます。

コンピューティングリソースの料金は、リソースの起動時から停止する時まで、時間単位（サービスに応じて時間単位が異なります）での課金になります。AWSでは、使用される基盤となるインフラストラクチャとサービスに基づいて課金を行います。クラウドのリソースが必要ではないときは、稼働を止め、支払いを停止することも可能です。

では、オンデマンド料金の利用が適しているのはどのような場合でしょうか？　オンプレミス環境ではサーバーを24時間365日稼働させているケースが多いかと思います。しかし、中には1日数時間のみ稼働していればよい開発環境や検証環境、また年に数回発生するイベントの対応等、必要な時間のみ起動しておけばよいサーバーもあると考えられます。そのような場合は、オンデマンド料金での利用が適しています。また、オンプレミス環境からAWSへの移行中で1年間もしくは3年間継続的に当該インスタンスを利用するかがわからない状況の場合、まずは試しにオンデマンド料金で利用をし始め、需要が安定してきたタイミングにおいてSavings Plansやリザーブドインスタンスといった1年もしくは3年の契約により割引が可能な購入オプションに変更していくといった活用方法も考えられます。

例えば、平日の営業時間帯（ここでは朝9時から夕方18時の9時間とします）のみ稼働していればよいサーバーがあったとします。開発環境や検証環境の中にこのようなサーバーがあった場合、オンプレミス環境で多く見られる24時間365日稼働と比べるとどのくらいの稼働時間減となるでしょうか。単純化して祝日は考慮しないものとし、1年間を52週間、1週間（7日間）の内5日間を平日とします。この場合、52週間×5日=260日の稼働日となります。1日9時間稼働すればよいとすると、サーバーは260日×9時間=2,340時間/年稼働していることになります。24時間×365日=8,760時間ですので、2,340/8,760≒27%が平日9時間のみサーバーを稼働させた場合の稼働時間割合となります。24時間365日オンデマンドで稼働させた場合と比べると、クラウド利用費用は約27%

にまで低くなります。

このように、必要な時間のみサーバーを稼働させておくことにより、クラウド利用費用削減を図ることができます。サーバー稼働時間の削減によるクラウド利用費用最適化を実現するには、必要な時間がいつかを把握すること、また必要な時間に起動し必要でない時間に停止することが重要となります。ただし、サーバーの起動や停止を人が実施していては人件費がかかり、稼働時間の削減によって得られたクラウド利用費用削減効果が相殺されてしまいます。そのため、サーバーの起動と停止の時間をあらかじめ設定できるAWS Instance Schedulerなどを使い、サーバーの起動と停止を自動化することと併せて、運用稼働も最適化することが重要です。

3 Savings Plans

Savings Plansは、1年または3年の期間で特定の使用量（$/時で測定）を契約するかわりに、オンデマンド料金と比較して低料金を実現する柔軟な料金モデルです。例えば、$10/時の使用量を利用者が契約した場合、1時間あたり$10までAmazon EC2インスタンスなどをSavings Plans料金で利用できます。コミットを超えた使用量については、オンデマンド料金で課金されます。

図3-9 Savings Plansによる割引イメージ

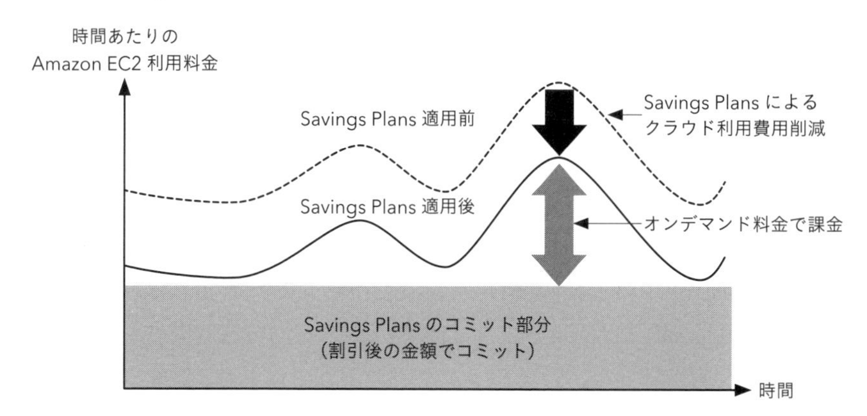

Savings Plansは、Compute Savings Plans、EC2 Instance Savings Plans、Amazon SageMaker Savings Plansが提供されています。Compute Savings Plans

は、Amazon EC2、AWS LambdaおよびAWS Fargate全体の使用量に適用されます。EC2 Instance Savings PlansはAmazon EC2の使用量に適用され、Amazon SageMaker Savings PlansはAmazon SageMakerの使用量に適用されます。

■ Savings Plansの種類1: Compute Savings Plans

Compute Savings PlansはAmazon EC2、AWS Lambda、AWS Fargateの各サービスにおいて、いずれのインスタンスファミリー、インスタンスサイズ、OS、テナンシー、AZ、リージョンにも自動的に適用されます。コミットする時間単位の利用量の範囲であれば、これらを変更しても自動的にSavings Plansの料金が適用されます。割引率は最大66%で、後述するコンバーティブルリザーブドインスタンスと同様の割引率となります※8※9。使用を開始してからもインスタンスサイズやインスタンスファミリー、リージョンまで変更できる柔軟性を持った料金モデルのため、まずは使い始めてみて、利用状況を確認しながら適切なインスタンスに変更していきたいといった要望にも柔軟に応えられます。

- **Compute Savings Plans概要**
  - インスタンスファミリーの変更は可能（例：C5からM5へ変更）
  - OSを変更しても割引が継続（例：WindowsからLinuxへ変更）
  - 共有テナンシーからDedicated Hostsに変更しても割引が継続
  - リージョンを変更しても割引が継続（例：東京からシンガポールへ変更）
  - コンピューティングサービスを変更しても割引が継続（Amazon EC2からAWS Fargateへ変更）

■ Savings Plansの種類2: EC2 Instance Savings Plans

EC2 Instance Savings Plansは特定のリージョンの個々のインスタンスファミリーを契約（例: バージニア北部でM5の使用量）する代わりに、最大割引率は72%（後述するスタンダードリザーブドインスタンスと同様の割引率※8※9）となります。これは、AZやサイズ、OS、テナンシー（テナント属性）に関わらず、そのリージョン内で選択されたインスタンスファミリーのクラウド利用費用を自動的に削減しま

※8　リージョン、インスタンスタイプ、OSなどの条件により、実際の割引率は異なります
※9　SUSE Linux Enterprise Serverのみリザーブドインスタンスと割引率が異なります

す。EC2 Instance Savings Plansは、そのリージョンのファミリー内におけるインスタンス間で使用量を変更できる柔軟性があります。例えば、Windowsを実行するc5.xlargeからLinuxを実行するc5.2xlargeに移動しても、自動でSavings Plans料金の恩恵を受けることができます。

- EC2 Instance Savings Plans概要
  - インスタンスサイズの変更は可能（例：m5.largeからm5.2xlargeへ変更）
  - OSを変更しても割引が継続（例：WindowsからLinuxへ変更）
  - 共有テナンシーからDedicated Hostsに変更しても割引が継続

■ Savings Plansの種類3: SageMaker Savings Plans

Amazon SageMaker Savings Plansでは、1年または3年の期間で一貫したコンピューティング使用量（$/時で測定）を契約する代わりに、最大64%削減できる柔軟な料金モデルをAmazon SageMakerに提供します。これらのプランは、インスタンスファミリー、サイズ、リージョンに関係なく、SageMaker Studio Notebook、SageMaker On-Demand Notebook、SageMaker Processing、SageMaker Data Wrangler、SageMaker Training、SageMaker Real-Time Inference、SageMaker Batch Transformといった対象となるSageMaker MLインスタンスの使用量に対して自動的に適用されます。例えば、米国東部（オハイオ）で実行されているCPUインスタンスml.c5.xlargeから米国西部（オレゴン）のml.Inf1インスタンスに変更した場合であっても、自動的にSavings Plansの料金が適用されます。

4 リザーブドインスタンス

リザーブドインスタンスとは、1年間もしくは3年間の利用を契約するもので、オンデマンド料金に比べて大幅な割引価格（最大72%）が適用される購入オプションです。利用料金の支払い方法は前払いなし、一部前払い、全額前払いから選択できます。前払いが多いほうが、より大きい割引が適用されます。また、特定のAZを指定する場合は、サーバーのキャパシティを予約することもできます。

■ リザーブドインスタンスの対象

リザーブドインスタンスの対象サービスは、Amazon EC2、Amazon ElastiCache、Amazon OpenSearch Service、Amazon RDS、Amazon Redshiftとなります。リザーブドインスタンスとは異なりますが、Amazon DynamoDBにおいては、利用コミットによる割引としてリザーブドキャパシティがあります。また、Amazon CloudFrontにおいても利用コミットによる割引が受けられます。本書では、利用コミットによる割引について、Amazon EC2リザーブドインスタンスを例に解説します。

■ リザーブドインスタンスの種類

リザーブドインスタンスには、1年または3年の利用コミット期間、およびクラス（スタンダードかコンバーティブル）、さらに全額前払いや前払いなしの月額均等払いといった支払いオプションの組合せによって、いくつかの種類があります。それぞれについて見ていきましょう。

■ 利用コミット期間

利用コミット期間は、1年または3年のいずれかを選択できます。Savings Plansと同様に、継続して利用が見込めるサーバー（例えば定常状態で使用する基幹システムのサーバー）などに対して適用するのがよいでしょう。

利用コミット期間は、長いほうが割引率は高くなります。例として、東京リージョンのスタンダードクラス、Linux OS、共有テナンシー、全額前払いの場合のm5.largeの利用費用を考えてみます。利用コミット期間が1年の場合はオンデマンド料金と比較して41%の割引、3年では62%もの割引となります。コンバーティブルの場合は、利用コミット期間1年で31%、3年で54%の平均割引率となります。

別の言い方をすると、前述の条件でm5.largeを3年間利用する場合、オンデマンドで3年間の稼働時間が62%以上利用する想定だと、利用コミット期間3年のスタンダードリザーブドインスタンスを購入するほうが利用費用観点では最適となります。各インスタンスで割引率は異なりますが、その割引率と同等の割合の時間以上に当該インスタンス利用することが想定されるのであれば、リザーブドインスタンスを購入するのがよいでしょう。

■ クラス

Amazon EC2リザーブドインスタンスのクラスは、スタンダードとコンバーティブルの2種類から選択できます。スタンダードは割引率がもっとも高く（最大でオンデマンド料金の72％割引）、定常状態の使用に最適です。もし期間中に不要となった場合でも、リザーブドインスタンスマーケットプレイスでリザーブドインスタンスを販売することができます。

コンバーティブルは割引（最大でオンデマンド料金の66％割引）が適用され、さらにインスタンスファミリー、インスタンスタイプなどの属性を変更できます。ただし、交換できるのはリザーブドインスタンス作成時の価格と同等以上のリザーブドインスタンスに限ります。例えば、定価$35の1つのコンバーティブルリザーブドインスタンスを定価$10の新しいインスタンスタイプに交換するとします。35 ÷ 10 = 3.5なので、定価$35の1つのコンバーティブルリザーブドインスタンスは3.5個分の定価$10の新しいインスタンスタイプと交換できるように見えます。しかし半個単位では購入することができないため、定価$10のコンバーティブルリザーブドインスタンスを1つ追加購入することで、全部で4個の定価$10のコンバーティブルリザーブドインスタンスへと交換することになります。これで、元は定価$35分だったコンバーティブルリザーブドインスタンスが、同等価格以上の合計$40のコンバーティブルリザーブドインスタンスに変換されたことになります※10。スタンダードと同様に、コンバーティブルは定常状態の使用に最適です。ただしコンバーティブルは、リザーブドインスタンスマーケットプレイスでリザーブドインスタンスを販売できません。

■ 支払いオプション

リザーブドインスタンスの支払い方法は、全額前払い、一部前払い、前払いなしの3種類から選択できます。前払い金額が大きいほど割引率が高くなります。

例えば東京リージョンにおいて、スタンダードクラス、Linux OS、共有テナンシー、全額前払いという条件で、m5.largeの利用費用を考えてみましょう。

※10 より詳細なコンバーティブルリザーブドインスタンスの条件について：
https://docs.aws.amazon.com/ja_jp/AWSEC2/latest/UserGuide/ri-convertible-exchange.html

利用コミット期間が3年の場合、オンデマンドと比較すると62%の割引となりますが、前払いなしの場合では、56%の割引率となります。一部前払いの場合は、$652を前払いすることにより60%の割引率が適用されます。なお、前払いなし、もしくは一部前払いの支払いオプションを選択した場合、利用コミット期間中の各月で一定額での支払いが可能となります。利用コミット期間全体で考えた際に、利用費用をもっとも低減させたい場合は全額前払いの支払いオプションを選択し、キャッシュフローを平準化しながら利用費用も低減させたい場合は、一部前払いもしくは前払いなしの支払いオプションを選択するのがよいでしょう。

■ キャパシティ予約

リザーブドインスタンスでは、サーバーが稼働するAZを指定することにより、キャパシティを予約することができます。キャパシティ予約はリージョンを指定することでは得られませんが、リージョン指定にも、次に挙げるようなメリットがあります。

■ リザーブドインスタンスの柔軟性

サーバーが稼働するリージョンを指定することにより、リザーブドインスタンスの柔軟性が得られます。柔軟性があるとは、図3-10に示す正規化係数（インスタンスタイプ毎にその大きさを表現・比較するために定めた係数）に応じて、異なるインスタンスサイズ（同リージョン・同インスタンスファミリー/同一世代内）にもリザーブドインスタンス割引が自動適用されることを意味しています。

例えば、図3-10例1のように、2つのm3.mediumに対して2つのリザーブドインスタンスを購入した場合、正規化係数の合計は4.0（＝2.0×2台）となります。これはm3.largeの正規化係数と同等であるため、m3.largeにリザーブドインスタンスを適用できます。複数の小さなリザーブドインスタンスを組み合わせて、より大きなインスタンスに適用できるという意味です。

逆に、ファミリー内のサイズが同じ、またはそれより小さいすべてのインスタンスにも適用できます。例えば、図3-10例2のように、1つのt2.smallを購入した場合、正規化係数は1.0となり、これは4つのt2.nano（0.25×4台の正規化係数）に適用できます。

いずれの例も正規化係数に注目してみると、小さいインスタンスの係数の合計が、大きいインスタンスの係数と等しくなっていることがわかります。この関係が成り立つときに、リザーブドインスタンスが自動的に適用されるという点が、リージョンを指定した場合に得られるリザーブドインスタンスの柔軟性です。ただし適用されるには、同一リージョン内で、Linux/UNIXプラットフォームであり、共有テナンシーを利用しているという条件があります。

図3-10 インスタンスサイズの正規化係数

nano	0.25	2xlarge	16	16xlarge	128
micro	0.5	4xlarge	32	18xlarge	144
small	1	8xlarge	64	24xlarge	192
medium	2	9xlarge	72	32xlarge	256
large	4	10xlarge	80		
xlarge	8	12xlarge	96		

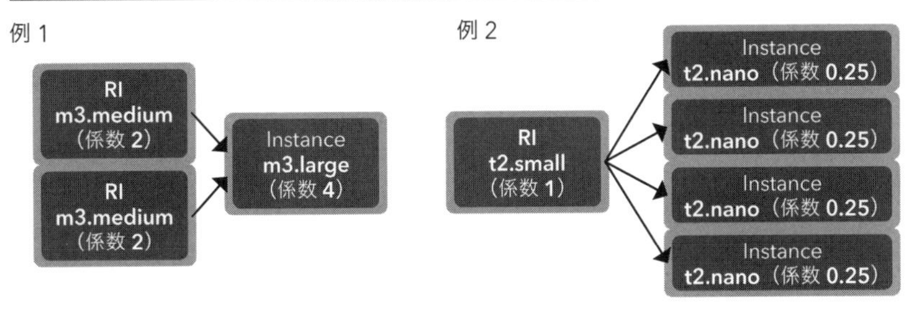

■ リザーブドインスタンスの課題

リザーブドインスタンスは一定期間の利用が見込め、アーキテクチャやインスタンスの属性が大きく変化しないといった場合にはクラウド利用費用観点での最適化に有効ですが、いくつか課題もあります。それらの課題は、Savings Plansで解決できるものもあります。以下にリザーブドインスタンスの主な課題を、Savings Plansと比較しながら見ていきましょう。

【課題1】

アーキテクチャ変更や需要の変化により、契約後にインスタンスファミリー(m5、r5など)、OSなどを変更したくなった場合は、契約条件の変更作業が必要です。

リザーブドインスタンスのクラスがコンバーティブルであれば、インスタンスファミリー、OS、支払いオプションを変更できます。ただし、変更により割引率が変わる可能性もあり得るため、契約条件の変更作業が必要となります。また、スタンダードクラスを購入していた場合は最大限の割引率を得られる反面、インスタンスファミリーやOSの変更をしたい場合は、リザーブドインスタンスをマーケットプレイスで販売し、再購入する必要があります。

Compute Saving Plansであれば、Amazon EC2/AWS Fargate/AWS Lambdaの合計利用金額でのコミットとなるため、契約後のアーキテクチャも柔軟に変更可能です。また全リージョンでのコミットとなり、利用リージョンも割引を気にせず変更が可能です。

【課題2】

インスタンスファミリー(m5、r5など)ごとのリザーブドインスタンス契約が必要で、契約や更新などの運用が煩雑になりがちです。また、契約内容と稼働インスタンスの条件が合っているか不安という声もあります。

Compute Saving Plansであれば、Amazon EC2/AWS Fargate/AWS Lambdaの合計利用金額でのコミットであるため、煩雑な契約に伴う運用が不要になり、割引のメリットを受けやすく(もし本番のインスタンスを減らしても、自動的に開発環境のインスタンスなどに適用される)、Amazon EC2/AWS Fargate/AWS Lambの価格改定があった場合も、メリットを受けやすくなります。

● Savings Plansとリザーブドインスタンスとの比較

Savings Plansとリザーブドインスタンスとの比較を表3-5に示します。割引率は同等ですが、インスタンスの属性変更など柔軟性を持ったSavings Plansが推奨となります。Savings Plansはキャパシティ予約ができませんが、オンデマンドでキャパシティ予約を可能とするオンデマンドキャパシティ予約を利用すれば、リザーブドインスタンスのキャパシティ予約と同等の機能を享受できます。

表3-5 Savings Plans および リザーブドインスタンスの比較

サービス名	Savings Plans			Amazon EC2 リザーブドインスタンス	
種類	Compute	EC2 Instance	SageMaker	コンバーティブル	スタンダード
割引率	最大 66%（コンバーティブルリザーブドインスタンスと同様）	最大 72%（スタンダードリザーブドインスタンスと同様）	最大 64%	最大 66%	最大 72%
コミット期間	1年間(24h × 365d) もしくは 3年間(24h × 365d × 3y) の期間指定				
支払いオプション	「全額前払い、一部前払い、前払いなし」から1つを選択				
Fargate/Lambda/SageMaker適用	○	✕ EC2 のみ	○	✕ EC2 インスタンスのみの割引	
全Regionに自動適用	○	✕指定したリージョンのみの割引	○	✕指定したリージョンのみの割引	
全Instance Familyに自動適用	○	✕指定したインスタンスファミリーのみの割引	○	✕指定したインスタンスファミリーのみの割引	
全Instance Typeに自動適用	○			✕（インスタンスサイズの柔軟性はあり）(*1)	
全Tenancyに自動適用	○			✕指定したテナンシーのみの割引	
全OS(platform)に自動適用	○			✕指定したOS(Platform) のみの割引	
キャパシティ予約の機能提供	✕（オンデマンドキャパシティ予約で対応可能）			○（ただしAZ指定が必要）	
AWS アカウント間の共有無効化	○ 可能				
購入後の交換機能の提供	✕			○(*2)	✕

(*1) リージョナルコンバーティブル、並びにリージョナルスタンダードリザーブドインスタンスには、インスタンスサイズの柔軟性有

(*2) コンバーティブルリザーブドインスタンスはインスタンスファミリー、サイズ、OS、テナンシー間で変更可。ただし、手動切り替えが必要

Column

リザーブドインスタンスとは異なるAmazon DynamoDBおよびAmazon CloudFrontにおける利用コミットによる割引

リザーブドインスタンス以外にも、一定期間の利用契約を購入することで享受できる割引があります。ここでは、リザーブドインスタンス以外の利用コミットによる割引が提供されている2つのサービス、Amazon DynamoDBとAmazon CloudFrontについて見てみましょう。

Amazon DynamoDBでは、オンデマンドとリザーブドキャパシティの2つの購入オプションが提供されています。後者のリザーブドキャパシティは、書き込みおよび読み込みキャパシティユニット100単位以上をあらかじめ一定期間分購入することにより、割引が得られるオプションです。利用コミット期間は1年間と3年間から選べ、プロビジョニングされたキャパシティに自動で適用されます。

例えば東京リージョンでは、Amazon DynamoDB Standardテーブルクラスの書き込みキャパシティユニットは100単位で$0.0742 /時ですが、リザーブドキャパシティとして1年間の利用コミットを購入することで、$0.0147/時（約80%の割引が適用）となります。3年間の利用コミットでは、$0.0093/時（約87.%の割引が適用）となります。

次にAmazon CloudFrontについては、CloudFront Security Savings Bundleという一定の利用コミットを前提として、割引が提供されています。1年間の間、毎月CloudFrontの月額料金を支払うと約束することで、最大30%の割引が提供されるというものです。例えば、CloudFront Security Savings Bundleを$420/月分購入（毎月$420の利用を1年間契約）することで、$600/月分のCloudFrontを利用できます（30%割引が提供されている状態）。

さらに12か月間以上、1か月あたり最小10TBのデータ転送量をコミットした利用者は、カスタム割引料金で利用できます。割引は契約の金額によって異なります。

5 Amazon EC2 スポットインスタンス

スポットインスタンスとは、AWSクラウド内の使用されていないAmazon EC2キャパシティを活用することで、Amazon EC2インスタンスを割引料金で利用できる購入オプションです。オンデマンド料金に比べ、最大90%の割引料金で利用できます。なお、Amazon EC2以外のスポットインスタンス相当の購入オプションには、AWS Fargate Spot、AWS SageMaker Spot、AWS Glue Flexがあります。

スポットインスタンスは、ステートレスで、耐障害性、また柔軟性を備えたさまざまなアプリケーションを稼働させるワークロードのクラウド利用費用最適化に有効です。実際に利用されるシーンとしては、ビッグデータ分析、コンテナ化されたワークロード、CI/CDパイプライン、ウェブサービス、High-Performance Computing(HPC)、実施時間が柔軟に決められるバッチジョブ、テストおよび開発環境におけるワークロードなどが挙げられます。スポットインスタンスは、EC2 Auto Scaling、Amazon EMR、Amazon ECS、Amazon EKS、AWS Batch、Amazon SageMaker、AWS CloudFormationといったAWSのサービスと連携することが可能です。このため、Amazon EC2インスタンスとして単体で起動するばかりでなく、これらのサービスが選択される場面でスポットインスタンスを選択することにより、より安価にアプリケーションを実行することができます。

スポットインスタンスを使い始めるとき、利用しているオンデマンドインスタンスをすべてスポットインスタンスに切り替える必要はなく、小さく始めることから利用できます。オンデマンドインスタンスおよびリザーブドインスタンス、Savings Plansと簡単に組み合わせることもでき、ワークロード実行のためのクラウド利用費用とパフォーマンスをさらに最適化できます。

■ スポットインスタンスの特徴

スポットインスタンスとオンデマンドインスタンスとの大きな違いは、「中断されることがある」「起動できないことがある」、この2点になります。実行中のスポットインスタンスはオンデマンドインスタンスとまったく同じ動作をします。したがって、稼働中におけるパフォーマンスの観点での差異はありません。しかし、スポットインスタンスはワークロードが完了するまで十分な期間、動作し続けることを保証するものではありません。Amazon EC2サービスの需要が増加し、他の利用者からの追加リソースを必要とされたとき、2分前に通知され、稼働中のスポットインスタンスが中断されます。

また、スポットインスタンスは空きリソースから提供するため、リクエストしたスポットインスタンスがすぐに起動できるとは保証されておらず、リクエストしたスポットインスタンス数の全量がいつでも起動できることも保証されてはいません。スポットインスタンスの利用可否はリソースの需要と供給によって時々刻々と変動しており、それによってスポットインスタンスの中断のタイミングもさまざまに変動します。

このような特徴はありますが、スポットインスタンスは、1年以上の長期コミットを求められるSavings Plansやリザーブドインスタンスに比べて、コミット不要で手軽に始められ、また割引率もこれらを大きく上回るという点が魅力です。

■ スポットインスタンスの料金

スポットインスタンスにかかる料金はAmazon EC2サービスによって設定され、Amazon EC2インスタンスの需要と供給の長期的な傾向に基づき、徐々に調整されます。そのため、スポットインスタンス料金は急激に変化することはなく、突然のスパイクや変動がないことが期待できます。Amazon EC2マネジメントコンソールとAPIの両方から、最大過去3か月間のスポットインスタンスの価格履歴データを表示できます。図3-11は、バージニア北部（us-east-1）リージョンにおけるm5.xlargeインスタンスの料金履歴の例です。オンデマンドに比べて十分に割引された料金で提供されており、大幅な値動きの変動がないことがわかります。Amazon EC2のリソース総量はAZごとに区別されて管理されるため、m5.xlargeに対するスポットインスタンス料金もAZごとに異なっています。

図3-11 us-east-1 の m5.xlarge Linux のスポットインスタンス価格履歴

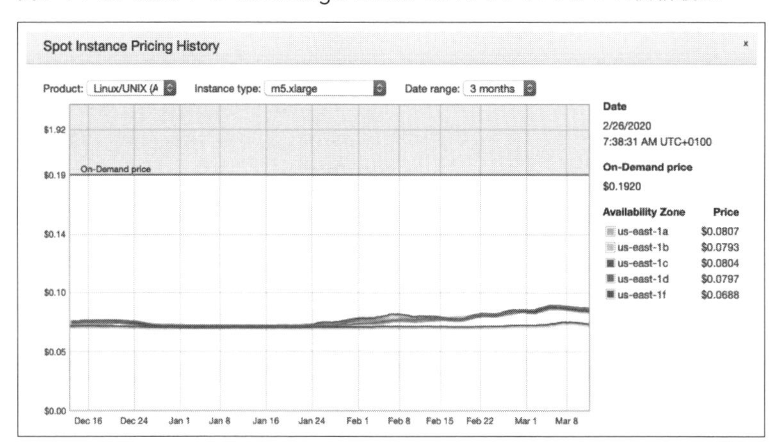

なお、2018年以前のスポットインスタンスにあった「入札」という概念について、現在は存在しません。当時のスポットインスタンスは、利用者がここまで払ってもよいという金額を「入札」してスポットインスタンスの起動リクエストを作成し、高い入札金額のリクエストから優先的に処理される仕組みでした。したがって、入札に競り負けたリクエストはスポットインスタンスを起動できないことがありました。2017年末にこの仕組みを見直し、スポットインスタンスがより使いやすくなるよう、入札の概念が廃止されました。2018年以降、スポットインスタンスが起動できるかどうかの判断は、純粋にAmazon EC2サービスのリソース総量によってのみ決まります。

現在のスポットインスタンスは、利用者がここまで支払ってもよいとする金額を指定するオプションとして、上限価格というパラメータをサポートしています。ただし多くの場合、上限価格を指定する必要はありません。スポットインスタンスの起動リクエストに対して、上限価格が現在のスポットインスタンス料金を超える場合で、かつAmazon EC2のリソース総量に空きがある場合、リクエストを受理します。上限価格にはデフォルトでオンデマンド料金が設定されており、実際の支払いはその時点のスポットインスタンス料金となります。したがって、上限価格を設定しない方が起動しやすく、また構成もシンプルに保つことができます。きめ細やかな費用管理をしたいというような特殊な場合を除いて、大半のケースでは上限価格を設定しない構成が適合します※11。

※ 11 https://docs.aws.amazon.com/ja_jp/AWSEC2/latest/UserGuide/using-spot-instances.html#spot-pricing

■ スポットインスタンスの効果的な使い方

実行中、スポットインスタンスはオンデマンドインスタンスとまったく同じ動作をします。ただし、スポットインスタンスはワークロードが完了するまで十分な期間、動作し続けることを保証するものではありません。さらに、必要とするときにいつでも起動できることを保証するものでもありません。したがって、スポットインスタンスは、柔軟性がない、ステートフルである、耐障害性が低い、インスタンスノード間で緊密に結合されているようなワークロードには適していません。また、必要な台数が部分的に確保できない場合に耐えられないワークロードにはおすすめしません。言い換えると、これらの制約を乗り越えられるワークロード、すなわちステートレスで、耐障害性、また柔軟性を備えたアプリケーションで活用するときに最大の効果を発揮します。ここでは、このときに知っておきたいいくつかのポイントを紹介します。

■ 中断に備える

スポットインスタンスを効果的に活用するために必ず考えておきたいポイントの1つは、耐障害性のあるアプリケーション設計です。一般に「耐障害性がある」とは、仮に障害が発生したとしても復旧ができる、ということを指します。

復旧の手段には、いくつかのパターンを組み合わせることができます。まず、クライアント側にリトライの仕組みを持たせることが重要です。サーバーアプリケーションの稼働するスポットインスタンスに中断が発生し、レスポンスを返せなかったときを考えてみましょう。そのときに別のインスタンスでサーバーアプリケーションが稼働していれば、クライアント側のリトライによって、利用者への影響を小さくできます。

処理の粒度を小さくしておくパターンも考えられます。1つの処理単位に対して10分を要する場合と1分で済む場合とを比較すると、中断による影響度合いは後者に比べて前者が1桁大きくなり、小さいほうが有利です。

作業途中の処理を定期的に外部に書き出しておくパターンも極めて有効です。スポットインスタンスの外側にあるストレージとして、例えばAmazon S3やAmazon EFSといったサービスを活用し、10分を要する処理の中で5分おきに外部ストレージに書き出しておきます。こうすることで、中断が発生した場合にやり直す必要がある部分を小さく留めることができます。このとき、リトライ処理の中に、仕掛かり途中のものを探し、中断直前に書き出したところから再開できるようにしておくのが肝要です。

このようにして耐障害性のあるアプリケーションを準備したうえで、スポットインスタンスの中断に対する通知機能を活用することで、利用者への影響を可能な限り小さくすることができます。中断に際して利用者に通知を送るというスポットインスタンスの動作は、いわば、障害の発生を事前に予見できる仕組みがある、と考えることができます。

稼働中のスポットインスタンスが中断するとき、2種類の通知を利用者に送付します。1つは、中断の2分前に送付する中断通知※12で、もう1つは、中断のリスクが高まったときに送付するリバランス通知（「再調整に関する推奨事項」とも呼ばれます）※13です。中断通知は実際の中断動作、つまりインスタンスが削除される2分前に送られるのに対し、リバランス通知は中断通知に先んじて、例えば中断の10分前などに送付することを狙った機能です。

AWSはAmazon EC2サービスを運営しているため、あるスポットプールにおける需給の変化がわかります。急激に需要が高まったプールで稼働しているスポットインスタンスに対し、過去のデータから中断のリスクが十分に高い、と判断したときにリバランス通知を送付します。これまで2分前にならないとわからなかった中断を、より早いタイミングで通知できるようにした※14のがリバランス通知です。この2種類の通知は、通知イベントとして、またAmazon EC2メタデータサービス経由で取得することができます。これらの通知を受け取ったタイミングで、処理途中のデータの外部への書き出しや、ロードバランサーからの登録解除といった処理が実行されるように定義しておくことで、業務影響を小さく抑えることができます。

■ スポットインスタンスを起動できる可能性を高め、中断からの復帰を速くする

次に押さえておきたいのは、スポットインスタンスを起動できる可能性を

※12 https://docs.aws.amazon.com/ja_jp/AWSEC2/latest/UserGuide/spot-instance-termination-notices.html
※13 https://docs.aws.amazon.com/ja_jp/AWSEC2/latest/UserGuide/rebalance-recommendations.html
※14 ただし、リバランス通知は必ずしも中断通知に先んじて通知されるものではありません。需給の変化が突発的で予見ができなかった場合など、中断通知と同時に送付される場合があります

高めるための考え方です。これはそのまま、中断からの復帰を速くすることにもつながります。図3-12に示すように、スポットインスタンスはAmazon EC2の空きキャパシティがある限り起動できます。この図におけるスポットキャパシティプール（スポットプール）とは、インスタンスタイプ（m5.largeなど）、オペレーティングシステム種別（Linuxなど）、AZ（us-east-1a など）が同一である、Amazon EC2サービスが使用していないAmazon EC2インスタンスの集合を指します。属性の異なるプール同士はそれぞれ独立したプールとして区別されます。例えば、us-east-1aゾーンのLinux向けm5.largeのスポットプールと、us-east-1bゾーンのLinux向けm5.largeのスポットプールは、独立した別のプールです。このそれぞれに空きがあるとき、それぞれのプールからスポットインスタンスを起動し、使用できます。

図3-12 スポットインスタンスのイメージ

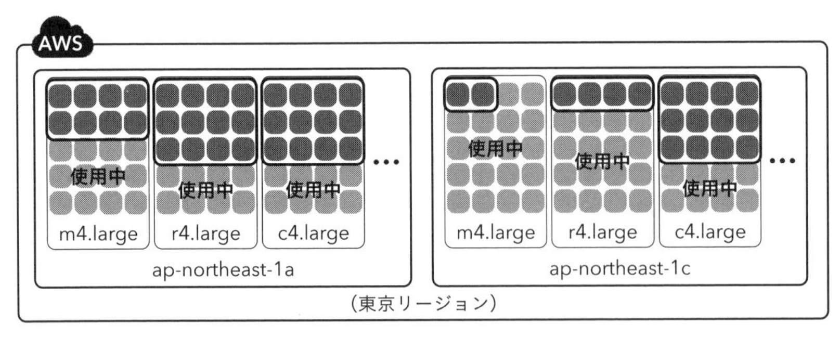

濃いグレー（未使用の部分）が、**Amazon EC2 の空キャパシティ**。これを割引価格で提供しているのが **EC2 スポットインスタンス**。リージョン、AZ、インスタンスタイプ毎に独立した空きキャパシティを、**スポットキャパシティプール**と呼ぶ

それぞれのスポットプールは互いに独立しています。このことから、スポットインスタンスを活用するには、稼働するインスタンスを複数のAZに分散し、複数のインスタンスタイプを使用できるよう、柔軟に設計することをおすすめします。アプリケーションが使用可能なスポットプールを増やすことは、選択可能な空きキャパシティを増やすことにつながります。そしてそれはスポットインスタンスを起動できる可能性を高め、また稼働しているスポットインスタンスが中断した場合にも、枯渇しているプール以外の他のプールから起動できる可能性が高まります。

複数のインスタンスタイプを選択するには、どうしたらよいでしょうか。例えばあるワークロードがm5.largeで稼働することがわかっているとき、まずCPUとメモリ比率が近いインスタンスタイプである、c5.largeやr5.largeを選択できないかを検討します。また同じx86アーキテクチャであれば、インテルプロセッサだけでなくAMDプロセッサで稼働できるかを考え、m5a.large、c5a.large、r5a.largeも候補として検討します。さらに、スポットインスタンスが大幅な割引率を提供することを踏まえ、1つ大きなインスタンスサイズであるxlargeサイズを検討するのもよいでしょう。

■ EC2 Auto Scalingを活用する

スポットインスタンスは、単体のAmazon EC2インスタンスとしても起動できますが、ほとんどのユースケースではAmazon EC2 Auto Scalingグループで管理するのがおすすめです。Amazon EC2 Auto Scalingサービスは、負荷に応じてインスタンスの台数を自動的に増減する仕組みですが、その手前に重要な機能があります。それは、稼働する台数の自動維持です。

例えば、予期せぬ障害によってインスタンスが1台終了してしまったとします。このとき、スケールインやスケールアウトが発生しない場面でも、台数維持の動作によりAmazon EC2 Auto Scalingが自動的に1台を補充します。稼働台数の減少を自動的に検知して補充するという仕組みが、スポットインスタンスの中断という特性をカバーしてくれます。そして、Auto Scalingグループには複数のインスタンスタイプを定義する機能があります。これは、先に述べたスポットインスタンスの起動可能性を高めること、そのものをサポートする機能です。

■ 中断しにくいスポットインスタンスを起動する

スポットインスタンスの起動可能性は、複数のインスタンスタイプを指定することで高まります。ここではさらに強力な概念であるcapacity-optimized配分戦略[※15]を紹介します。EC2 Auto Scalingには配分戦略と呼ばれる概念があります。これは、複数のインスタンスタイプが指定されたとき、次に起動

※15 https://docs.aws.amazon.com/ja_jp/autoscaling/ec2/userguide/ec2-auto-scaling-mixed-instances-groups.html#allocation-strategies

するインスタンスのインスタンスタイプをどのような方針（戦略）で選択するかを指示するためのものです。いくつかのオプションがありますが、capacity-optimized配分戦略はその時点でもっともAmazon EC2に空きキャパシティのあるインスタンスタイプを選択し、そこからスポットインスタンスを起動するように指示するものです。スポットインスタンスを選択するあらゆるワークロードで、まずcapacity-optimized配分戦略を検討するとよいでしょう。

■ 中断の前に事前にスポットインスタンスを起動する

「中断に備える」の項で、中断通知に先んじてリバランス通知（「再調整に関する推奨事項」）が送付され、これを活用することを述べました。Amazon EC2 Auto Scalingを使うと、リバランス通知が送付されるタイミングで新しいスポットインスタンスを前もって起動し、そのインスタンスが正常とマークされたのちに中断リスクが高いと判断されたスポットインスタンスをスケールインする、ということが可能になります。これはAmazon EC2 Auto Scalingのキャパシティリバランシング（「キャパシティの再調整」とも呼ばれます）※16という機能で、マネジメントコンソールから1つの動作で有効化できます。中断によって必要キャパシティを一時的に割り込むことがなくなるため、多くのワークロードで極めて有効な機能です。

Column

ステートレスアプリケーション

ステートレスアプリケーションとは、各クライアントとのセッション状態をサーバーに保持しない方式のアプリケーションです。クライアントがリクエストを送るとき、受け付けるサーバーによらず同じレスポンスが返ることを期待できるアプリケーションと言い換えることもできます。静的なWebサーバーや、リクエストとレスポンスが1往復で完了するAPIサーバーが一例です。

※16 https://docs.aws.amazon.com/ja_jp/autoscaling/ec2/userguide/ec2-auto-scaling-capacity-rebalancing.html

ステートレスアプリケーションは、サーバーに固有の情報を持たないことから、リクエスト数に応じたスケールアウトやスケールインと相性がよく、クラウド利用費用の最適化も図りやすくなります。また、ステートレスアプリケーションのクライアントに再送の仕組みを持たせることで、スポットインスタンスとの相性が抜群に向上します。スポットインスタンスには中断が発生するという特徴がありますが、ステートレスアプリケーションにはセッション情報が保持されないため、その影響を極めて小さく抑えることができます。

6 購入オプションの組合せ例

ここまで、購入オプションそれぞれについて解説をしてきました。ワークロードの特徴や環境等からオンデマンド、Savings Plans/リザーブドインスタンスを適切に組み合わせていくことが肝要です（図3-13）。

図3-13 購入オプションの組み合わせ例

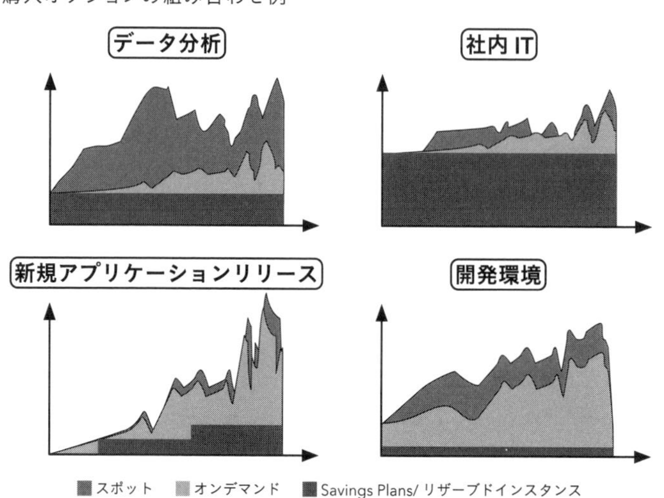

例えばデータ分析基盤の場合、アドホックに利用するケースが多いのであれば、スポットインタンスを多用し、オンデマンド、Savings Plans / リザーブドインスタンスの利用は少なめにする組み合わせが考えられます。社内で利用す

るIT基盤の場合、需要予測が比較的容易であることからSavings Plans/リザーブドインスタンスを多く利用するのが最適な利用となります。一方で、新規アプリケーションをリリースした場合、需要の多寡が未知であるため需要の変動に追従しやすいオンデマンドを多用するとよいでしょう。

ただし、需要見込みがある程度立てられるようになってきたら、Savings Plans/リザーブドインスタンスを順次導入していきます。開発/テスト環境では、開発が完了した後はクラウドサービスを停止し閉じることを考慮すると、スポットインスタンスやオンデマンドを多用する組合せが考えられます。

4 不要リソース停止

クラウドの特徴の一つとして、使用した分だけ費用を支払うオンデマンド利用ができる、という点は繰り返し伝えてきました。この仕組みは、調達プロセスを極小化できるクラウドサービスの長所を合わせると効果的です。つまり、小さく始めることで、サービスの立ち上げ時の初期費用を抑えることが可能になります。また、期待に応えられずプロジェクトが中止となった場合でも、リソースをリリースすることでそれ以上の余計な支出が避けられる点は、既存のオンプレミスのITライフサイクルの考え方とは大きく異なる点といえるでしょう。

この「小さく始めて、だめならすぐにやめる」という長所を活かし、Proof of Concept（PoC:実証実験。システムがビジネス要件を実現できるのか、目的を果たせるのか、実際のシステムを使って検証を行うこと）やプロトタイプ作成、テスト、そしてもちろんサービスの立ち上げまで低いリスクで行えます。

一方、注意しなければならないのは、不要になったリソースの管理です。簡単に試せるがゆえに、次々とシステムを立ち上げてしまい、さらにそのまま放置してしまうと、使用されていないリソースに対してもクラウド利用費用が発生するということも起こり得ます。クラウド利用費用を抑えるためには、リソースが適切に使われているかどうか、使用されていないリソースがないかどうかを定期的に確認することが重要です。

また、ITシステムの利用者である事業部門と管理者であるIT部門の垣根が高い、あるいはIT部門の人の入れ替わりが多い企業だと、使用されているサーバーやストレージ、各種サービスなどのリソースがどのような目的で、どのような使われ方をしているのか、そして削除することができるリソースなのかといった判断がしづらくなってしまいます。昔からあるものの、誰に聞いても何に使われているかわからない、「大事なサーバーだから落とさないように」という情報だけが伝わっている、中にはそんなサーバーもあるかと推測されます。クラウドサービスでこのような存在が多くなってしまうと、使用されていないリソースに対して発生するクラウド利用費用が大きくなってしまいます。

このような事態を防ぐには、まず第2章で触れているアカウント管理、リソースへのタグ付けによる可視化を徹底し、そのリソースが、誰がどのような目的で使用しているのかを明確に把握できるようにすることが肝要です。不要リソースの停止という観点からは、一時的に利用する、あるいは状況によってはリリースする可能性があるリソースと、永続的に使用するリソースとを区別できるようなタグ付けを行うことが有効です。そして、もしライフサイクルが明確に決まっているのであれば、保持期間に関するタグ付けも、要／不要の判断に有効です。

また、人による不要リソースの洗い出しは、リストの作成、更新など工数がかかる作業のため、できるだけ避けたいところです。そのため、この後に紹介するAWS Trusted Advisorなどツールで定期的に実施するのが効果的です。不要リソースかどうかの最終判断については、ルールを決めて（5回連続で「使用率の低いAmazon EC2 Instances」で警告されたら、一度インスタンスを停止するかダウンサイジングを検討するなど）、ルールに基づいた運用を行うのが理想です。しっかりルール化するのが難しい場合でも、リソースを開放することによる影響度と、そのクラウド利用費用削減効果のバランスをどう捉えるか、利用部門と認識を合わせておくことで、人による判断や確認のプロセスをできるだけ少なくしていくことが運用負荷の軽減につながります。

1 AWS Trusted Advisor利用による不要リソースの特定・削除

AWS Trusted Advisorは、利用者のサービスやリソースの使用状況を分析し、コスト最適化、パフォーマンス、セキュリティ、フォールトトレランス（耐障害性）、サービスの制限についてAWSの持つベストプラクティスから、より優れたクラウド利用のためのガイダンスを提供します。AWS Trusted Advisorはサポートレベルによって利用できる機能が異なり、ビジネスサポート以上ではすべての機能が使用できます[※17]。ビジネスサポート以上のサポートレベルの利用者はAWS Trusted Advisorのコスト最適化のガイダンスの中で、そのリソースが不要かどうか判断するために有益な情報を提供してくれます（図3-14）。

※17 AWSのすべてのユーザーが利用できるTrusted Advisorのチェックと機能はどれですか？
https://aws.amazon.com/jp/premiumsupport/faqs/

図3-14 Trusted Advisorのダッシュボード

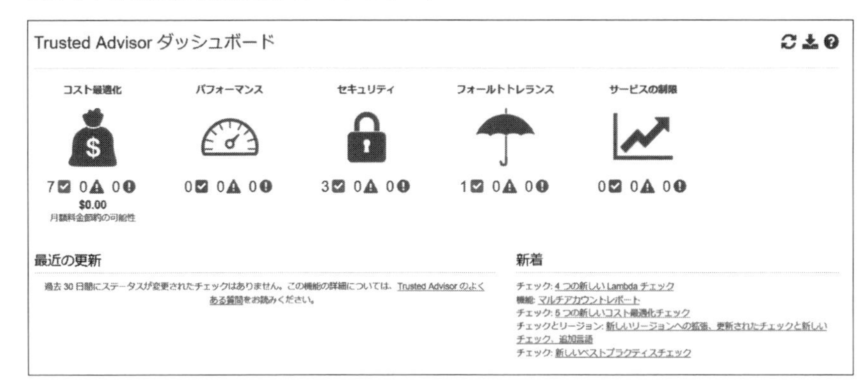

一番左側がコスト最適化のチェック項目のダッシュボード

AWS Trusted Advisorの5つの柱の中でコスト最適化のチェック項目を表3-6に示します。

表3-6 AWS Trusted Advisorにおけるコスト最適化のチェック項目

カテゴリ	チェック項目	内容
Savings Plans / リザーブドインスタンス	Savings Plans	過去30日間のAmazon EC2、AWS Fargate、AWS Lambda、Amazon SageMakerの使用状況を確認し、Savings Plans購入の推奨事項を提供する
	Amazon EC2リザーブドインスタンスの最適化	過去30日間のオンデマンドの使用状況から推奨されるリザーブドインスタンスの推奨を提供する
	Amazon RDS リザーブドインスタンスの最適化	Amazon RDSの使用量をチェックし、Amazon RDSオンデマンドの使用により発生したクラウド利用費用を削減するのに役立つ、リザーブドインスタンスの購入に関する推奨事項を提供する
	Amazon ElastiCache リザーブドノードの最適化	Amazon ElastiCacheの使用量をチェックし、Amazon ElastiCacheオンデマンドの使用により発生したクラウド利用費用を削減するのに役立つ、リザーブドノードの購入に関する推奨事項を提供する
	Amazon OpenSearch Serviceリザーブドインスタンスの最適化	Amazon OpenSearch Serviceの使用量をチェックし、Amazon OpenSearchServiceオンデマンドの使用により発生したクラウド利用費用の削減に役立つ、リザーブドインスタンスの購入に関する推奨事項を提供する

カテゴリ	チェック項目	内容
Savings Plans / リザーブド インスタンス	Amazon Redshift リザーブドノードの最適化	Amazon Redshiftの使用量をチェックし、Amazon Redshiftオンデマンドの使用により発生したクラウド利用費用を削減するのに役立つ、リザーブドノードの購入に関する推奨事項を提供する
利用費用増加につながる不適切な設定	エラー率が高い AWS Lambda関数	クラウド利用費用を増加させる可能性のある、エラー率が高いLambda関数をチェックする
	過度にタイムアウトが発生している AWS Lambda関数	クラウド利用費用を増加させる可能性のある、タイムアウト率が高いLambda関数をチェックする
	Amazon Route 53 レイテンシーリソース レコードセット	非効率的に設定されたAmazon Route 53のレイテンシーレコードセットをチェックする
不要リソース/ ダウンサイジング	Amazon RDS アイドル状態の DBインスタンス	アイドル状態になっていると思われるDBインスタンスのAmazon RDSの設定をチェックする
	アイドル状態の Load Balancer	アクティブに使用されていないロードバランサーのElastic Load Balancing設定をチェックする
	使用率の低いAmazon Redshiftクラスター	長期間接続されていない、あるいはCPU使用率が低い、十分に活用されていないRedshiftクラスターを検出する
	使用率の低いAmazon EC2インスタンス	過去14日間に常時実行されていたAmazon EC2インスタンスをチェックし、4日以上の間、1日あたりのCPU使用率が10%以下で、ネットワークI/Oが5MB未満であった場合に警告する
	利用頻度の低い Amazon EBSボリューム	Amazon EBSボリュームの設定をチェックして、ボリュームが十分に使用されていない可能性を警告する
	関連付けられていない Elastic IP Address	実行中のAmazon EC2インスタンスに関連付けられていないElastic IP アドレス（EIP）をチェックする

利用実績からリザーブドインスタンスやSavings Plansの推奨値を出す、あるいはエラーやタイムアウトなどが多く非効率的に使用されているAWS Lambdaの利用額の低減に有効な項目などが並んでいますが、本節のテーマである、不要リソースの停止にかかわる項目には以下のようなものがあります。

- **Amazon RDSアイドル状態のDBインスタンス**

Amazon RDSのDBをチェックし、過去7日間コネクションがなくアイドル状態だと思われるDBインスタンスがないか確認します。DB インスタンスへの接続が長期間にわたって行われていない場合は、クラウド利用費用を削減するためにインスタンスを削除できます。そのインスタンスのデータに関して永続的ストレージが必要な場合は、DBスナップショットを作成して保管するなど、より安価な方法を使用できます。手動で作成したDBスナップショットは、削除するまで保持されます。

● アイドル状態のLoad Balancer

使用されていないロードバランサーのElastic Load Balancing (ELB)設定を確認します。設定されているすべてのロードバランサーには、使用料金が発生します。ロードバランサーに関連するバックエンドインスタンスがない場合、またはネットワークトラフィックが著しく制限されている場合、ロードバランサーは効果的に使用されていません。このチェックは現在、ELBサービス内のClassic Load Balancerタイプのみにチェックを行います。他のELBタイプ（Application Load Balancer、Network Load Balancer）は含まれません。

● 使用率の低いAmazon Redshiftクラスター

使用率が低いように見えるクラスターがないか、Amazon Redshiftの設定をチェックします。Amazon Redshiftクラスターへの接続が過去7日間にわたって行われていない場合や、CPU使用率が低い（直近7日間の99%の時間（約166時間）のうちクラスター全体の平均CPU使用率が5%未満）場合は、警告します。使用率が低いクラスターはダウンサイジングやシャットダウン、最終スナップショットの作成など、さらに低価格のオプションを検討すべきです。最終のスナップショットは、クラスターを削除した後でも残ります。

● 使用率の低いAmazon EC2インスタンス

直近14日間のいずれかの時間に実行したAmazon EC2インスタンスをチェックし、1日あたりのCPU使用率が10%以下、およびネットワークI/Oが5MB以下の日が4日以上あった場合は、アラートを通知します。このチェックのレポートをダウンロードすることによって、毎日の稼働率データを入手することができます。

- **利用頻度の低いAmazon EBSボリューム**

Amazon EBSボリュームの設定をチェックし、ボリュームが過少利用と思われる場合には、アラートを通知します。Amazon EBSでは、ボリュームが作成されると課金が開始され、その後削除するまでは課金が継続されます。ボリュームがAmazon EC2にアタッチされていない状態で残っている場合や、一定期間に行われた書き込み操作が非常に少ない場合（ブートボリュームを除く）、そのボリュームは使用されていない可能性があります。

- **関連付けられていないElastic IP Address**

実行中のAmazon EC2インスタンスに関連付けられていないElastic IPアドレス（EIP）がないかチェックします。EIPは、利用者が利用できるIPv4の静的IPアドレスです。従来の静的IPアドレスとは異なり、EIPはパブリックIPアドレスをアカウント内の別のインスタンスに再マッピングすることにより、インスタンスやAZの障害をマスクできます。

■ AWS Trusted Advisorの使用方法

AWS Trusted Advisorは、AWSマネジメントコンソールからアクセスします。マネジメントコンソールの「すべてのサービス」の中の「管理とガバナンス」のセクションから「Trusted Advisor」を選択してください。

AWS Trusted Advisorを起動すると、ダッシュボードが表示されますが、メニューのRecommendationsからコスト最適化を選択すると図3-15のようにコスト最適化における推奨項目が表示されます。画面右上部には取得データの更新、取得データをダウンロードできるボタンがあります。

図3-15 Trusted Advisorのコスト最適化のダッシュボード

　ダウンロードボタンから適宜エクセル形式で調査レポートを出力することも可能ですが、1週間に1回、定期的にレポートを送付することも可能です。図3-16はAWS Trusted Advisorの「使用率の低いAmazon EC2インスタンス」のレポートです。各インスタンスのIDや名前、インスタンスタイプなどがリスト化されています。さらに過去14日間分のCPUの使用率や停止した場合の毎月の推定削減額も出力されています。

図3-16 Trusted Advisorのレポート出力例

使用率の低い Amazon EC2 インスタンス
AWS アカウント ID: [黒塗り]
詳細: 過去 14 日間に常時実行されていた Amazon Elastic Compute Cloud (Amazon EC2)
ステータス: warning
概要
リソース処理総数: 5
フラグのたったリソース数: 5
抑制されたリソース数: 0
月間節約額: $274.46

リージョン	インスタンス ID	インスタンス名	インスタンスタイプ	毎月の推定削減額	1 日目	2 日目	3 日目	4 日目	5 日目	6 日目
ap-northe	i-		t2.micro	$10.94	0.2%	0.2%	0.2%	0.2%	0.2%	0.2%
us-east-1	i-		t3.nano	$3.74	0.1%	0.1%	0.1%	0.1%	0.1%	0.1%
us-east-1	i-		c5.2xlarge	$244.80	0.1%	0.0%	0.0%	0.0%	0.0%	0.0%
us-east-1	i-		t3.micro	$7.49	0.1%	0.1%	0.1%	0.1%	0.1%	0.1%
us-east-1	i-		t3.micro	$7.49	0.1%	0.1%	0.1%	0.1%	0.1%	0.1%

　開発、検証、ステージングなど、変化が大きくなりがちな用途のシステムはもちろん、本番環境のシステムにおいても、未使用リソースの確認は重要

です。どんなに安定化、固定化すると想定されるシステムでも、当初の設計とは異なる使われ方をしたり、他システムの連携の中で機能的にオーバーラップする部分が出てきたりすると、どこかに使われなくなったリソースが生まれる可能性もあります。すべてのシステムに対して、定期的に未使用、あるいは低使用率となっているリソースがないかチェックを行うことは、クラウド利用費用最適化にとって重要な要素となります。その作業を省力化するためにAWS Trusted Advisorは有効なサービスとなります。

2 その他の不要リソースの洗い出し

AWS Trusted Advisorで使用していないリソースの候補として検出できるのは、CPUの使用率が低いインスタンスやAmazon EC2に接続されていないAmazon EBSなど、明らかに利用されていないと推測できる項目になります。

ここでもう一歩「不要」という意味について踏み込んでみましょう。例えば、Amazon CloudWatchでカスタムメトリクスを設定し、情報を取得していたものの、監査基準が変わった場合や、あるいはアプリケーションやサービスの稼働状況やその効果を判断するのに使用していたKPIが変更され、設定したカスタムメトリクスが使用されなくなったが、カスタムメトリクス自体は残っているといった場合です。サービスとしては利用され、ログはどんどん取得されますが、その費用に見合った効果を出していないことになります。

サービスとして利用されているけれども、本当の意味で利用されていない例には、以下のようなものがあります。

- ○ スケジュールで動いているタスクやジョブだが、システム更新などによってそのアウトプットや処理結果が現在は利用されていないもの
- ○ 1、2世代で十分なバックアップ要件であるにもかかわらず、何世代もスナップショットを取っている
- ○ 監査目的などの要件もないが、削除の判断が行われず、放置されているストレージ領域

そのほかにインフラ層からは動いており使用している、と見えるものの、アプリケーションなど上位層では使用されておらず意味がないというリソースも「不要」だといえます。膨大な数のアプリケーションやシステムが動いているなか、どれが本当に必要で、どれが不要なのかを見極めるのは手間がかかります。そこで、クラウド利用費用最適化の観点からは費用対効果を考え、利用費用が大きなものに対して、

① 各サービスの利用料の推移を把握しておく
② 利用料の多いものについてはその内訳を調べる
③ 上記の情報を元に利用料が適切かどうか、不要なリソースがないか確認する

というプロセスを定期的に実行することをおすすめします。

例えば、監視系、管理系のAmazon CloudWatchの利用費用が目立っている場合、AWS Cost Explorerを使用してその推移や内訳を把握することで、不要なリソースか、利用料金に見合ったリソースなのかがより判断しやすくなります。

図3-17はAmazon CloudWatchの利用料を月単位で6か月分表示したものです。Amazon CloudWatchの利用料としては2月から3月に変わったところで大きく増加していますが、費用構造としては1月よりCW:MetricStreamUsageが伸びています。監視方法の変化があったのか、使用していないログまで取得していないか、ログを取得することが費用に見合っているかを確認するとよいでしょう。

図3-17 CloudWatchの利用料とその内訳をCost Explorerで表示

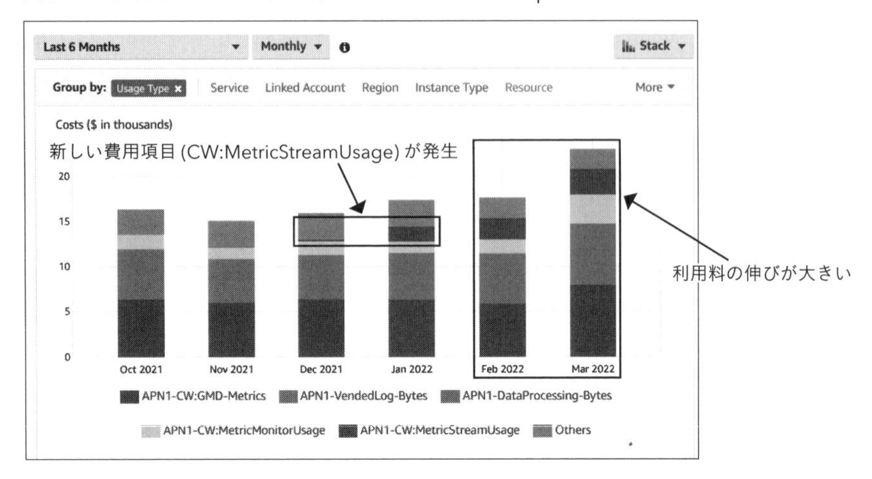

もう一つ、図3-18では、4月のある時点でCustomMetricsの料金であるCW:MetricMonitorUsageが上がっています。利用費用のインパクトが大きい場合、新しい監視の仕組みが追加されたか、それが意図的なものなのか、費用に見合ったものなのかを確認するとよいでしょう。

図3-18 CloudWatchの利用料とその内訳をCost Explorerで表示 その2

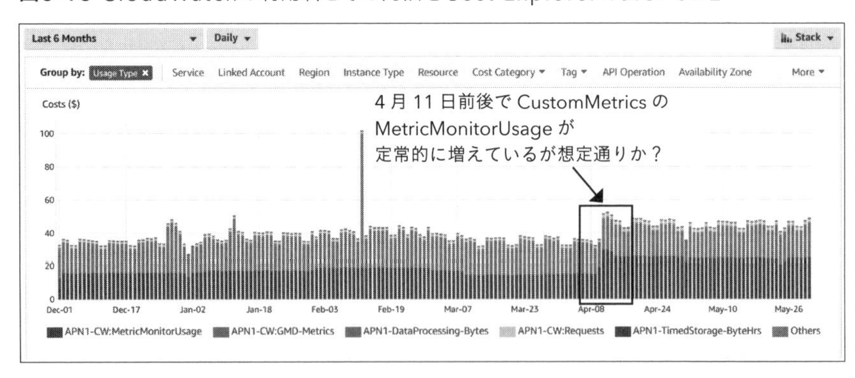

また、cron(ジョブを決まった時間や定期的に実行するための仕組み)、ジョブスケジューラやシステム運用管理ソフトウェアなどに規定されているものは、必要なくなったとしても特にエラーが出ない場合、メンテナンスされずにそのまま残っている場合があります。一般的にこれらのスケジューラーはスケジュールされたタスクをリストとして出力する機能が備わっているので、定期的に本当に利

用されているものか確認することも大事です。また、エラーあるいはインフォメーションログを確認し、また既に存在しないシステムやデータへのアクセスなどがないか、把握しておくことも無駄なリソースを停止削除することにつながります。

そのほかの不要リソースとしては、ストレージも大きな費用を占める可能性があります。Amazon S3などはAmazon EBSやAmazon EFSと比較すると容量単価が安いため、大量のデータの保管場所に向いていますが、多種多様なデータが大量に保存されていくと、データの重要性や保存期間などの管理が難しくなります。難しいからと手を付けないでいると、さらにデータが保存され、ますます要不要の判別が難しくなります。長期間保存をするようなストレージについてはストレージの利用者、アプリケーションに保存期間、移動、削除などのルールやガイドラインをあらかじめ共有、徹底させるということも重要ですが、それだけでなく定期的なストレージ状況や傾向の把握と自動化が効果的です。

5 リソース調整

本節では、リソース調整について解説します。リソースは一般的に資源と訳されますが、ここでは特にコンピューティングリソース、つまりコンピューターを使って処理を行う際に要求したり消費したりする、測定可能な量のコンピューティングパワーという意味合いで用いています。具体的には、CPUのコア数や記憶装置（メモリ）の容量などが挙げられます。クラウドコンピューティングとは「インターネットを介してコンピューターリソースを届けること」とAWSは定義しています。

ビジネスにおいてリソースは需要に応じた量を用意するのが理想的ですが、リソースと実際の需要が完全に一致していない場合、そこには過不足が生じてしまいます。需要を超えた分は過剰投資（無駄なリソースが発生している状態）となりますし、需要より不足している分は機会損失（獲得できていたはずの顧客を逃がす可能性がある）となります。使った分だけの支払いで済むという点が、クラウドにおける大きなメリットであり、その恩恵をできるだけ享受するための需要に基づいたリソース供給を実現する仕組みは以下となります。

- **オートスケーリング**

オートスケーリングは、需要の変動に対応してコンピューティングリソースを増減させる仕組みです。増減は自動化されますので、運用が簡素化され、対応が早くなるといった効果が期待できます。需要に基づいた動的なリソース削減により過剰投資状態を抑制したり、サイジングを検討したりすること自体の負荷が軽減されます。そして機会損失についても同様に、適切なタイミングでのリソース追加によりサービスレベルの低下を防ぐことができます。この恩恵は、システムライフサイクルといった長いスパンにおいても、また1日の中での需要変動といった短いスパンにおいても、同様に得ることができます。ここではAWS EC2 Auto Scalingを中心に、AWSにおけるオートスケーリング方法とAmazon Redshiftのスケーリングについて解説します。

● **スケジュール調整**

未使用インスタンスを停止したり、需要に応じてリソースを適用的に変動させたりすることで、不必要な稼働を抑えるという方法もあります。AWS Instance Schedulerを使ってAmazon EC2、Amazon RDS、Amazon Auroraのスケジューリングを実現する方法、AWS Systems Managerを使ってAmazon EC2のスケジューリングを実現する方法を解説します。

● **需要と供給の調整**

需要（リクエスト）をコントロールすると、少ないリソースで需要を円滑に処理できます。構築したリソースを増加させずにできるだけ活用されるようにし、使用率が著しく低いリソースが生じるのを回避する方法について、スロットリングやバッファのしくみを使った設計を解説します。

1 オートスケーリング

現在AWSには、オートスケーリングを実現する3つのサービスがあります。まず、Amazon EC2インスタンスの自動スケーリングを目的とする「Amazon EC2 Auto Scaling」サービスが登場しました。その後、Amazon EC2以外のAWSサービスについても、「Application Auto Scaling」として、スケーリングに対応するサービスが増えてきています。そして、こうして増えてきたさまざまなサービスのオートスケーリング管理を一元的に管理するために発表されたのが「AWS Auto Scaling」です。各サービスの機能の違いは以下の表3-7のとおりです。

表3-7 AWS のスケーリング方法の比較表

	Amazon EC2 Auto Scaling	Application Auto Scaling	AWS Auto Scaling
対象リソース	EC2 Auto Scaling グループ	・EC2スポットフリート ・ECSサービス ・DynamoDBテーブルとGSI ・Auroraレプリカ ・EMRクラスター ・Appstream 2.0フリート ・Sagemakerエンドポイント	・EC2 Auto Scaling グループ ・EC2スポットフリート ・ECSサービス ・DynamoDBのテーブルとGSIのプロビジョニングされた容量 ・Auroraレプリカ

	Amazon EC2 Auto Scaling	Application Auto Scaling	AWS Auto Scaling
方法	1つずつ	1つずつ	一元的に複数管理設定が可能
予測スケーリング	Yes	No	Yes
スケール可能なリソースの検出	No	No	Yes
一元的に複数のサービスや複数のリソースをコントロール	No	No	Yes
スケーリングポリシーを設定するためのガイダンスと推奨事項	No	No	Yes
Auto Scalingグループを作成する機能	Yes	−	No
Amazon EC2フリート管理のみにAuto Scalingを使用できる機能	Yes	−	No
ターゲット追跡スケーリングポリシーの設定	Yes	Yes	Yes
スケジュールに基づくスケーリングアクション	Yes	No	Yes
ステップスケーリングポリシー	Yes	No	Yes
リソースごとにメトリクスとしきい値が異なるスケーリングポリシーを設定する	Yes	No	Yes

Amazon EC2のスケーリング設定においては、Amazon EC2 Auto Scalingの機能がもっとも充実しています。そのため、本書では代表してAmazon EC2 Auto Scalingの解説を行います。Amazon EC2 Auto Scalingの概要をつかめば、AWSにおけるオートスケーリングの動作が理解できますので、「Application Auto Scaling」および「AWS Auto Scaling」についても理解しやすくなります。

■ Amazon EC2 Auto Scaling

Amazon EC2 Auto Scalingを使うことで、Amazon EC2インスタンスの自動追加・自動削除を実現できます。この機能によって得られるメリットをあらためて整理します。

① 耐障害性の向上

Amazon EC2 Auto Scalingでは、インスタンスに異常が発生したタイミングを検出し、インスタンスを削除して、その代わりに新しいインスタンスを起動します。複数のAZを使用するようにAmazon EC2 Auto Scalingを設定することもできます。1つのAZが利用できなくなると、Amazon EC2 Auto Scalingは別のAZでインスタンスを起動して補正します。

② 可用性の向上

Amazon EC2 Auto Scalingは、現在のトラフィック需要を処理するための適切なキャパシティを維持することに役立ちます。

③ クラウド利用費用最適化

Amazon EC2 Auto Scalingでは、必要に応じて動的に処理能力を増減できます。必要なときにインスタンスを起動し、不要な場合は削除することで費用を節約できます。

Amazon EC2 Auto ScalingはAuto Scalingグループの定義に基づき動作します。Auto Scalingグループで定義する項目は表3-8のとおりです。

表3-8 Auto Scalingグループの主な定義項目

項目	内容
名前	Auto Scalingグループ名を設定する
起動テンプレート	起動テンプレートを指定する。起動テンプレートは、Amazon EC2を起動するための情報（Amazonマシンイメージ（AMI）、インスタンスタイプ、キーペア、セキュリティグループなど）を定義したもの。Auto ScalingではAmazon EC2インスタンスは、これに基づいた設定で起動する
ネットワーク設定	インスタンスを起動するVPCとサブネットを指定する
ロードバランシング	Auto Scalingグループにロードバランサー（ELB）をアタッチすることで、起動されたインスタンスが自動的にELBの配下に組み込まれる
ヘルスチェック	Amazon EC2 Auto Scalingは、ヘルスチェックに合格しなかったインスタンスを自動的に置き換える。ロードバランシングを有効にした場合、常に有効になっているAmazon EC2ヘルスチェックに加えて、ELBヘルスチェックを有効にできる
グループサイズ	Auto Scalingグループの希望する容量（希望するキャパシティ）、最小容量（最小キャパシティ）、最大容量（最大キャパシティ）を設定する
スケーリングポリシー	需要の変化に対応するために、スケーリングポリシーを使用してAuto Scalingグループのサイズを動的に変更するかどうかを選択する

項目	内容
インスタンスのスケールイン保護	インスタンスの削減（スケールイン）はインスタンスの追加よりも慎重に行う必要がある。スケールイン保護を設定することで、自動的な削減を行わないようにできる

Auto Scalingグループの設定において特に押さえておきたいのは、グループサイズで定義する「希望するキャパシティ」「最小キャパシティ」「最大キャパシティ」という項目です。Amazon EC2 Auto Scalingでは、グループサイズで定義されたキャパシティの最小数と最大数の間でインスタンス数が調整されます。例えば、下記の値で設定されたグループサイズがあるとします。

○ 希望するキャパシティ：2
○ 最小キャパシティ：1
○ 最大キャパシティ：4

このとき、Auto Scalingグループ内で起動するAmazon EC2の台数は、1台以上4台以下の範囲内で制御されます。起動台数は、指定したスケーリングポリシーに基づいて増減します。希望するキャパシティはグループの作成時、または作成後に任意のタイミングで指定できます。指定したタイミングで、インスタンス数は設定した値となるように動作します（上記の場合は設定時に2台となります）。

次に、スケーリング方法について解説します。Amazon EC2 Auto Scalingでは、アプリケーションのニーズを満たせるよう、さまざまな方法でスケーリングを調整できます。オートスケーリングのメリットを最大限得るには、ワークロードに応じた適切なスケーリング方法を設定することが大切です。

● **スケーリング方法**

① 稼働インスタンス数を一定数で指定し、維持する
② 手動スケーリング
③ 動的なスケーリング
④ 予測スケーリング
⑤ スケジュールされたスケーリング

① 稼働インスタンス数を一定数で指定し、維持する

最小キャパシティ、最大キャパシティ、希望するキャパシティに同じ値を設定することで、稼働インスタンス数を一定数にすることが可能です。インスタンスに異常が発生した場合でも、稼働インスタンスの数は維持されます。Amazon EC2 Auto Scalingは、Auto Scalingグループ内のインスタンス状態をモニタリングします。インスタンスが正常でなくなったと認識されると、そのインスタンスは終了され、新しいインスタンスが起動されます。

② 手動スケーリング

作成したAuto Scalingグループのサイズは、いつでも手動で変更できます。Auto Scalingグループの希望するキャパシティを更新することで、その時点で起動するインスタンス数は変更されます。手動スケーリングは、自動スケーリングが不要な場合や、キャパシティをインスタンスの固定数に保持する必要がある場合に役立ちます。

③ 動的スケーリング

動的スケーリングポリシーに基づいて動作します。動的スケーリングでは、需要の変化に応じてAuto Scalingグループのキャパシティをスケールさせることができます。例えば、現在2つのインスタンスで実行されているウェブアプリケーションがあるとします。動的スケーリングを使うと、負荷の変化に応じてインスタンス数を動的に変更することで、Auto ScalingグループのCPU使用率を約50%に維持するといった設定が可能です。

動的スケーリングは、以下のポリシーから選択することが可能です。

- ○ ターゲット追跡（ターゲットトラッキング）ポリシー
- ○ ステップスケーリングポリシー
- ○ 簡易スケーリングポリシー

ここでは、代表してターゲット追跡ポリシーについて説明します。ターゲット追跡スケーリングポリシーでは、スケーリングメトリクスを選択してターゲット値を設定します。スケーリングポリシーは、指定されたターゲット値、またはそれに近い値にメトリクスを維持するため、必要に応じて容量を追加ま

たは削除する、という動きをします。エアコンで例えると、室内温度を20度に設定した時、その温度を保つよう空調がコントロールされるようなイメージです。これにより希望するリソース状況（各サーバーのCPU使用率が50%を大きく超えないようコントロールする等）に合致するようにリソースを自動的に増減させることができます。

ほかにも、「Application Load Balancerターゲットグループのターゲットごとのリクエスト数を、Auto Scalingグループに対して1000に維持するよう、ターゲット追跡スケーリングポリシーを設定する」といった設定も可能です。

④ 予測スケーリング

予測スケーリングでは、過去14日間のAmazon CloudWatchメトリクスデータのパターンをもとに、機械学習を用いて各リソースのワークロード履歴を分析し、予測を行います。予測を作成した後、過去8週間の履歴データと次の2日間の予測を示すグラフを表示させ、確認することが可能です（図3-19）。

図3-19 予測スケーリングの予想とスケジュールされたアクション

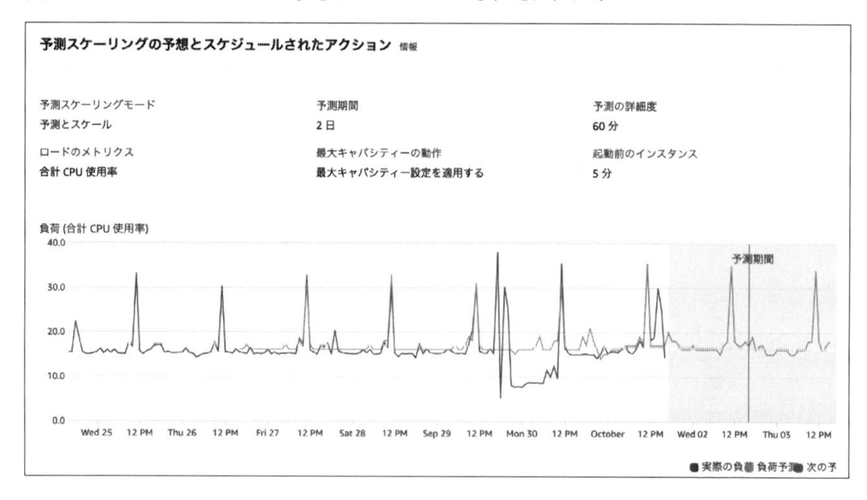

予測スケーリングは、次のような状況に適しています。

- ○ 通常の営業時間にはリソースの使用率が高く、夜間や週末はリソースの使用率が低いといったサイクルがあるトラフィック
- ○ バッチ処理、テスト、定期的なデータ分析など、オンとオフを繰り返すワークロードパターン
- ○ 初期化に時間がかかり、スケールアウトイベント中のアプリケーションのパフォーマンスにレイテンシーが顕著な影響を与えるアプリケーション

⑤ スケジュールされたスケーリング

スケジュールスケーリングでは、設定されたスケジュール（日付と時刻）に基づきスケーリングを行います。これはどういったユースケースに有効でしょうか？　例えば、週初めは先週分の売上を分析するために、アクセスが集中する売上分析システムがあるとします。この場合、毎週月曜にピークがくることが事前に推測できるため、週末は稼働台数を2台に減らしておき、毎週月曜日の08:00にインスタンスを4台に増やす、といったことがスケジュールスケーリングによって実現できます（図3-20）。

図3-20 スケジュールされたスケーリング

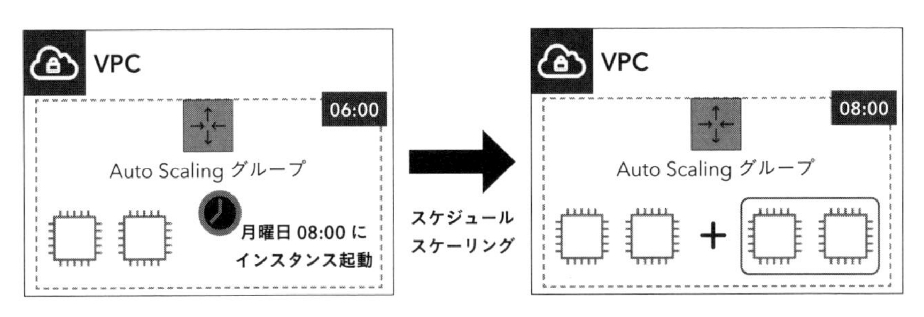

また毎週、Webアプリケーションへのトラフィックが水曜日に増え始め、木曜日は高いままで、金曜日に減り始めるというようなパターンを考えてみましょう。この場合は、水曜日にキャパシティを増やし、金曜日に減らすように設定することが考えられます。スケジュールスケーリングは、こうした傾向や需要があらかじめ見えている需要変化にマッチするスケーリングプランといえます。

■ スケーリングポリシー戦略

スケーリングがあらかじめ固定化されているスケジュールスケーリングより、実際に必要になってからリソースを追加する動的スケーリングのほうがコスト効率がよいのではないか、と思われるかもしれません。それには正しい部分もありますが、動的スケーリングの注意点も認識しておく必要があるでしょう。スケーリングおよびインスタンスが起動し、アプリケーションが使えるようになるまでには数分の時間を要します。そのため、トラフィックの急増（スパイクアクセスといいます）に対応できない可能性があります。

突発的なアクセスが事前にわかっているのであれば、サービスレベルの維持を第一に考え、動的スケーリングと予測スケーリング（やスケジュールスケーリング）を組み合わせて使うのがベストプラクティスといえるでしょう。動的スケーリングは、リソース使用率のリアルタイムの変化に応じ、キャパシティを自動的にスケーリングするために使用されます。予測スケーリングと組み合わせて使用することで、アプリケーションの需要曲線に密接に従うことができ、トラフィックが少ない時間帯にスケールインし、トラフィックが予想を上回る場合はスケールアウトできます。

急激なアクセスの増加が予測できており、その後、ゆるやかにアクセスが減少していくというケースであれば、事前にスケジュールスケーリングでスケーリングをしておき、あとは実際のアクセス数に応じてスケールインするといったことも実現可能です。このようにスケーリングポリシーを検討することも必要です[※18]。

Column

コンテナとオートスケーリング

近年はアプリケーション実行環境にコンテナを採用することが増えてきています。コンテナの柔軟性、スケールイン・アウトの迅速さは、オートスケーリング機能ととても相性がよいといえるでしょう。AWSのコンテナ管理サービスであるAmazon ECSは、前述のApplication Auto Scaling

※18 https://docs.aws.amazon.com/ja_jp/autoscaling/ec2/userguide/as-scale-based-on-demand.html#as-scaling-types

サービスを活用してオートスケーリング機能を提供しています。そして、スケーリングさせるコンテナ実行基盤にサーバーレスコンピューティングであるAWS Fargateを採用すれば、Amazon EC2 インスタンスを管理する必要がなくなります。これによりアプリケーションの構築に集中することができ、さらなる利用・運用コスト削減につながる可能性があります。

■ スケーリングを前提としたアプリケーション設計

オートスケーリングを効果的に利用するには、アプリケーションの設計の面でも考慮が必要です。インスタンスが増減するため、特定のサーバーに依存するようなステートフルな作りではなく、ステートレスな作りが求められてきます。

スケーリングでは、サーバーが追加されたり削除されたりするため、ステートフルな作りでは、問題が生じる可能性が大きくなります。

1つの例としてセッション管理について考えてみましょう。ステートフルなアプリケーションの場合、特定のサーバーがスケールインした際、そのサーバーで保持しているセッション情報は消えてしまいます。このときユーザー目線でみると、意図せぬログアウトが発生します。

ステートレスなアプリケーションとして設計するには、セッション情報をAmazon DynamoDBやAmazon ElastiCacheなど他のサービスに格納する方法などが一例として挙げられます。引き続き利用する情報や、ほかのサーバーから共通的に利用する可能性があるデータを外部に出すことで、呼び出し元のサーバーが消えたり変わったりしても、処理が続けられるようにします。同じように、ログファイルもサーバーと一緒に消えてしまわないようにAmazon CloudWatch LogsやAmazon S3に保存することをおすすめします。

■ Amazon Redshift のスケーリング

安定した状態でAmazon Redshiftの処理をするために、リソース量を調整する方法について説明します。Elastic Resize機能を使用すれば、日次または週次ベースでノードを追加・削除することにより、適切なリソース量とパフォーマンスを引き出せます。また同時実行スケーリング（Concurrency Scaling）機能を有効化すると、メインクラスターでクエリのキュー待ちが発生したとき、

Amazon Redshift は自動的に新たなクラスターキャパシティを追加し、同時処理できるクエリを増やします。以下にそれぞれ詳しくみていきます。

● Elastic Resize

Elastic Resizeは、必要なときだけ必要な分のリソースをスケールできる機能です。例えば、月初に負荷の重いバッチ処理が走って時間がかかってしまう場合は、その処理の開始時間に合わせてスケジュール設定を行い、クラスターリソースを自動的にスケールさせるといった使い方が可能です（図3-21）。

図3-21 Elastic Resize

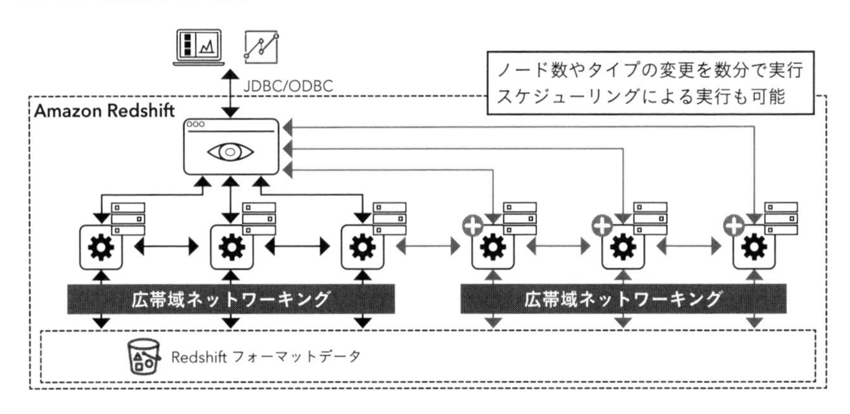

Elastic Resizeにより数分でノードを増減できるため、通常よりも多くのコンピュートリソースを使用して、処理を高速に回すことが可能になります。逆にノードを一時的に減らし、オフピーク時間のクラウド利用費用を抑制することも可能です。

● 同時実行スケーリング（Concurrency Scaling）

同時実行スケーリングは、ピーク時にクラスターを自動拡張する機能です（図3-22）。

図3-22 同時実行スケーリング(Concurrency Scaling)

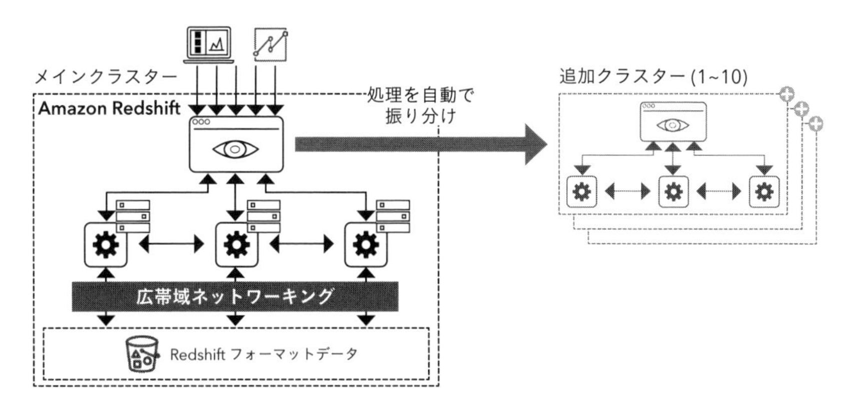

本機能が有効になっている場合に、メインクラスターでクエリのキュー待ちが発生すると、Amazon Redshiftはバックグラウンドで自動的に独立した別のクラスターを順次追加し、並列処理を行います。これにより、読み取りと書き込みの両方で、クエリの増加に対応することができます。

同時実行スケーリングの使用にあたっては、バックグラウンドで立ち上がった追加クラスターごとに、実行されたクエリ秒数だけ課金が発生します。1日あたり1時間分の無料クレジットが付与されるので、多くのケースにおいて無料の範囲内で利用できます。

また同時実行スケーリング(Concurrency Scaling)Usage Limitを使うことで、同時実行スケーリング機能の使用状況および関連するクラウド利用費用を、モニタリング・制御できます。同時実行スケーリングUsage Limitでは、毎日、毎週、毎月の使用制限を作成し、それらの制限に達した場合にAmazon Redshiftが自動的に実行するアクションを定義して、予算を管理できます。アクションには、イベントのロギング、Amazon CloudWatchアラームによるアラート、Amazon SNSによる管理者への通知、さらなる使用を無効化にするなどが含まれます。なお、Usage Limitでは同時実行スケーリングに加え、Amazon Redshift Spectrumの利用料金も管理できます。

Column

Elastic Resizeと同時実行スケーリングの違い

Elastic Resizeは、メインクラスターを拡張したり縮小したりすることで、クエリそのもののパフォーマンスをコントロールします（例：3ノードで1分かかる処理を30秒くらいにしたい場合に、6ノードに拡張するなど）。一方で、同時実行スケーリングはクエリの並列度を上げるためのソリューションです。基本的に一つひとつのクエリが高速になるわけではないですが、同時に処理できるクエリが多くなり、それによってスループットが向上します。このようにAmazon Redshiftは、需要が増えたときにDWHのリソースを自動で拡張して処理ができる柔軟性とスケーラビリティを備えています。

2 スケジュール調整

次に、AWS Instance Scheduleを使ってAmazon EC2、Amazon RDS、Amazon Auroraのスケジューリングを実現する方法、AWS Systems Managerを使ってAmazon EC2のスケジューリングを実現する方法について解説します。

■ AWS Instance Scheduler

「AWS Instance Scheduler」は、Amazon EC2およびAmazon RDSインスタンスの開始スケジュールと停止スケジュールを設定して、AWSリソースの利用費用を管理するソリューションです。使用されていないリソースを停止し、必要なときにリソースを開始することで、運用工数の削減に貢献します。

AWS Instance Schedulerは、AWSソリューションライブラリ内の「AWSソリューション」により提供されています。「解決したいことがあるけど、すでに誰かが解決した内容が、どこかに公開されてないかな……」と、インターネットを検索した経験をお持ちではないでしょうか。AWSは世界で数百万人に利用されているため、同じ問題や課題を経験している利用者がどこかにいて、すでに解決している可能性があります。AWSソリューションは、AWSパートナー、AWSが開発したすでに構築済みのソリューションを公開しているもので、2022年11月時点で全83個のソリューションを公開しています。例えば、「使っていない時間帯にサーバーを停止したい」「ログを集約して検索ができるようにしたい」といった課題に対して、AWSが開発した構築済みの解決策を公開しているのです。

AWS CloudFormationのテンプレートを使って公開されているため、それを利用者のAWSアカウントで実行するだけで環境構築ができます。構築後の運用は利用者で実施する必要はあるものの、CloudFormationテンプレートが無料で入手でき、実際に利用したサービスの利用料を負担するだけで利用できるといったメリットがあります。

AWS Instance Schedulerは、主にスケジュール設定を保存するAmazon DynamoDBとスケジュール設定にしたがってインスタンスの起動状態を変更するAWS Lambdaで構成されています（表3-9）。使用しているAWSサービスはすべてサーバーレスのサービスであり、インフラストラクチャの運用管理は不要です。

表3-9 AWS Instance Schedulerを構成する主なサービス

Amazon DynamoDB	利用者が定義したスケジュールや、対象を指定するためのリソースタグの値といった設定値が保存される
AWS Lambda	Amazon DynamoDB テーブルを参照し、指定されたスケジュールでインスタンスの起動および停止を行う。対象となるインスタンスは、リソースタグを利用して指定する

その他、Amazon EventBridge、AWS Key Management Service（AWS KMS）、Amazon Simple Notification Service（Amazon SNS）、AWS Identity and Access Management（IAM）を展開・使用しています。

■ AWS Instance Schedulerの利点とユースケース

AWS Instance Schedulerを利用することで以下のような利点があります。

- ○ AWS CloudFormation テンプレートで環境構築可能
- ○ AWS Lambda関数の開発が不要
- ○ 日またぎや毎月第一月曜日といったスケジュールの設定が容易
- ○ 複数の Amazon EC2、Amazon RDS に迅速に設定可能

ユースケースとしては、開発環境やテスト環境のAmazon EC2インスタンスやAmazon RDSインスタンスで、「シンプルなAmazon EC2またはAmazon RDSインスタンスの開始と停止がしたい」といった用途が考えられます[※19]。

■ AWS Systems Managerを使ったAmazon EC2インスタンスのスケジューリング

運用管理サービスであるAWS Systems Managerを使用することで、AWSのサービスの運用データを一元化し、AWS リソース全体のタスクを自動化できます。Amazon EC2インスタンスのスケジューリングは、このAWS Systems Managerを使って実装することも可能です。AWS Systems Managerのメンテナンスウィンドウを使用してAmazon EC2マネージドインスタンスを開始または停止するようにスケジュールするには、AWS-StartEC2InstanceまたはAWS-StopEC2Instance オートメーションタスクをメンテナンスウィンドウに登録します[※20]。

3 需要と供給の調整

これまで繰り返し述べてきたように、クラウドの利用料金の基本は、使った分だけを支払う従量課金制です。必要な時にワークロードの需要に合わせてリソースを供給できるようにすれば、無駄なオーバープロビジョニングを排除できます。

需要コントロールによるコストメリットを得るには、ワークロードが許容できる最大遅延を把握し、最低限それを満たせるリソースを用意することが重要です。AWSには、需要管理とリソース供給に使用できるさまざまなアプローチがあります。代表的な設計指針として「スロットリング」と「バッファベース」による需要管理を解説します。

※ 19 https://aws.amazon.com/jp/solutions/implementations/instance-scheduler/
https://aws.amazon.com/jp/builders-flash/202110/instance-scheduler/

※ 20 https://aws.amazon.com/jp/premiumsupport/knowledge-center/ssm-ec2-stop-start-maintenance-window/

■ スロットリング

「スロットリング」とは、流量制御のことで、一定の時間内に特定の操作に対して送信できるリクエストの数を制限する仕組みのことです。AWS では、Auto Scalingなどによってワークロードの需要に合わせてリソースを自動的に準備したり、増減させたりできます。アクセス量に応じてリソースをスケールさせていけば、処理できる量は伸びていきます。しかしながら、リソースを増やせばクラウド利用費用も増えていきます。売上がクラウド利用費用に相関して伸びていけばよいですが、制限なしにリクエストを受け付けると、支出のみが跳ね上がるといったことも起こり得ます。そうならないようスケール上限を定めたり、プロビジョニングする量を一定にしたりすることは一般的に取られる設計方針ですが、この時、併せて検討したいのがスロットリングです。スロットリングを行うことで、需要をコントロールし、トラフィックの急増からサービスを保護し安定運用を確保したり、特定処理によって生じるクラウド利用費用のコストを制限したりできるといった利点が得られます 。

例えば、動画をアップロードするとそれを機械学習で解析してハイライト部分を抽出する有料サービスがあったとします。この時、一部の会員が大量に動画をアップロードした場合、サーバー側のリソースが枯渇し他の会員にサービスが提供できなくなるおそれがあります。かといって、有料会員から得られる収入は決まっているため、リソースを無尽蔵に増やしていくわけにもいきません。この問題に対処する場合、会員が一定時間にアップロード（もしくは処理開始）できる動画の数を限定するという手法が考えられます。この仕組みがスロットリングで、AWSではAmazon API Gatewayを使うことで容易に導入することができます。

● Amazon API Gatewayとスロットリングの実装

Amazon API GatewayはAPIの作成、公開、保守、モニタリング、保護が行えるサーバーレス型サービスです。Amazon API Gatewayでは、処理負荷のスロットリングおよび単位時間あたりの処理量の上限値を設定して、多すぎるリクエストで API の負荷が高くなりすぎないように保護できます。

リクエストの送信数が定められたレートおよびバースト設定値を超えると、Amazon API Gatewayはリクエスト調整を開始します。クライアントは、この時点で429 Too Many Requestsエラーレスポンスを受け取ります。

また、使用量プラン機能を使えば、指定したリクエストレートに基づいてクライアントのリクエスト送信数でスロットリングを設定することもできます。使用量プランでは、利用者ごとにAPIキーと呼ばれるコードを払い出します。Amazon API Gatewayによって提供されるAPIにアクセスが行われる際にはそれを使って利用者を識別し、利用者ごとにリクエスト可能数を調整することができます。

スロットリングが実装されているサービスを利用する（もしくはさせる）場合は、アプリケーション側にリトライの仕組みを導入することが重要です。リクエストを処理できない場合は、スロットリングによってサービス提供者からリクエスト元に対してリトライする必要がある旨のエラー（429 Too Many Requestsエラーレスポンス）が通知されます。そのため、リクエスト元では一定時間待機してから、リクエストをリトライするよう実装することで、顧客体験を損なわないようにします。

■ バッファベース

バッファもスロットリングと同様、処理量の調整を行うための仕組みです。リクエストを処理の途中で一時的に蓄える仕組みを取り入れることで、アプリケーションが（異なる動作速度で実行されていても）効果的に処理できるようにします。先ほどスロットリングのところで「動画をアップロードするとそれを機械学習で解析してハイライト部分を抽出する有料サービス」を例に挙げましたが、バッファの適用についても同様に考えてみます。

スロットリングでは一部の会員が大量に同時使用できないよう、リクエストが一定のレートを超えるとエラーレスポンスを返却するように制御します。バッファの場合は、リクエストが大量に来たときに、そのまますぐに処理する（もしくはすぐにエラーを返す）のではなく、いったんキューなどの蓄積する仕組みにリクエストを溜めていきます。そして、後続の処理（今回の場合は機械学習処理を行うアプリケーション）が自身の処理状況をみて、次のタスクを実行して問題ない状態であればキューを取得し、処理に移る、という流れになります。これにより、同じ利用者の同時実行数を一定件数までに制限する、後続の処理可能数を超えたリクエストは溜めて余力が出来次第順次処理していくという制御が可能となり、リソース量に合わせた需要コントロールを実現できます。バッファ

リング ではリクエストを保存するので、長い場合は日単位で処理を延期することができます。

バッファベースの実装方法として、代表的なものはAmazon SQSを使った構成です。

Column

リトライとエクスポネンシャルバックオフ

ネットワークはDNSサーバー、スイッチ、ロードバランサーなど、多数のコンポーネントにより形成されています。これらは原則冗長化されていますが、機器の故障による切り替わりのタイミングではエラーが発生します。また、ネットワークは特性的に、正常時であっても一定の割合でエラー応答が発生することは珍しくありません。これらのエラー応答を処理する通常の方法は、クライアントアプリケーションで再試行を実装することです。この技術は、アプリケーションの信頼性を向上させ、開発者の運用工数を削減します。AWS SDK（開発言語やプラットフォームとAWSサービスを結びつける開発キット）には、自動再試行ロジックが実装されています。AWS SDKを使用していない場合は、サーバーエラー（5xx）またはスロットリングエラーを受け取ったリクエストを他の方法で実装し、リトライする必要があります（ただし、エラー内容によっては、リトライする前にリクエストを修正して問題を解決する必要があります）。

単純にリクエストをやり直すシンプルなリトライに加え、よりよいフロー制御のために、エクスポネンシャルバックオフアルゴリズムの実装も検討すべきでしょう。エクスポネンシャルバックオフとは、連続したエラー応答についてリトライの待機時間を徐々に長くすることです。例えば、最初にエラーが返却された場合は1秒待ってリトライ、それでもエラーとなった場合は2秒待ってリトライ、次は4秒、といった形です。スロットリング設定時に起こる問題の1つに、多くのリクエスト元からリトライが一斉に（同時に）かかり、結果的にスロットリング状態が長引いたり、サービスがダウンしてしまうことが挙げられます。エクスポネンシャルバックオフはこの問題の対策として、リトライ側がタイミングをずらすことでアプリケーションの可用性を高めます。ほとんどのエクスポネンシャルバックオフアルゴリズムは、連続した衝突を防ぐためにジッター(ランダム化された遅延)を使用します。AWS SDKにも、このエクスポネンシャルバックオフアルゴリズムが実装されています。

● **Amazon SQSを用いたバッファリング**

Amazon SQSは、サーバーレス型のメッセージキューイングサービスで、マイクロサービス、分散システム、およびサーバーレスアプリケーションの切り離し(疎結合化)とスケーリングを実現します。

Amazon SQSの構成について説明します(図3-23)。プロデューサーとはアプリケーションのメッセージ(アプリケーションのデータや、処理内容)を作り、リクエストする役割です。プロデューサーは、メッセージをキューに送ります。キューにはメッセージを最大14日間保持することができます。そして、キューにアクセスする役割(多くの場合はメッセージを処理するアプリケーションなど)がコンシューマーです。コンシューマーがキューにアクセスをして、メッセージがあれば取得して処理を行います。コンシューマー自身がメッセージを取りに行くため、プル型と呼ばれます(対義語はプッシュ型で、プッシュ型ではコンシューマーはキューを送りつけられる形になります)。

図3-23 Amazon SQSの概要

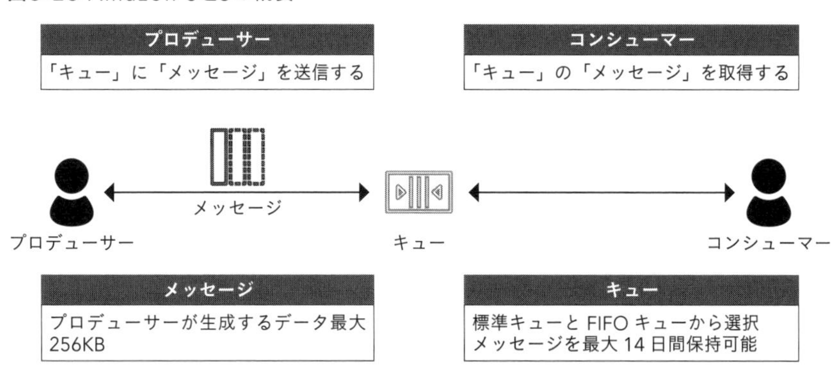

図3-24のように、Amazon SQSを利用せずにリクエストを受け付ける場合、多くのプロデューサーがコンシューマーに対して一斉にリクエストを行う可能性があります。そのため、リクエストの受付と処理が一体化し、リクエストのスパイク（急激な増加）に対応しきれない場合もあります。間に無制限のスループットとメッセージ保持を提供するAmazon SQSを挟むことにより、リクエストのバッファリングが可能となり、コンシューマーが適切なタイミングでリクエストを処理し、パンクを防ぐことができるようになります。

図3-24 Amazon SQSを用いたバッファリング

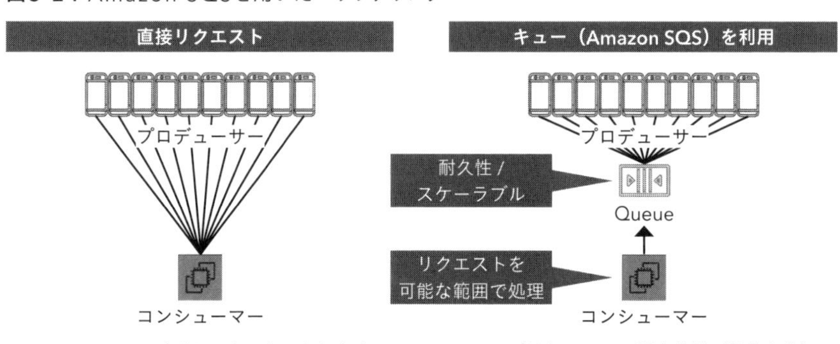

バッファベースのアプローチでは、メッセージは後続の処理を行うコンシューマーから読み取られ処理される（プル型）ため、コンシューマーの処理可能範囲内の動作速度でメッセージを実行できます。これによりクラウド利用費

用の節約などの理由で抑えられたリソース量であっても、サービスの可用性を維持することができます。

Column

ストリーミングデータのバッファリング

Amazon SQSは、キューを使った仕組みであるため、非同期処理としてバッチ化するときなどに向いているサービスですが、リアルタイムにストリーミングデータを処理する際は、Amazon Kinesis Data Streamsを使ったバッファリングが考えられます。Amazon Kinesis Data Streamsを使えば、ストリーミングデータをリアルタイムで収集、処理、分析することができます。ソースから送信されたストリーミングデータは直接データストアに格納するのではなく、いったんKinesisによって提供されるデータストリームに集約されます。データストリームが一次受けとなることで、後続のクライアントやデータストアがスパイクアクセスの影響を受けにくくなります。また、データストリーム自身も、スパイクアクセスから自身を守る仕組みを備えています。

6 ストレージ選定

あまたあるAWSのサービスの中で、Amazon S3は2006年と最初期にリリースされています。Amazon EC2よりも早くサービスインしたこのオブジェクトストレージは、2021年に15周年を迎え、2021年3月31日時点で100兆以上のオブジェクトを保存している※21超巨大なサービスとなっています。ストレージはデータを保存するという役割を担っているため、需要に合わせてリソースを変動させるコンピューティングよりも、安定して長期間使用する場面が多くなります。さらにデータを消すという判断や作業は、確認の負荷や再利用ができなくなるというリスクが発生するため、一度保存されたデータは消されずにそのまま保存され続けるという傾向が強くなってきており、長く使われているシステムのストレージ容量はどんどん増加していき、システム全体におけるストレージの利用費用の割合も大きくなっていきます。

ストレージやデータの話をする際に「ビッグデータ」というキーワードが使われることがあります。一般的にビッグデータの特性として、図3-25に示す5V（Variety, Velocity, Volume, Veracity, Value）が挙げられます。

※21 Amazon Web Servicesブログ「Amazon S3の15年目の記念日 – 5,475日が経ち100兆のオブジェクトを扱うようになった今が出発点です」
https://aws.amazon.com/jp/blogs/news/amazon-s3s-15th-birthday-it-is-still-day-1-after-5475-days-100-trillion-objects/

図3-25 ビッグデータの5V

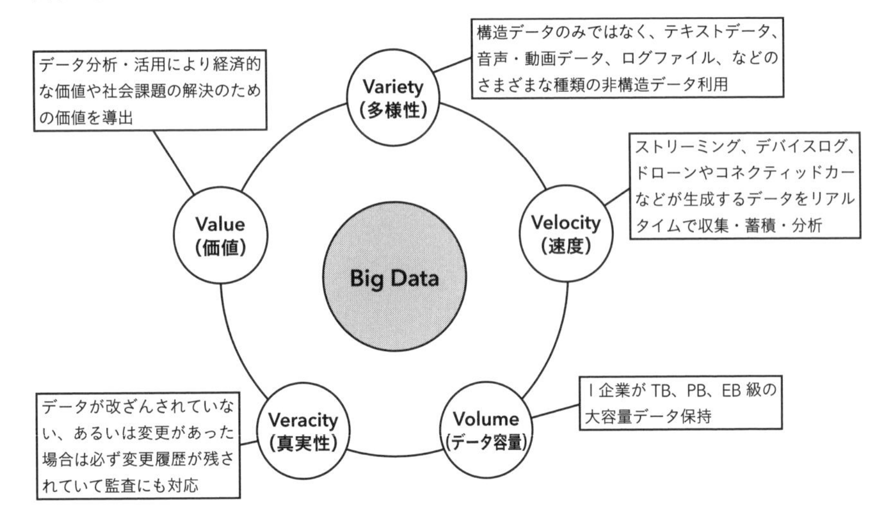

昨今のデジタル技術や多種多様なアプリケーションの出現により、さまざまな情報がデジタルデータとして保存されるようになっています。また、IoTなどにより、センサーやアプリケーション/サービスから24時間365日リアルタイムで次から次へとデータが送られてきて、それらを取りこぼすことなく保存することが求められることもあります。近年のArtificial Intelligence/Machine Learning（AI/ML）の技術やサービスの進化により、学習用のデータセットなど必要とされるデータ量も膨大になっており、いかに効率的に、クラウド利用費用を抑えながら保存をしていくのかが課題となり、ストレージの重要性は高まっています。これらに加えて、データが改ざんされていないか、更新される場合に前のバージョンのデータを残しておく、という信ぴょう性、原本性を保証する仕組みも重要です。また、データの価値を最大限に活かすためにも、アプリケーションや分析ツールとストレージがどのように連携するのか、対応インターフェースやアクセス制御といった観点も大事な評価、選択のポイントとなっています。

これらの5Vに対応する要件を満たすべく、ストレージメディア、接続形態（接続プロトコル）、利用技術などが組み合わさったストレージ製品やサービスが多数出ています。

本節では、ワークロードやデータの特性に合わせて、適切なAWSのストレージサービスを選択すること、そしてストレージサービスの特性や課金の仕組みを理解してクラウド利用費用を最適化する方法を解説します。

1 AWSのストレージサービスの種類

AWSのストレージサービスは図3-26で示すように、大きく分けてブロックストレージ、ファイルストレージ、オブジェクトストレージの3種類があり、それぞれにまた複数のサービスがあります。それぞれ、利用方法（接続方法）やストレージとしての特性が異なるため、利用費用の最適化の観点からもワークロードに合わせて適切なストレージサービスを選択することが肝要です。

図3-26 AWSの主なストレージサービス

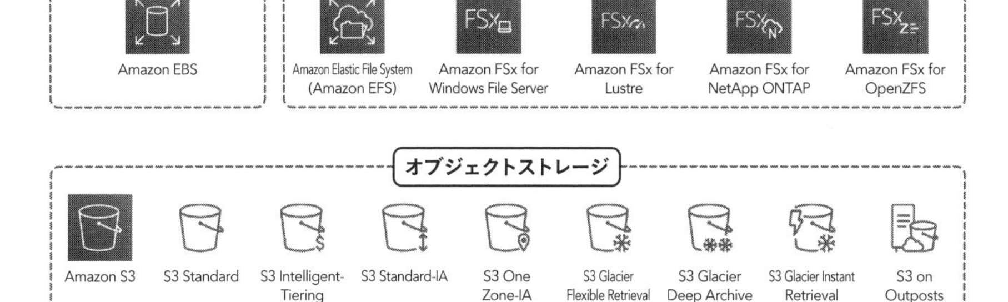

表3-10ではそれぞれのストレージサービスの特性を記述します。ストレージに対する要件に対して、どのストレージサービスが適切なのか、判断するときのポイントを示します（本書ではAmazon FSxシリーズはFSx for Windows File Serverを対象としています）。

表3-10 AWSの各ストレージサービスの概要比較

	ブロックストレージ	ファイルストレージ		オブジェクトストレージ
サービス名	Amazon EBS	Amazon EFS	Amazon FSx for Windows File Server	Amazon S3
接続	Amazon EC2に接続してローカルのディスクとして使用	NFSのファイル共有プロトコルで接続しファイルサーバーとして使用	SMBのファイル共有プロトコルで接続しファイルサーバーとして使用	HTTPプロトコルで接続しストレージサービスとして使用
最大IOPS	～256,000 ※io2のディスクボリュームあたり	書き込み：100,000以上 読み込み：500,000以上 ※EFSのスタンダードストレージの最大値	数100,000IOPS ※SSDタイプで十分な容量がある場合の最大値	データ追加：3,500リクエスト/秒 データ取得：5,500リクエスト/秒

	ブロックストレージ	ファイルストレージ		オブジェクトストレージ
サービス名	Amazon EBS	Amazon EFS	Amazon FSx for Windows File Server	Amazon S3
最大スループット性能	～4,000MB/秒 ※io2のディスクボリュームあたり	書き込み：1-3GB/秒 読み込み：3-5GB/秒 ※EFSのファイルシステムあたり	2GB/秒 ※アクセスパターンによっては～3GB/秒が観測されることもあり	・単一のインスタンスで最大 100 GB/sの転送レートを実現。複数のインスタンスにわたってスループットを集約して1秒あたり複数テラバイトを確保 ・Multipart UploadやS3 Transfer Accelerationなどの転送高速化の仕組みやサービスあり
容量課金	月全体を通じて確保される平均ストレージ領域	月全体を通じて使用される平均ストレージ領域	月全体を通じて確保された平均ストレージ領域	月全体を通じて使用される平均ストレージ領域
性能課金/ ベースライン性能	gp3、io1、io2はIOPS/スループットのプロビジョニングに料金がかかる（gp3は無料の枠があり）gp2は確保した容量に比例したベースライン（1GBあたり3IOPS）が設定されている	プロビジョニングするスループット（MB/秒）に料金がかかる		保証なし
書き込み読み込みのデータ転送料金	無料	・AZ間のデータ転送を行った場合は料金が発生 ・低頻度アクセスについてはリクエスト（転送GBあたり）に費用が発生する		データをインターネットや他のリージョン、低頻度アクセスについてはリクエスト（転送GBあたり）に費用が発生する
SLA	・それぞれのEBSのスペックによって規定されておりクラウド利用費用に影響するオプションはない ・SLAは複数AZにまたがった構成をとっているかによって異なる ・複数AZにまたがっている場合：99.99% ・1つのボリューム単位：99.9%	・標準と1ゾーンとが選択できる ・標準のSLAは99.99% ・1ゾーンのSLAは99.9%	・シングルAZとマルチAZが選択できる ・SLAはマルチAZが99.99%未満、シングルAZが99.9%未満の場合、それぞれの稼働率に合わせてサービスクレジットの付与の割合が設定されている	・標準と1ゾーンとが選択できる ・標準のSLAは99.9% ・1ゾーンのSLAは99.0%
耐久性	99.8-99.9%（io2以外） 99.999%（io2）	99.999999999%	数値としては公表無し	99.999999999%

	ブロックストレージ	ファイルストレージ		オブジェクトストレージ
サービス名	Amazon EBS	Amazon EFS	Amazon FSx for Windows File Server	Amazon S3
容量に対する料金（東京リージョンのGBの保存にかかる料金）	$0.096/GB/月（gp3） $0.142/GB/月（io2）	$0.36/GB/月（EFS標準ストレージ）	$0.078/GB/月（FSx for Windows File ServerのシングルAZ配置のSSDストレージ容量）	$0.025/GB/月（S3標準の最初の50TB）
アクセス制御	・Amazon EC2インスタンスへのattach ・ファイルシステムによる制御	POSIXなど	Active Directoryなど	AWS IAMやバケットポリシーで制御
その他	スナップショットは2021年12月に容量単価のより低いアーカイブ層への保存が選択可能となった	・バックアップストレージに費用がかかる ・異なるリージョンへレプリケーションを行うことができる	FSx for Windows File Serverは重複排除機能によりファイルサイズは実際のサイズよりも小さくなる（ファイルタイプによって圧縮率は異なる）	・Intelligent Tieringのストレージクラスはオブジェクト毎にモニタリングとオートメーションの月額料金が発生 ・マルチリージョンアクセスポイントを使用する場合通常の転送費用に加えてデータルーティングに伴う費用が発生する ・保存や転送の料金はストレージクラスによって異なる

これらの特性を元にデータの使用形態から考えると、Amazon EC2のインスタンスのローカルディスクとして使用したり、一般的に変更が頻繁に行われるようなデータは、ブロックストレージが適しています。アプリケーション開発などで発生する一時ファイルなどがこれに該当します。

一方、生成されるとあまり更新されないデータについては、オブジェクトストレージが向いています。編集しない、あるいは編集が完了した画像や動画のデータ、バックアップやアーカイブなどのデータはこれに該当します。

これらのデータを複数のサーバーで共有する場合は、ファイルストレージやオブジェクトストレージを使うと便利ですが、サーバー間でよりデータのやり取りが頻繁に発生し、遅延などのパフォーマンスが課題となる場合は、ファイルストレージが適しているといえるでしょう。

どのストレージサービスが適しているか、を考えるときには以下の点についてあらためて考慮し、適切なストレージが使用されているか確認しましょう。

●容量

全体としてどのくらいの容量が必要なのかを検討する必要があります。Amazon EBSではio2以外は16TB、io2は最大64 TBの最大ボリュームサイズの制限があります。

●データサイズ/ファイルサイズ

個々のデータやファイルサイズがどの程度かもストレージ選定に重要となります。小さなファイルを大量にやりとりする場合は、プロトコルのオーバーヘッドが少ないブロックストレージのAmazon EBSが向いています。数十MB以上など大きなデータが中心の場合は、データ転送の中におけるファイルのやり取りのオーバーヘッドの割合が小さくなるため、トランザクションの性能要件が緩和され、ファイルストレージやオブジェクトストレージが活用できる可能性が高まります。

●保存期間

コンプライアンスなどのルールや法的な理由のため、4年や5年など長期的に保存しなければならないデータは、そのデータの特性からアクセス頻度もそれほど多くはないことが想定されます。利用費用の観点からはAmazon S3やAmazon S3のアーカイブ層（Amazon S3 Glacier Instant Retrieval, Flexible Retrieval, Deep Archive）の検討を推奨します。

●更新頻度

更新頻度が高い場合、オブジェクトストレージでバージョニングを有効にしていると、更新のたびに古いオブジェクトは残しつつ、更新されたデータが新しいオブジェクトとして保存され、大量のストレージ容量が使用され余分な利用費用が発生する可能性があります。このような場合、データ要件にあったAmazon S3のライフサイクル管理をすることが肝要です。また、オブジェクトの更新の場合、オブジェクト全体が更新されますが、ファイルシステムの場合、アプリケーションによってはファイル全体ではなく一部のみ更新するという挙動になるものもあり、更新領域を小さくすることができる場合があります。このような観点から更新頻度の高いものはAmazon EBSやAmazon EFS/Amazon FSx for Windows File

Serverに保存することが望ましいです。

●データ共有範囲

これはそのストレージ領域を特定のサーバーからのみ使用するのか、共有する必要があるのか、といった観点です。共有する場合もストレージサービスとして共有するのか、Amazon EC2+Amazon EBSで実装し、OSやアプリケーション層で共有を実現するという方法もあります。一方、自社内だけではなく、自組織外、他社とのデータ共有となると、バケットポリシーやユーザーポリシー、AWS IAMによるアクセスコントロールなどによって、Amazon S3はより柔軟に対応※22することが可能です。

●アクセス方法、アクセスプロトコル

データへのアクセスがシーケンシャルかランダムアクセスかという観点でも検討が必要です。ランダムアクセスの場合はブロックストレージが適しています。特にサイズの大きなデータに対して、その一部だけを更新するような使い方である場合は、ブロックストレージを使用するべきです。

アクセスプロトコルがワークロードによって指定されている場合はそれに従います。Amazon EBSはローカルのファイルシステムとしての使用が一般的です。Amazon EFSはNFSのプロトコル、Amazon FSx for Windows File ServerはSMBのプロトコルに対応したファイル共有サービスです。Amazon S3はオブジェクトストレージであり、HTTP/HTTPSのAPIでデータのPUT/GETを行います。データの読み書きのためにインターフェースを自身で作ることもできますし、最近ではAmazon S3対応のアプリケーションも増えてきています。その場合は容量あたりの単価が低いAmazon S3は有力な候補となるでしょう。

●データの配置、管理方法

Amazon EBSやAmazon EFS/Amazon FSx for Windows File Serverで使用されているファイルシステムはディレクトリーやフォルダーを使ってデータ

※22 Amazon S3 での Identity and Access Management（Amazon S3 でのアクセス制御について記載されているユーザーガイド）
https://docs.aws.amazon.com/ja_jp/AmazonS3/latest/userguide/s3-access-control.html

を階層的に管理することに向いています。ただ、アプリケーション側の視点では、データの置き場所は簡易にフラットに管理したいということもあると思います。ファイルシステムで1つのディレクトリやフォルダに何百万というファイルを配置するとパフォーマンスに影響があります。一方、Amazon S3はもともと大量のオブジェクトをフラットに管理することに長けているため、アプリケーションからデータに直接アクセスさせたいが、設計をより簡易化するためにデータの配置をフラットにしたい、というときはAmazon S3がおすすめです。

●要求される性能要件

ストレージではよく、IOPS（Input/Output per second:1秒間あたりどのくらいのInput/Outputが必要となるのか）などのトランザクション性能とMB/秒などのスループット性能（1秒間あたりどのくらいの量のデータを転送できるのか）の2つが性能スペックとして使用されます。上記のアクセス方法とも関係しますが、IOPSが要件として挙がる場合はランダムアクセス志向のワークロードやデータであり、MB/秒, GB/秒が要件として挙がる場合はシーケンシャルアクセス志向のワークロードやデータの可能性が高いです。両方の要件を満たさなければならないこともよくありますが、その場合はトランザクション性能を中心に検討するのがよいでしょう。

あくまでもワークロードの要件やデータの特性に合わせたストレージ選定を優先すべきですが、クラウド利用費用の観点からは性能要件、アクセス方法（プロトコル）が許されるのであれば、よりGBあたりの単価が低いAmazon S3を選択すると対容量の費用効率を高めることが可能です。また、データ生成からしばらくはアクセス頻度が高いため、Amazon EBSやAmazon EFSに配置しておき、1か月経過した後はほとんどアクセスがなくなるためAmazon S3に移動させる、あるいは同じサービスの中の低頻度アクセスのストレージクラスに移動させる、などといったデータのライフサイクルを考慮に入れた運用が実現できると、さらにクラウド利用費用の最適化を図ることができます。

2 ストレージサービスの利用費用

ストレージサービスの何に利用費用が発生するのかは、サービスによって異なります。一般的には

- ○ 使用した容量
- ○ 冗長性
- ○ 保証する性能
- ○ データ転送
- ○ その他付加機能

に対して料金が発生する可能性があります。容量についても確保した容量（xxxGB使うと宣言をして利用するストレージのタイプ）なのか、使用分の容量（xxxGB使うと宣言せず使用し、実際に保存されたファイルやデータに応じて費用が発生するストレージのタイプ）なのか、サービスによって異なるため、注意が必要です。

3 Amazon EBS

■ Amazon EBS概要

Amazon EBSはAmazon EC2のサーバーインスタンスに接続して、ローカルディスクとして使用するブロックストレージです。サーバーからはブロックデバイスとして認識されるため、一般的にはファイルシステムでフォーマットして使用します。

■ Amazon EBSの種類と料金

表3-11、表3-12、表3-13にそれぞれのEBSのボリュームタイプの料金について記載します。

表3-11 Amazon EBSの料金(gp2, gp3)　※料金は東京リージョンの価格

Amazon EBS種別	gp2	gp3
容量に対する料金($/GB 月)	0.12	0.096
ボリュームサイズ	1GB〜16TB	1GB〜16TB
ボリュームあたりIOPSにかかる料金($/月)	・個別の課金なし ・容量に比例して3 IOPS/GBが保証される ・1,000 GBまでは3,000 IOPSまでバースト ・最大16,000 IOPS	・3,000 IOPSまで無料 ・3,000を超える分はProvisioned IOPSあたり $0.006 ・最大16,000 IOPS
ボリュームあたりスループットにかかる料金($/月)	・個別の課金なし ・170 GB以下：最大 128 MB/秒 ・170 GB超 〜 334 GB以下：最大250 MB/秒(クレジット消費) ・334 GB超：最大 250 MB/秒	・125 MB/秒まで無料 ・125 MB/秒を超える分はMB/秒あたり $0.048 ・最大 1,000 MB/秒

表3-12 Amazon EBSの料金(io1, io2, io2 Block Express)　※料金は東京リージョンの価格

Amazon EBS種別	io1	io2/io2 Block Express
容量に対する料金($/GB 月)	0.142	0.142
ボリュームサイズ	4GB〜16TB	4GB〜16TB
ボリュームあたりIOPSにかかる料金($/月)	・Provisioned IOPSあたり $0.074 ・最大 64,000 IOPS	・Provisioned IOPSあたり $0.074(32,000 IOPSまで) ・Provisioned IOPSあたり $0.052(32,000〜64,000 IOPSまで) ・Provisioned IOPSあたり $0.036(64,000 IOPS超) ・最大 256,000 IOPS
ボリュームあたりスループットにかかる料金($/月)	・個別の課金なし ・最大 7,500 MB/秒	・個別の課金なし ・最大 7,500 MB/秒

表3-13 Amazon EBSの料金(st1, sc1)　※料金は東京リージョンの価格

Amazon EBS種別	st1	sc1
容量に対する料金($/GB 月)	0.054	0.018
ボリュームサイズ	125GB～16TB	125GB～16TB
ボリュームあたりIOPSにかかる料金($/月)	・個別の課金なし ・最大500 IOPS	・個別の課金なし ・最大250 IOPS
ボリュームあたりスループットにかかる料金($/月)	・個別の課金なし ・最大500 MB/秒	・個別の課金なし ・最大250 MB/秒

■ クラウド利用費用を抑えるポイント

Amazon EBSの利用費用に関するポイントは、容量課金は確保した容量に対する課金であり、ファイルやデータを保存した使用容量に対する課金ではないということです。将来このくらいの容量を使用する見込みである、と大容量を確保してしまうと、最初は数%しか使われていないにも関わらず、ボリューム全体の容量に課金が発生します。最近ではファイルシステムも動的な拡張機能を持っているなど、最初から大きな容量を確保するのではなく、容量が必要になった場合に必要な分の容量を追加する、という運用が可能となっており、従量課金制というクラウドの特性を活かしてクラウド利用費用を抑えることも可能です。オンプレミスのストレージの場合、ストレージの増加率（1日、1週間、1か月でどのくらいの容量増加があるのか）を把握するといったキャパシティプランニングはストレージをあふれさせないためにも運用上重要な要素でしたが、いつでも瞬時に容量が増やせるAWSのストレージサービスでは、空き容量が20%を切った場合など、ある一定の水準に達したら容量を追加するといった運用でも十分に対応可能です。もちろんシステム全体の状況把握、将来予測、クラウド利用費用最適化という目的のために、ストレージの利用状況の変化を把握することは意味があります。

■ 汎用SSDのgp2とgp3の違い

gp2では1GBあたり3IOPSと性能は容量に紐づいていたため、容量は必要ないが、性能が欲しいために必要以上の容量を確保するということもありました。それに対して2020年12月にリリースされたgp3は、「表3-11 Amazon EBS

の料金（gp2, gp3）」で見られるように、容量と性能を別々に購入することが可能です。「図3-27 Amazon EBS gp2とgp3の性能設定」では、gp3での性能設定の変更画面を示しています。

図3-27 Amazon EBS gp2とgp3の性能設定

gp2のボリュームを選択し「変更」を押下した画面

gp3のボリュームを選択し「変更」を押下した画面
枠の中でIOPSとスループットが設定可能

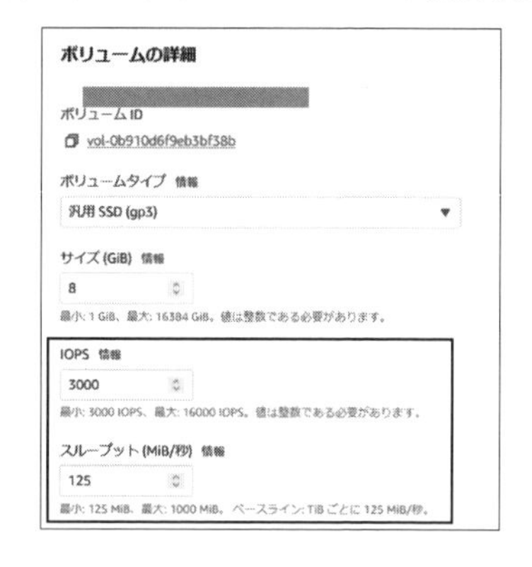

gp3で無料のベースラインとされている3000 IOPSや125MB/秒は1つのボリュームの性能として考えると、トランザクションが激しいデータベースのアプリケーションを除いた一般のアプリケーションであれば、そのほとんどの要件に対応できる可能性が高いといえます。同じ容量であればgp3はgp2と比較すると最大で20%のクラウド利用費用削減につながり、またベースラインを超えた性能要件であったとしても、gp2と同一の要件であればクラウド利用費用は削減できるため、gp3への切り替えが推奨されます。

■ ボリュームを切り替える方法

gp2からgp3への変更は、Elastic Volumeに対応しているインスタンスの場合、オンラインで変更することが可能です。ここではgp2からgp3に変更する方法について記述します。

① Amazon EBSの変更要件を確認

AWSの公式ドキュメント「ボリューム変更時の要件」※23で該当インスタンスがElastic Volumeに対応しているか、ボリュームの要件を満たしているか、制限事項に該当していないかの確認を行います。

② スナップショット作成あるいは重要なデータをバックアップ

万が一に備えてリストアあるいはロールバックできるように、スナップショットを作成するかバックアップを取ります。

③ Amazon EBSの変更を実施

マネジメントコンソールからは「EC2→Elastic Block Storage」でEBSのリストを表示し、変更したいEBSのボリュームを選択し、該当ボリュームの詳細情報が表示されている画面で、「変更」ボタンをクリックします。

変更後はAmazon EBSのボリュームリストで「ボリュームの状態」を見ると変更作業の進捗状態を確認することができます。ステータスは「modifying（数秒）→optimizing（ボリュームサイズや該当EBSの利用状況などによって変化）→completed→使用中」と変化します。ボリュームがoptimizing状態の時、ボリュームのパフォーマンスはソースとターゲットの設定仕様の中間にあります。過渡的なボリュームのパフォーマンスは、ソースボリュームのパフォーマンスより劣ることはありません。IOPSをダウングレードする場合、過渡的なボリュームのパフォーマンスは、ターゲットボリュームと同程度のパフォーマンスになります。

■ gp3の性能（IOPS/スループット）プロビジョニングの考え方

先述したとおり、gp3は性能（IOPSとスループット）を個別にプロビジョニングすることが必要となります。さて、gp2と同一の性能をgp3でも利用したい場合は、gp3にどのくらいIOPSとスループットを増強すればよいでしょうか。容量によって、以下のように設定していきます。

※23 https://docs.aws.amazon.com/ja_jp/AWSEC2/latest/UserGuide/modify-volume-requirements.html

① 170GB以下の容量：IOPSならびにスループットの増強は不要
② 170GB超1000GB以下の容量：スループットを増強
③ 1000GB超の容量：IOPSならびにスループットを増強

ここでの確認ポイントは容量となります。まず容量が170GBの場合、gp3のスループットのデフォルト値が125MB/秒 であり、170GBでgp 2の同等スペックとなります。一方、gp3のIOPSのデフォルト値が3,000であり、gp2のIOPSは510であることから、gp3の方が性能は高いといえます。同一性能要件を実現するにはIOPSならびにスループットの増強は不要です。

次は、1,000GBとなります。この容量の場合、gp2のIOPSは3,000となり、gp3と同等の性能となります。したがって、1,000GBまではスループットを増強することになります。どの程度増強すればよいかは、AWS Compute Optimizerでの推奨を確認するのが効果的です。ただし、334GB超の場合はgp2の最大スループットは250MB/秒で頭打ちとなるため、同一性能要件の場合は125MB/秒を増強すれば要件を満たします。

1,000GB超の場合は、IOPSならびにスループットを増強することになりますが、同様にAWS Compute Optimizerでの推奨を確認するのが効果的です。スループットについては、同一性能要件の場合は125MB/秒を増強すれば同一の性能となります。

■ io1/io2の必要性

高いIOPSを保証できるio1/io2は、データベースなど激しいトランザクションを要求するアプリケーションでの使用などが想定されているAmazon EBSですが、その分gp3と比較すると同じ容量、同じ性能であれば料金は高くなります。ただ、gp3の最大性能は16,000 IOPS、1,000 MB/秒となっており、この性能で要件を満たすことができるのであれば、大きなクラウド利用費用の削減につながります。実際にどのくらいの差があるのかを見てみましょう。東京リージョンで4TBのボリューム、スナップショットなし、1か月の稼働を730時間、IOPSは16,000 IOPS、スループットはgp3で最大の1,000MBpsを指定して金額を比較してみます。図3-28と図3-29にAWS Pricing Calculatorで上記の条件でgp3, io2の見積もりを作成したときのスクリーンショットを記載します。

図3-28 gp3の料金（IOPS/Throughputを最大に設定）

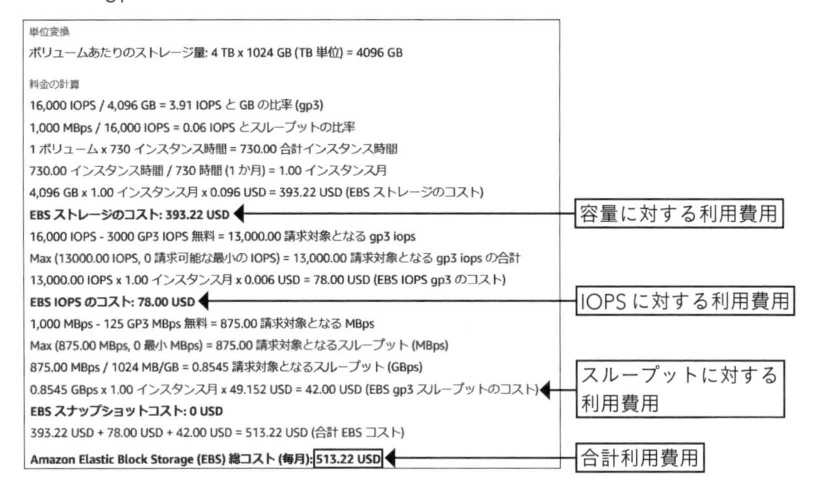
単位変換
ボリュームあたりのストレージ量: 4 TB x 1024 GB (TB 単位) = 4096 GB

料金の計算
16,000 IOPS / 4,096 GB = 3.91 IOPS と GB の比率 (gp3)
1,000 MBps / 16,000 IOPS = 0.06 IOPS とスループットの比率
1 ボリューム x 730 インスタンス時間 = 730.00 合計インスタンス時間
730.00 インスタンス時間 / 730 時間 (1 か月) = 1.00 インスタンス月
4,096 GB x 1.00 インスタンス月 x 0.096 USD = 393.22 USD (EBS ストレージのコスト)
EBS ストレージのコスト: 393.22 USD
16,000 IOPS - 3000 GP3 IOPS 無料 = 13,000.00 請求対象となる gp3 iops
Max (13000.00 IOPS, 0 請求可能な最小の IOPS) = 13,000.00 請求対象となる gp3 iops の合計
13,000.00 IOPS x 1.00 インスタンス月 x 0.006 USD = 78.00 USD (EBS IOPS gp3 のコスト)
EBS IOPS のコスト: 78.00 USD
1,000 MBps - 125 GP3 MBps 無料 = 875.00 請求対象となる MBps
Max (875.00 MBps, 0 最小 MBps) = 875.00 請求対象となるスループット (MBps)
875.00 MBps / 1024 MB/GB = 0.8545 請求対象となるスループット (GBps)
0.8545 GBps x 1.00 インスタンス月 x 49.152 USD = 42.00 USD (EBS gp3 スループットのコスト)
EBS スナップショットコスト: 0 USD
393.22 USD + 78.00 USD + 42.00 USD = 513.22 USD (合計 EBS コスト)
Amazon Elastic Block Storage (EBS) 総コスト (毎月): 513.22 USD

図3-29 io2の料金（IOPSをgp3の最大である16,000に設定）

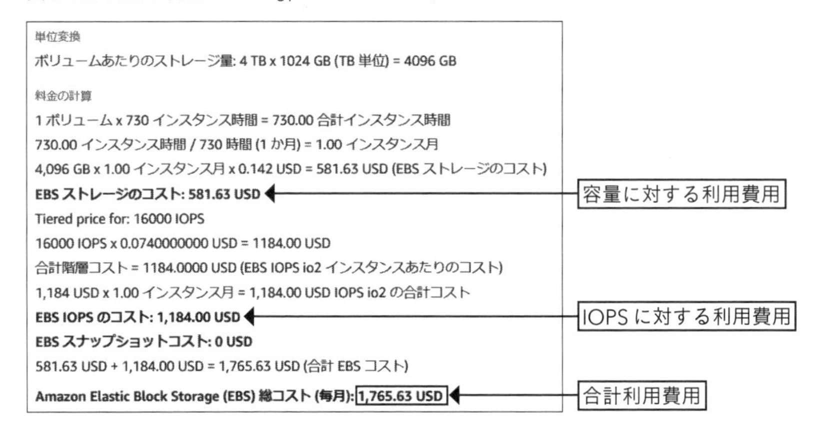
単位変換
ボリュームあたりのストレージ量: 4 TB x 1024 GB (TB 単位) = 4096 GB

料金の計算
1 ボリューム x 730 インスタンス時間 = 730.00 合計インスタンス時間
730.00 インスタンス時間 / 730 時間 (1 か月) = 1.00 インスタンス月
4,096 GB x 1.00 インスタンス月 x 0.142 USD = 581.63 USD (EBS ストレージのコスト)
EBS ストレージのコスト: 581.63 USD
Tiered price for: 16000 IOPS
16000 IOPS x 0.0740000000 USD = 1184.00 USD
合計階層コスト = 1184.0000 USD (EBS IOPS io2 インスタンスあたりのコスト)
1,184 USD x 1.00 インスタンス月 = 1,184.00 USD IOPS io2 の合計コスト
EBS IOPS のコスト: 1,184.00 USD
EBS スナップショットコスト: 0 USD
581.63 USD + 1,184.00 USD = 1,765.63 USD (合計 EBS コスト)
Amazon Elastic Block Storage (EBS) 総コスト (毎月): 1,765.63 USD

gp3の$513.22/月に対してio2は$1765.63/月となっており、可用性や最大スループットに違いがありますが、同じ容量、同じIOPSだと70%もの削減効果があるという結果になりました。io1/io2をお使いの場合、gp3で要件が満たせないかを確認してみましょう。

■ Amazon EBS スナップショット

Amazon EBSのバックアップを取る際によく使用されるのがAmazon EBSスナップショットです。スナップショットは増分バックアップ方式で、最後にスナップショットが作成された時点から、ボリューム上で変更のあるブロックだけが保存されます。複数世代のバックアップが必要となるときにはデータの複製と比較すると容量効率がよく、ボリュームの保護を実施することが可能です。いくら容量効率がよくてもAmazon EBSの利用量が多くなると、このスナップショットの費用も無視できません。Amazon EBSの費用最適化と合わせてスナップショットの利用費用も最適化していきます。スナップショットの費用最適化の方針は以下の3つです。

●不要なスナップショットを削除する

Amazon EBSを削除しても、関連付けられたスナップショットが自動的に削除されることはありません。必要なくなった、あるいは参照されなくなったスナップショットは忘れずに削除していきましょう。

●スナップショットの世代を確認する

いくら増分バックアップで差分だけの保存といっても、スナップショットの世代数が多ければ、その分使用容量が多くなります。どのくらいの頻度で何世代取得するのか、今一度リストアの要件と照らし合わせて、適切な世代数になっているか確認しましょう。どれだけ変更差分が発生するのかにもよりますが、3世代取得した場合は一般的にスナップショットの容量はAmazon EBSの容量の1.5倍以内に収まることが多いようです。これよりもスナップショットの容量が大きい場合は、要件よりも過剰にスナップショットを作成していないか確認をするのがよいでしょう。

●Amazon EBSスナップショットアーカイブを利用する

2021年12月に開催されたAWS re:Invent2021で発表されたのがスナップショットアーカイブです。スナップショットの保存先として、安価なアーカイブティアを選択することが可能となりました。90日以上保存する予定で、ほとんどアクセスする必要のないスナップショットの利用費用を最大で75%削減できます。主なユースケースとしては、以下の3つが挙げられます。

○プロジェクト終了時のスナップショットなど、ボリューム内の唯一のスナップショットをアーカイブ
○コンプライアンス上の理由から、完全なポイントインタイム増分スナップショットをアーカイブ
○法律や業界ルールで長期間保管が求められているが、読み出しはほとんどない

通常のスナップショットと料金を比較してみます。次の表は東京リージョンのそれぞれのスナップショットの料金です。

表3-14 Amazon EBS Snapshotの料金（スタンダードとアーカイブ）

	スタンダード	アーカイブ
スナップショットのストレージ料金	$0.05 /1か月あたりのGB	$0.0125 /1か月あたりのGB
スナップショットの復元料金	無料	1GBあたり$0.03

※東京リージョンの金額。アーカイブされたスナップショットにアクセスするためには標準階層に復元する必要があり、復元には上表のように保存とは別に料金が必要となる

4 Amazon EFS/ Amazon FSx for Windows File Server

Amazon EFS/Amazon FSx for Windows File Serverはファイルサーバーや Network Attached Storage（NAS）と呼ばれるファイル共有のストレージをマネージドサービス化したものです。Amazon EFSは、UNIX/Linuxで使われているNFSというファイル共有プロトコルを、Amazon FSx for Windows File Serverは、Windowsで使われているSMBというプロトコルを使用して複数のサーバーやPC間でファイル共有を実現することができます。表3-15に両サービスの概要を記します。ファイルサーバーのサーバー管理が必要なくなる、使用容量に合わせて容量を拡張することができる、といった運用面で大きな工数削減に貢献します。

表3-15 Amazon EFS/Amazon FSx for Windows File Server概要

	Amazon EFS				Amazon FSx for Windows File Server			
ストレージクラス デプロイタイプ ストレージタイプ	標準（ファイルは複数のAZに冗長的に保存）	1ゾーン（1つのAZ内に冗長的に保存）	標準 - 低頻度アクセス	1ゾーン - 低頻度アクセス	SSD		HDD	
					シングルAZ	マルチAZ	シングルAZ	マルチAZ
レイテンシー	読み取り 最短600マイクロ秒 書き込み 一桁台前半のミリ秒		2桁のミリ秒		ミリ秒未満		1桁ミリ秒（キャッシュにヒットした場合はミリ秒未満）	
スループット					・32MB/秒から2048MB/秒まで選択可能 ・ファイルサーバーのキャッシュによって最大3GB/秒が観測される場合もあり			
使用プロトコル	NFS				SMB			
容量	ペタバイト単位のデータを保存可能。ファイルシステムは伸縮自在で、ファイルの追加や削除に応じて自動的に容量が拡大縮小				ストレージ容量は増加のみ。増加の単位は現在のストレージ容量の最低10％で、最大許容値65,536GBまで			

■ Amazon EFSの料金

では、Amazon EFSを使用する際に発生する料金について見ていきましょう。Amazon EFSは、次の4つの要素に対して料金が発生します。

① ファイルが保存されている容量
② プロビジョニングするスループット（MB/秒-月）
③ 低頻度アクセスストレージクラス（後述）に保存されているデータへの読み取り書き込みアクセス（転送GB）
④ その他のオプション（レプリケーションやAWS Backupを使用したバックアップ）

ファイルが保存されている容量については、複数のAZにファイルが配置される標準ストレージか、1つのAZにファイルが配置される1ゾーンストレージかで容量単価が異なります。また、容量単価は標準よりも安くなりますが、ファイルへアクセスリクエストがあった場合に転送GBあたりの料金が発生する低頻度アクセスというストレージクラスも標準、1ゾーンの両方で選択可能となっており、以下表3-16にあるように2×2の4つのストレージクラスから選ぶ形になります。

表3-16 EFSの各ストレージクラスの容量単価

アクセス層 / 冗長性	標準	低頻度アクセス
標準	$0.36	$0.0272
1ゾーン	$0.192	$0.0145

※料金の単位は月あたりのGB単価(GB-月)。東京リージョンでの金額。低頻度アクセスはファイルに対してアクセスがあると、転送GBあたり$0.012 の費用が発生する

また、レプリケーション、AWS Backupを使用したバックアップなどを利用する場合にはそれぞれの料金がかかりますが、レプリケーションは容量、データ通信費用に加えて宛先リージョンで、Amazon EFS ライフサイクル管理が有効になっている場合、低頻度アクセスのストレージクラスの該当する読み取り/書き込みデータアクセス料金がかかります。また、AWS Backupによるバックアップの場合は、バックアップ先のストレージがウォームストレージ($0.06/GB-月)、コールドストレージ($0.012 /GB-月)かによって料金が異なります。データ復旧の要件を検討し、AWS Backupのコールドストレージ、ウォームストレージ、レプリケーションという順番でデータ保護方式の検討を行うことで費用の最適化を行います。

■ Amazon EFSのライフサイクルの活用で適切なストレージクラスを活用

Amazon EFSにはライフサイクル管理の機能が提供されています。この機能を有効にすると、設定された期間にアクセスされなかったファイルは、「EFSスタンダード-低頻度アクセス(標準-IA)」または「1ゾーン-低頻度アクセス(1ゾーン-IA)ストレージクラス」に移行されます。移行を実行するまで期間は、「IAへの移行ライフサイクルポリシー」を使用して定義します。

ライフサイクルには2種類あり、IAへの移行は、ファイルシステムの低頻度アクセスストレージクラスにファイルを移行するタイミングをライフサイクル管理に指示します。IAからの移行は、IAストレージからファイルを移行するタイミングをインテリジェント階層化に指示します。ライフサイクルポリシー

は、Amazon EFSファイルシステム全体に適用されます。

Amazon EFSインテリジェント階層化は、ライフサイクル管理を使用してワークロードのアクセスパターンをモニタリングし、ファイルシステムの低頻度アクセス（IA）ストレージクラスとの間でファイルを自動的に移行するように設計されています。スタンダードストレージクラス（EFS標準または1ゾーン－標準）にあるファイルで、IAへの移行ライフサイクルポリシーの設定期間中にアクセスされなかったファイル（例えば30日間）は、対応する低頻度アクセス（IA）ストレージクラスに移行されます。さらに、アクセスパターンが変更された場合、IAからの移行ライフサイクルポリシーが最初のアクセス時に設定されていると、EFSインテリジェント階層化は自動的にファイルをEFS標準またはEFS 1ゾーンストレージクラスに戻します。これにより、IAに移行されたファイルへのアクセス頻度が上がったことによってアクセス料金が急激に上昇するリスクを排除できます。

Amazon EFSのライフサイクルはファイルシステム作成時に「カスタマイズ」を選択すると設定できます（図3-30）。既存のファイルシステムについてコンソールで設定する場合はファイルシステムを選択し、「全般」パネルの「編集」を選択するとライフサイクルの設定を変更することが可能です。

図3-30 Amazon EFSのライフサイクル設定

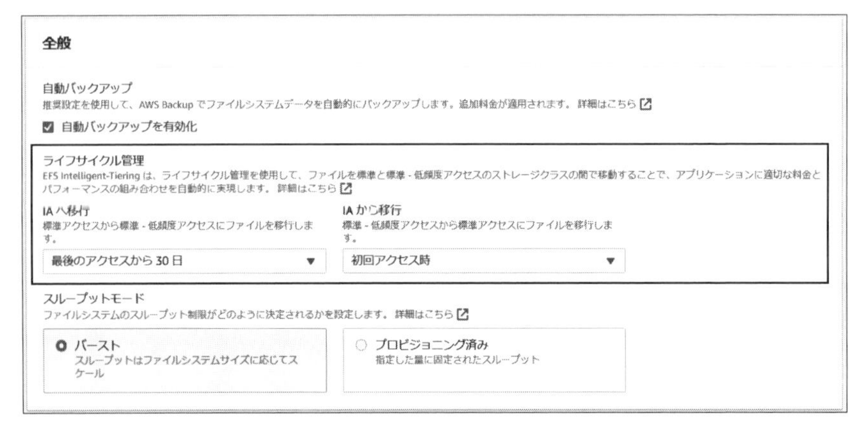

※枠の中がAmazon EFSのライフサイクル管理の設定であり、IAへ移行するタイミングやIAから標準に戻すタイミング（戻さないあるいは初回アクセス時の2択）を設定することが可能

■ Amazon FSx for Windows File Serverの料金

Amazon FSx for Windows File Serverで発生する料金は以下のとおりです。

① プロビジョニングしたストレージ容量
② スループット容量
③ バックアップ
④ データ転送費用

ストレージ容量は、デプロイメントタイプがマルチAZかシングルAZか、ファイルシステムに使用されるストレージがSSDかHDDかによって容量単価が異なります。スループット容量もマルチAZとシングルAZで料金が異なります。

表3-17 Amazon FSx for Windows File Serverの容量単価/スループットキャパシティ

冗長性	SSDタイプの容量単価	HDDタイプの容量単価	スループット容量
マルチAZ	$0.138	$0.015	$5.175/MB/秒-月
シングルAZ	$0.078	$0.008	$2.530/MB/秒-月

※容量の料金の単位は月あたりのGB単価(GB-月)。スループットキャパシティはその月にファイルシステム用にプロビジョニングした平均スループット容量について「MB/秒/月」単位で支払う。東京リージョンでの金額

なお、Amazon FSx for Windows File Serverは、保存されたファイルは重複排除と圧縮によって保存容量が実際のファイルサイズよりも小さくなります。データによってその効果は変わりますが、表3-18に代表的な節約効果を記載します。

表3-18 Amazon FSx for Windows File Serverの重複排除の効果の代表例

コンテンツ	一般的な重複排除の効果
オフィス文書、写真、音楽、動画	30〜50%
ソフトウェアバイナリ、ビルドファイル、およびプログラムシンボル	70〜80%
汎用ファイルシェアコンテンツ(上記の混合)	50〜60%

Amazon FSx for Windows File Serverで自動バックアップするときの料金はシングルAZ・マルチAZともに東京リージョンではGB-月あたり$0.050と

なっています。Amazon S3標準のストレージ料金はGB-月あたり$ 0.025/GB（最初の50TBの容量単価）ですので、特にAmazon FSx for Windows File Serverの利用容量が大きくなってきた場合、自前のバックアップの仕組みで外部に退避させることでクラウド利用費用を削減できる可能性があります。

データ転送についてはファイルシステムの優先サブネット（優先AZ）からAmazon FSx for Windows File Serverのファイルシステムにアクセスする場合、データ転送料金はかかりません。同じAWSリージョンの優先AZ以外のAZからデータにアクセスする場合は以下の料金となります。

- ○ 2022年2月23日あるいはそれ以降に作成されたマルチAZファイルシステムについては、データ転送料金が無料となる
- ○ 2022年2月23日より前に作成されたマルチAZファイルシステム、またはシングルAZファイルシステムの場合、各方向で$0.01/GBが課金される

■ Amazon EC2 + Amazon EBSで自前で運用

Amazon EC2 + Amazon EBSでファイルサーバーを構築することで、ファイル共有の仕組みを作ることも可能ですが、Amazon EFS/Amazon FSx for Windows File Serverはマネージド型サービスのため、サーバーやOSの管理、空き容量が少なくなったときの対処などが必要なくなることから、管理者の手間が省けます。

表3-19 EC2+EBSのファイル共有サービスとAmazon EFS/Amazon FSx Windows File Serverとの違い

	Amazon EC2 + Amazon EBS	Amazon EFS	Amazon FSx for Windows File Server
課金対象	・Amazon EC2インスタンスの稼働 ・確保したAmazon EBSの容量	・使用された容量（保存されているファイルの容量） ・スループット	・確保した容量 ・スループット ・キャパシティ
ファイルサーバーのコントローラー管理	Amazon EC2とOSの管理が利用者側で必要	マネージド型サービスのため不要	
容量管理	空き容量を確認し、容量が足りなくなったらボリュームの追加/拡張、ファイルシステムの追加/拡張が必要	保存/削除されたファイル容量に合わせて動的に変化するため管理不要	空き容量を確認し、容量が足りなくなったら容量を追加（サービス側がバックグラウンドでデータを新しいディスクに移行する）

	Amazon EC2 + Amazon EBS	Amazon EFS	Amazon FSx for Windows File Server
性能	利用者自身が要件に合わせてAmazon EC2インスタンスやAmazon EBSおよびその構成を選択する	サービスとして規定されている部分と設定可能な部分あり	

ファイル共有という目的だけを見ると、よりGBあたりの単価が安いAmazon S3も候補に挙がってくると思います。どのストレージを選択するのか、選択のポイントはこの節の冒頭でも挙げていますが、クラウド利用費用に加えて、次に挙げる要素を考慮したうえで、より適切なストレージ利用を目指していくことが肝要です。

- IOPS/スループット/遅延などの性能要件
- アプリケーションやサービスのインターフェース要件
- アクセス制御方式
- 運用/管理の手間

5 Amazon S3

Amazon S3は、HTTP/HTTPSのREST APIでPUT/POSTでデータをバケットと呼ばれる器に保存し、GETで取り出すオブジェクトストレージと分類されるサービスです。SDKが配布されているため、利用者自身がAmazon S3にデータを保存・読み込むアプリケーションを作ることも可能です。また、現在ではバックアップソフトをはじめとしてAmazon S3対応のソフトウェアやクライアントも増えており、FTPやSCPと同じように使用できます。

Amazon S3はAmazon EBSやAmazon EFSと比較すると保存容量に対する料金は安く設定されています。そのため、ワークロードやデータの要件や特性が許すかぎりAmazon S3にデータを保存し、Amazon EBSやAmazon EFS/Amazon FSx for Windows File Serverに保存されたデータもアクセス頻度やパフォーマンス要件が変わったらAmazon S3に移動させることで、ストレージの利用費用を抑えることができます。また、Amazon S3はデータレイクとして利用されることも多く、さまざまなETLやBusiness Intelligenceツールに対応しているため、データの再活用、分析に対応できるというメリットも得られる可能性があります。

■ Amazon S3のストレージクラス

Amazon S3にはそれぞれ読み出しの仕様/要件、保存の料金、読み出しの料金が異なる7つのストレージクラスが存在します。データの特性、読み出しの要件に合わせて適切なストレージクラスを選択することによって、クラウド利用費用を最適化することができます。1つのバケットの中に複数のストレージクラスのオブジェクトを配置することも可能ですし、途中でストレージクラスを変更することも可能です。まずは多種多様なAmazon S3のストレージクラスを理解しましょう。

表3-20はAmazon S3が提供している各ストレージクラスの一覧です。各ストレージクラスは主に、保存料金、冗長性、取り出しにかかる料金、取り出しにかかる時間（データの最初のバイトが読み出されるまでのレイテンシー）といった項目が異なります。データのアクセス頻度、許容される読み出しの遅延時間、データに求められる冗長性を考慮したうえでもっとも料金の低いストレージクラスを採用することが基本方針です。

表3-20 Amazon S3のストレージクラス

	S3標準	S3 Intelligent Tiering	S3標準 - IA	S3 1ゾーン - IA	S3 Glacier Instant Retrieval	S3 Glacier Flexible Retrieval	S3 Glacier Deep Archive
耐久性	99.9999999%(イレブンナイン)	99.9999999%(イレブンナイン)	99.9999999%(イレブンナイン)	99.9999999%(イレブンナイン)	99.9999999%(イレブンナイン)	99.9999999%(イレブンナイン)	99.9999999%(イレブンナイン)
設計上の可用性	99.99%	99.9%	99.9%	99.5%	99.9%	99.99%	99.99%
可用性SLA	99.9%	99%	99%	99%	99%	99.9%	99.9%
アベイラビリティゾーン	≧3	≧3	≧3	1	≧3	≧3	≧3
オブジェクトあたり最小キャパシティ料金	該当なし	該当なし	128KB	128KB	128KB	40KB	40KB
最小ストレージ期間料金	該当なし	該当なし	30日間	30日間	90日間	90日間	180日間
IAから標準への取り戻し料金	該当なし	該当なし	取り出しGBあたり	取り出しGBあたり	取り出しGBあたり	取り出しGBあたり	取り出しGBあたり
最初のバイトのレイテンシー	ミリ秒	ミリ秒	ミリ秒	ミリ秒	ミリ秒	時間（分または時間）を選択	時間を選択

S3標準には「標準」と「標準低頻度アクセス（S3-IA）」、「S3 1ゾーン - 低頻度アクセス」のストレージクラスがあります。低頻度アクセスの保存容量の料金は、標準よりも安くなりますが、オブジェクトの取り出しに料金が発生します。標準では少なくとも3つのAZにオブジェクトを配置しますが、1ゾーン低頻度アクセスは1AZのみの保存となり、その分クラウド利用費用を抑えることができます。オリジナルデータが別に保存されている、バックアップがあるなどのオブジェクトの保存においてクラウド利用費用の削減が可能です。

Glacierシリーズには、アーカイブ層ではあるものの、読み出しがあったときにS3標準と同じ遅延で読み出しができるS3 Glacier Instant Retrievalというストレージクラスがあります。Glacier Instant Retrievalはメディアコンテンツ、医療画像、ゲノミクスなどTBクラスからPBクラスの容量を長期保存しつつ、必要な場合には即座に呼び出す必要のあるデータの保存に向いています。

またGlacier Flexible Retrievalは、オブジェクトを取り出すときにいったん

S3標準のストレージクラスに一時的なコピーを作成するため、非同期のアクセスとなります。この取り出しジョブの処理には通常、数分かかります。リクエストのアクセス時間は、選択したオプション（[迅速]、[標準]、または［大容量］取り出し）によって異なります。最大オブジェクト（250MB以上）を除くすべてのオブジェクトについては、[迅速］取り出しを使用してアクセスされるデータは通常1〜5分で使用できます。[標準］取り出しを使用して取り出されるオブジェクトは通常3〜5時間で完了します。[大容量］の取り出しは通常、5〜12時間以内に完了し、無料です。以下S3標準、S3標準低頻度アクセスリクエストとオブジェクトの取り出しにかかる料金の表を掲載します。

表3-21 各ストレージクラスのリクエストとデータ取り出し料金

	容量単価（GB-月あたりS3標準は最初の50TBの金額）	PUT、COPY、POST、LISTリクエスト（1,000リクエストあたり）	GET、SELECT、他のすべてのリクエスト（1,000リクエストあたり）	ライフサイクル移行リクエスト（入）（1,000件のリクエストあたり）	データ取り出しリクエスト（1,000リクエストあたり）	データ取り出し（GBあたり）
S3標準	$0.025	$0.0047	$0.00037	-	-	-
S3標準－低頻度アクセス	$0.0138	$0.01	$0.001	$0.01	該当なし	$0.01
S3 1ゾーン－低頻度アクセス	$0.011	$0.01	$0.001	$0.01	該当なし	$0.01
S3 Glacier Instant Retrieval	$0.005	$0.02	$0.01	$0.02	該当なし	$0.03
S3 Glacier Flexible Retrieval	$0.0045	$0.03426	$0.00037	$0.03426	リクエストタイプによって異なる。以下を参照	リクエストタイプによって異なる。以下を参照
迅速	-	-	-	-	$11.00	$0.033
標準	-	-	-	-	$0.0571	$0.011
大容量	-	-	-	-	-	-
S3 Glacier Deep Archive	$0.002	$0.065	$0.00037	$0.065	リクエストタイプによって異なる。以下を参照	リクエストタイプによって異なる。以下を参照
標準	-	-	-	-	$0.1142	$0.022
大容量	-	-	-	-	$0.025	$0.005

■ Amazon S3の利用費用を削減する方法

Amazon S3の利用費用を削減するには、「データを適切なストレージクラスに配置する」というアプローチが重要です。保存されるオブジェクトのアクセスプロファイルがわかっている場合は、オブジェクトを保存するときにアプリケーション側でオブジェクトのライフサイクルを設定して、アクセス頻度が落ちると思われる期間が経過すれば、S3-IAやアーカイブ層に移動させるという方法が有効でしょう。

もしバケット単位でアクセスプロファイルが特定できるのであれば、Bucket Lifecycle Policyを設定することで、そのバケットに保存されたすべてのオブジェクトにライフサイクルポリシーを適用することができます。以下、バケットライフサイクルの具体的な設定方法例を紹介します。

① マネジメントコンソールでライフサイクルの設定を行うバケットを選択し、「管理」タブから「ライフサイクルルールを作成する」をクリックします。

② 図3-31にあるようにライフサイクルルール名、ルールのスコープ（バケット全体かフィルターに引っかかったオブジェクトだけに適用するのか）、ルールを適用する最大/最小オブジェクトサイズの指定、実行するアクションを設定します。ここではバケット内のすべてのオブジェクトを対象に「オブジェクトの最新バージョンをストレージクラス間で移動」を設定してみます。

図3-31 Amazon S3バケットのライフサイクルルールの設定

ライフサイクルルールを作成する

ライフサイクルルールの設定

ライフサイクルルール名

mynewlifecyclerule

最大 255 文字

ルールスコープを選択

○ 1つ以上のフィルターを使用してこのルールのスコープを制限する

● バケット内のすべてのオブジェクトに適用

バケット内のすべてのオブジェクトに適用

ルールを特定のオブジェクトに適用する場合は、フィルターを使用してそれらのオブジェクトを識別する必要があります。[Limit the scope of this rule using one or more filters] を選択します。詳細

☑ このルールがバケット内のすべてのオブジェクトに適用されることを了承します。

ライフサイクルルールのアクション

このルールで実行するアクションを選択します。リクエストごとの料金が適用されます。詳細 または Amazon S3 の料金 を参照してください

☑ オブジェクトの最新バージョンをストレージクラス間で移動

☐ オブジェクトの非現行バージョンをストレージクラス間で移動

☐ オブジェクトの現行バージョンを有効期限切れにする

☐ オブジェクトの非現行バージョンを完全に削除

☐ 有効期限切れのオブジェクト削除マーカーまたは不完全なマルチパートアップロードを削除

オブジェクトタグまたはオブジェクトサイズでフィルタリングする場合、これらのアクションはサポートされません。

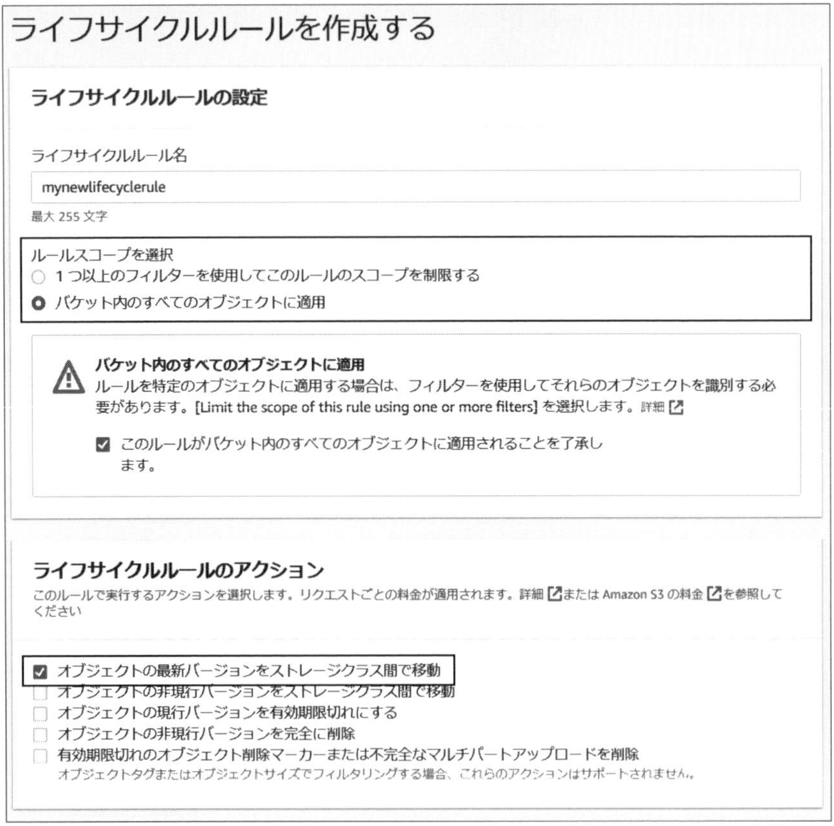

※ルールのスコープで「フィルターを使用」を選択すると、ルールが適用される対象オブジェクトをプレフィックスやタグやオブジェクトサイズで限定することが可能。またアクションの設定ではバージョニングをしている環境で旧世代はより単価の安いストレージに移動させる、あるいは削除するといったルールも作成可能

ストレージクラス間の移行については、「どのストレージクラスに何日後に移行するのか」というポリシーを図3-32のように設定します。「移行を追加する」をクリックするとさらに深い（容量単価が安く取り出しにお金がかかる）層への移行ルールを追加することが可能です。

図3-32 ストレージクラス間の移行設定

オブジェクトの現行バージョンをストレージクラス間で移行する

移行を選択して、ユースケースシナリオとパフォーマンスアクセス要件に基づいて、ストレージクラス間でオブジェクトの現行バージョンを移動します。これらの移行は、オブジェクトが作成された場合に開始され、連続して適用されます。詳細はこちら

ストレージクラスの移行を選択	オブジェクト作成後の日数	
標準 - IA	30	削除
Glacier Instant Retrieval	90	削除
Glacier Flexible Retrieval (旧 Glacier)	日数 有効な整数値が必要です。	削除

移行を追加する

小さなオブジェクトを Glacier Flexible Retrieval (旧 Glacier) または Glacier Deep Archive に移行すると、オブジェクトあたりのコストが発生します

S3 Glacier Flexible Retrieval (旧 Glacier)、または S3 Glacier Deep Archive に移行するオブジェクトごとに料金が発生します。また、オブジェクトの管理メタデータを収容するために、各オブジェクトには一定量のストレージが追加されるため、ストレージコストが増加します。移行するオブジェクトの数を (プレフィックス、タグ、バージョンにより) 制限するか、移行前にオブジェクトを集約することで、これらのコストを削減できます。Glacier Flexible Retrieval (旧 Glacier) のコストに関する考慮事項の詳細と一覧表については、Amazon S3 の料金表ページで、リクエストとデータ取り出しのタブを参照してください。

☐ 私は、このライフサイクルルールで小さなオブジェクトを移行する際、オブジェクトごとに 1 回限りのライフサイクルリクエストコストが発生することを認識しています。

また、「保存されるオブジェクトに対して保存後どのくらいアクセスがあるのか利用者、管理者でもわからない」こともあると思います。その場合は、S3 Intelligent Tieringのストレージクラスを使うという選択肢もあります。S3 Intelligent Tieringは図3-33に示すようにオブジェクトの最終アクセス日からどのくらい経過したかによってS3標準、S3標準-IA、Glacierの各ストレージクラス、それぞれのストレージクラス相当のアクセス階層に自動的に変更してくれる便利なストレージクラスです。

図3-33 S3 Intelligent Tieringストレージクラス

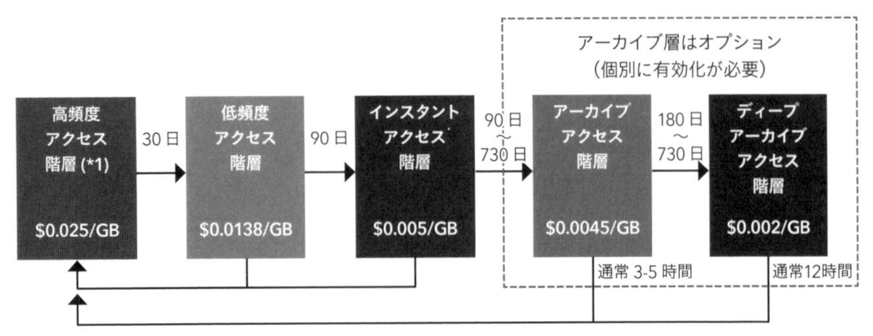

では、S3 Intelligent Tieringのマネジメントコンソールでの設定方法を見てみましょう。設定したいAmazon S3バケットを選択し、上記のライフサイクルの設定のストレージクラス間の移行でIntelligent-Tieringを選択することで、高頻度アクセス階層に保存されたオブジェクトは30日後に低頻度アクセス階層のストレージクラスへ、さらに90日後にはインスタントアクセス階層に移動します。さらにGlacier Flexible RetrievalやGlacier Deep Achieveと同等のアーカイブ階層に移行されるためには、Amazon S3バケットの「プロパティ」タブの「Intelligent-Tiering Archive 設定」から「設定を作成」をクリックすると、図3-34のようにアーカイブ階層への移行設定を行えます。

なお、Intelligent Tieringでは128KB以下のオブジェクトはS3標準に保存され、移行されません。128KBよりも大きいオブジェクトについて、オブジェクトをモニタリングし自動的に移行させるための費用がオブジェクト1,000件あたり$0.0025かかります。

図3-34 Intelligent Tieringのアーカイブ層の設定

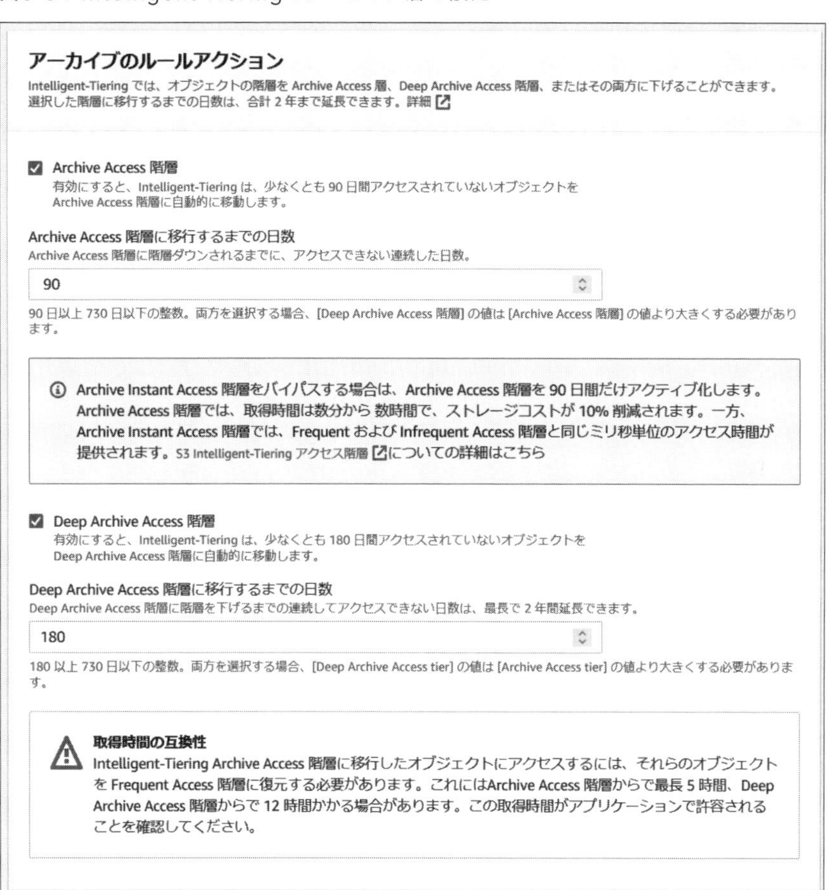

Amazon S3の利用費用で見逃されやすいのが、バージョニングによって不要なオブジェクトが存在している場合やマルチパートアップロードが完了せずに分割されたオブジェクトが残っている場合です。バージョニングは「原本性を保証する」「データのロールバックが可能となる」機能を提供してくれますが、「全く同じデータを再保存する」あるいは「データのごく一部だけを変更したオブジェクトを保存した」場合でも、差分バックアップとは異なり、それぞれのバージョンでオブジェクト全体の容量が使用されてしまいます。Amazon S3のバージョニングを有効にする場合は、例えば、最新でなくなってから30日後に削除し、最大10個のバージョンを保持する、などといったバケットライフサイクルポリシーを設定する方法もあります。

ここで、マルチパートアップロードとは、大きいサイズのオブジェクトをアップロードするときにオブジェクトを分割して複数ストリームでアップロードすることによってパフォーマンスを向上させる機能です。並列化のために分割されたオブジェクトは一時的に保存され、すべてのパートのアップロードが完了した時点でオブジェクトが結合されてAmazon S3上に復元されます。ところが、マルチアップロード中に途中で何か不具合があり、正式な中止命令を出さずに中止したりすると、すでにアップロードが終わって一次的に保存されている分割されたオブジェクトが保持され続けてしまいます。特にGlacier Deep Archiveへマルチアップロードした場合、この一次的に分割オブジェクトを保存する領域はS3標準のストレージクラス（ステージングストレージと呼ばれる）になるため、何回も転送が途中で中止されたりすると、Glacier Deep Archiveを使用しているにもかかわらず、ストレージ利用費用が想定以上となる可能性があります。マルチパートアップロードを使用する場合は、不完全なマルチパートアップロードを中止するためのバケットライフサイクルポリシーを設定し、開始後指定された日数以内に完了しないマルチアップロードを停止し、マルチパートアップロードに関連付けられているすべての分割されたオブジェクトを削除するよう設定することを推奨します。

■ Amazon S3 Storage Lens

Amazon S3は容量制限がなく、他のストレージサービスと比較すると安価であるため、大容量のデータを蓄積していくには優れたストレージサービスといえます。ただ、何百TBやPBクラスの容量になり、バケットの数も増え、1つのバケットに保存されているオブジェクト数も大量になると、Amazon S3にどのようなオブジェクトが保存されているのか把握するのが難しくなるでしょう。Amazon S3 Storage Lensは29以上にのぼる使用状況、アクティビティメトリクス、インタラクティブ型ダッシュボードを使用して、組織全体、特定のアカウント、特定のリージョン、特定のバケット、特定のプレフィックス用のデータを集約、可視化することでAmazon S3ストレージの把握、分析に有益な情報を提供します。

Amazon S3 Storage Lensを起動するには、マネジメントコンソールのAmazon S3のバケットを表示している画面の「Storage Lensダッシュボードを表示」をクリックします。

起動すると図3-35のようにAmazon S3の利用状況をまとめたダッシュボードが表示されます。

図3-35 S3 Storage Lens ダッシュボード例

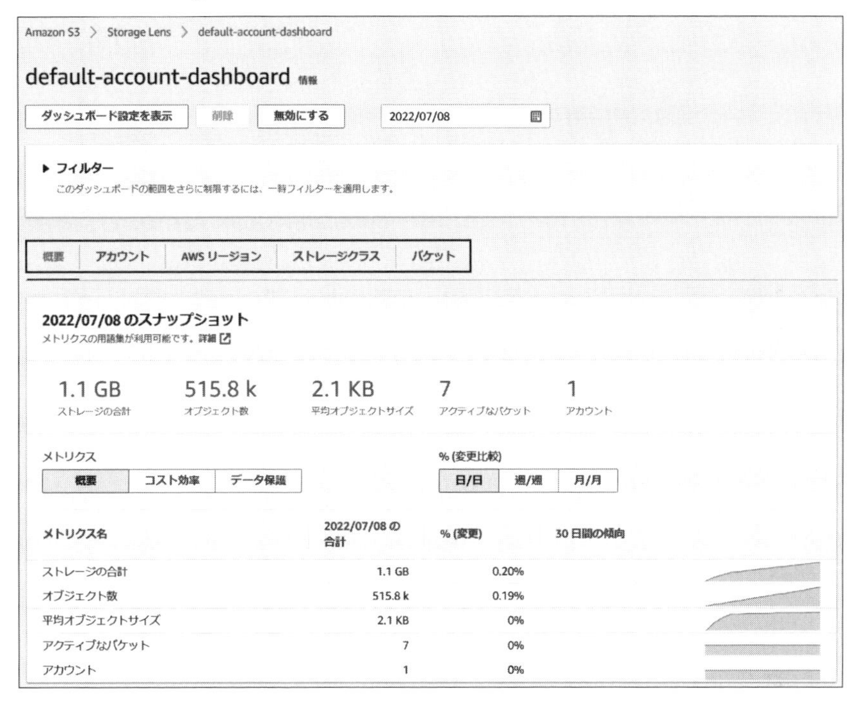

枠の中のタブを選択することで、アカウント単位、リージョン単位、ストレージクラス単位、バケット単位で利用状況を確認することができる

Amazon S3 Storage Lensはデフォルトの無料で15の使用状況メトリクスを取得していますが、設定で「高度なメトリクスとレコメンデーション」を選択すると、追加で14のアクティビティメトリクスを取得することができます。図3-36で使用状況メトリクスとアクティビティメトリクスにどのようなものがあるかを確認することができます。

図3-36 S3 Storage Lensの使用状況メトリクスとアクティビティメトリクス

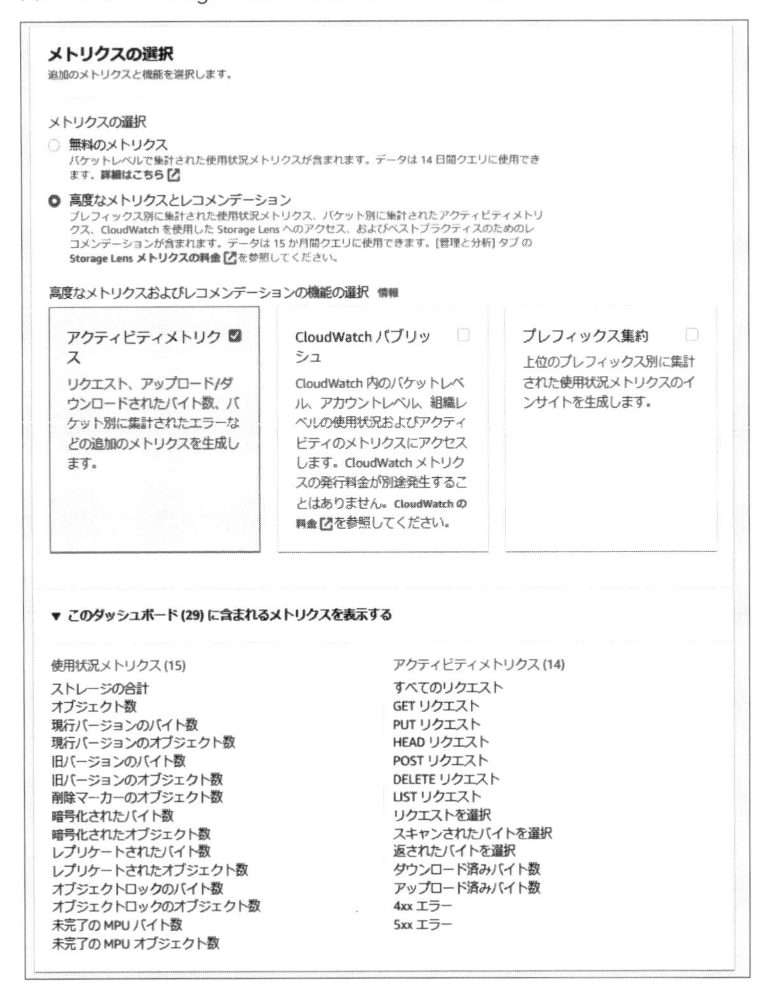

さらにプレフィックス（オブジェクトを保存管理するときに疑似的にディレクトリのように働くもの）単位で分析したい場合は「プレフィックス集約」を有効化し、どの範囲のプレフィックスを対象とするのか（バケット内で何%以上使われているプレフィックスのみ記録する、プレフィックスの深さ、区切り文字）を設定することが可能です。

Amazon S3 Storage Lensの情報を定期的に確認することで、各アカウント、バケット、プレフィックスにおけるAmazon S3の利用状況、トレンドを把握し、無駄なオブジェクトの削除、適切なストレージクラスの設定などに活かすことが可能です。

7 ライセンス最適化

第3章2節でAmazon EC2やAmazon RDSインスタンスのサイジングについて触れました。CPUやRAMの使用率が一定以下の場合、インスタンスをダウンサイジングすることにより、クラウド利用費用を最適化できます。

費用削減の観点でインスタンスのサイジングにより最適化できるものは、実はクラウド利用費用だけではありません。インスタンスのダウンサイジングによりCPU数が減少することに伴い、必要な商用ソフトウェアのライセンス数および商用ライセンス費用も減少する場合があります。本節では、オンプレミス環境からクラウドへの移行における課題の一つである、ライセンス最適化について考えます。

注意事項

商用ライセンスの提供条件および商用ライセンス費用は、ライセンス提供元とライセンス提供先との契約によってのみ決められるものであり、最終的には契約当事者間の合意によってのみ決定されます。そのため、本書で述べるライセンス最適化に関する情報はあくまで参考情報であり、契約当事者間で契約された内容に一切の影響を与えません。また、本書で参照している情報は執筆時点の情報であり、ライセンス提供元が提供する最新情報が常に優先されます。

クラウドへの移行において課題になることの一つとして、商用データベースのライセンス費用が挙げられます。オンプレミス環境で利用する場合とクラウドで利用する場合では、必要なライセンス数の考え方が異なることがあります。代表的な商用ライセンスの例として、SQL ServerとOracle Databaseのライセンスについて、それぞれ具体的な最適化の検討方法を見てみましょう。

1 SQL Serverライセンス

ここではSQL Server 2019 Enterpriseエディションを例に見ていきます。SQL Server 2019 Enterpriseエディションの買い切り価格は、2022年6月時点でOpenレベルなし価格（米国ドル）が$13,748となっています※24。ライセンスモデルは2コアパックとなっており、SQL Serverの必要ライセンス数に応じて購入することとなります。では、必要なライセンス数はどのように考えればよいのでしょうか。ここで、「Introduction to Per Core Licensing and Basic Definitions」※25というドキュメントを確認してみます。今回は、よく用いられるコア数を基にしたライセンスの必要数（Per Core licensing model）について見ていきます。なお、物理サーバーと仮想サーバーで考え方が異なるため、それぞれ確認していきましょう。まずは物理サーバーについてです。

まず、プロセッサ1つにつき4コア分のライセンス（以降、「コア・ライセンス」とする）必要となり、プロセッサ内のコア数が4を超えると、さらに4を超えたコア数分だけライセンスが必要となります。例えば図3-37（物理コアごとのカウント方法）は1プロセッサ内のコア数と必要なライセンス数を表しています。

図3-37 物理コアごとのSQL必要ライセンス数

プロセッサ毎の物理コア数	①1コア	2コア	4コア	②6コア	8コア
必要ライセンス数	4	4	4	6	8

図中①ではコア数は1ですが、1プロセッサごとに4コア・ライセンス必要になります。また図中②では、1プロセッサに6コアあるため、6コア・ライセンスが必要になります。すなわち、①と②の2プロセッサを採用する場合、合計で10コア・ライセンスが必要ということになります。

次に、仮想サーバーについても見ていきましょう。仮想サーバーの場合

※24 https://www.microsoft.com/ja-jp/sql-server/sql-server-2019-pricing
※25 https://download.microsoft.com/download/3/D/4/3D42BDC2-6725-4B29-B75A-A5B04179958B/PerCoreLicensing_Definitions_VLBrief.pdf

は、仮想サーバーに割り当てられたvCPUごとに4コア・ライセンス必要となり、vCPU数が4を超えると超えたvCPU数分だけライセンスが必要となります。例えば1vCPUを持つ仮想サーバーでは4コア・ライセンス、2vCPUまたは4vCPUを割り当てた仮想サーバーも同様に、4コア・ライセンス必要となります。仮想サーバーが6vCPUを持っていた場合は、6コア・ライセンス必要となります。SQL Serverが稼働する仮想サーバーが2つあり、一方には2vCPU割り当てられ、もう一方には6vCPU割り当てられているとしましょう。この場合、2vCPUを割り当てられた仮想サーバーで4コア・ライセンス、6vCPU割り当てられたサーバーで6コア・ライセンスが必要となり、合計10コア・ライセンスが必要となります。

■ インスタンスのダウンサイジングでライセンス費用を最適化

仮想サーバーを例として、6vCPU割り当てられた仮想サーバーのvCPUが、最大で60%程度の使用率であったとしましょう。計算上は6vCPU × 60% = 3.6 vCPUで業務をカバーできることになります。実際には4vCPUを割り当てることになるかと思いますが、重要なのは6vCPUから4vCPUにダウンサイジングすることで、必要なライセンス数が6から4に減るということです。SQL Server 2019 Enterprise エディションの場合、2コアパックが$13,748ですので、vCPUの使用率を確認してダウンサイジングすることで、このライセンス費用が軽減されることになります。なお、ここでは単純化した例を挙げました。実際にダウンサイジングを検討する際には、CPUの使用率以外にもメモリ使用量、ストレージのI/O性能および使用率、そしてネットワークI/O性能などにも留意する必要があります。Amazon EC2のサーバー数とは異なり、ライセンス数は柔軟に増やすことができないため、業務上支障がないよう余裕をみて購入するライセンス数を決定します。このようにBYOL だと柔軟にライセンスを増減することはできません。一方でライセンスが含まれているSQL Server on EC2 や RDS for SQL Server を使用すれば、ライセンス込みで柔軟な変更が可能になります。

ここまで見てきたように、物理サーバーでも仮想サーバーでも、コア数やvCPU数によって必要ライセンス数が決まり、ライセンス数によってライセンス費用が決まります。そのため、AWSへの移行を検討する際、もしくはAWS

への移行後であっても、現在利用している環境におけるサーバーのコア数やvCPU数を減らすことが、ライセンス費用の軽減に繋がります。インスタンスのダウンサイジングがAWSのインスタンスに係る利用費用軽減に繋がることは、第3章2節で説明したとおりです。これに加えて、vCPU数が減ることでコア数やvCPU数に基づくライセンス費用の軽減にもつながります。そのため、インスタンスのダウンサイジングはTCOの観点で重要なのです。

2 Oracle Databaseライセンス

次に、Oracle Databaseライセンスについても見てみましょう。SQL Serverと同様にさまざまなラインナップやライセンス許諾形態があります。主なラインナップとしてはOracle Database Enterprise Edition（EE）とOracle Database Standard Edition 2（SE2）があります。本書では説明を簡単にするため、手頃な価格で必要な機能を備えたデータベースであり、ライセンス費用がソケット数によって決まるSE2の必要ライセンス数について、日本オラクル株式会社が公開している資料[※26]に基づき説明していきます。なお、本書で説明するSE2のプロセッサライセンスは、ライセンス価格が245万円、初年度サポートが53万9000円となっています。

それでは、物理サーバー上でSE2を稼働させる場合を考えてみましょう。

総コア数8の1プロセッサを持つ物理サーバーがあったとします。この物理サーバーは実搭載プロセッサが1であることから、このサーバー上でSE2を稼働させるにはプロセッサライセンスが1つ必要となります。このサーバーをAWSに移行すると、必要なライセンス数はどうなるでしょうか。コア数が8であるため、AWS上にサイジングをせずに移行した場合、8vCPUのインスタンスに移行することになります。ここで、8vCPUを持つAWSのインスタンス上でSE2を稼働させる際に必要なプロセッサライセンス数は、物理サーバーと同じく1でよいのか、という疑問が出てくるかと思います。

実は、AWSへの移行時におけるライセンス数の考え方については、別の資

※26 https://www.oracle.com/a/tech/docs/oracle-license-abc-5806448-ja.pdf
資料上、2022年12月2日時点の情報として有効との記載があります

料[※27]が日本オラクル株式会社から公開されています。そこには「vCPU数を4で割り、小数点以下を切り上げてソケット数を計算します」との旨が記載されています。そのため、8vCPUを持つAWSのインスタンス上でSE2を稼働させる場合、ソケット数は8 ÷ 4 = 2とカウントされ、ソケット数分のプロセッサライセンス2つが必要となります。

ここで、物理サーバー上でSE2を稼働したときに必要なプロセッサライセンス数を思い出してみましょう。必要プロセッサライセンス数は1つでした。AWS上では2つとなり、必要なライセンス数が増えています。つまり、AWSに移行する際は追加でライセンスが必要となるということを表しています。当然その分のライセンス購入費用が、インスタンス費用とは別に必要となるのです。

仮に、物理サーバーにおいてCPUの最大使用率が40%であったとしましょう。その場合、AWSへの移行時に必要なインスタンスのvCPU数は8 × 40% = 3.2ですが、端数を切り上げて4となります。4vCPUのインスタンス上でSE2を稼働させる場合、先に紹介したAWSへの移行時におけるライセンス数の考え方に基づくと4 ÷ 4 = 1プロセッサライセンスが必要ライセンス数となり、物理サーバーでの稼働時と比べて必要ライセンス数は増加しません。なお、先述したとおりAWSが実施した物理サーバーのCPU使用率に関する調査では、CPUのピーク使用率は24%程でした。この調査結果からも、多くの場合インスタンスサイズはダウンサイジングできるといってもよいでしょう。

このように、CPUの使用状況を確認しダウンサイジングしたうえで移行することによって、SE2のライセンス追加購入が必要なくなる場合もあります。さらに、コア数にもよりますが、物理サーバーにてSE2のプロセッサライセンスを複数利用している場合、ダウンサイジングによってこれまでよりも少ないプロセッサライセンス数で運用できる場合もあり得ます。

次に、図3-38を例に仮想サーバーの場合について見てみましょう。先ほどと同じ1プロセッサ8コアの物理サーバーが2台あり、その上で6台の仮想サーバーが稼働しているとします。仮想サーバー6台のうち2台でSE2が稼働しているとします。

※27 https://www.oracle.com/assets/cloud-lic-170290-ja.pdf

図3-38 仮想サーバー構成イメージ

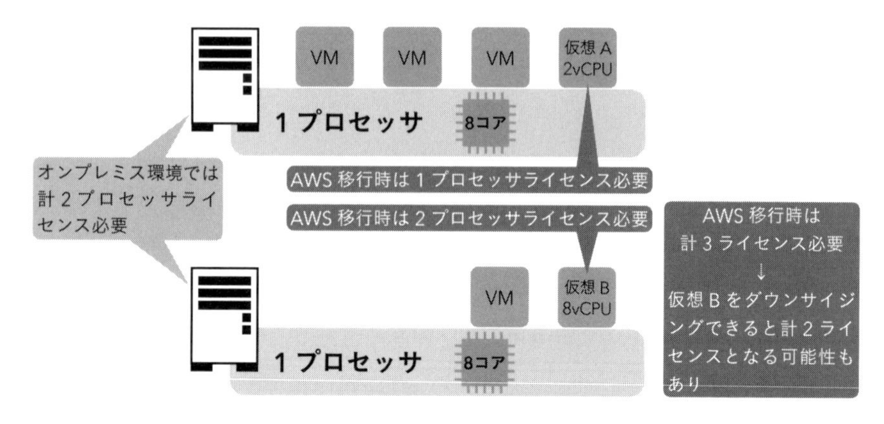

SE2が稼働する2台の仮想サーバーには2vCPU、8vCPUが割り当てられていて、それぞれ仮想A、仮想Bとします。公開されているFAQ※28によると、このとき必要なSE2のプロセッサライセンス数は物理サーバーのプロセッサ数となり、2となります。物理サーバー2台の上の仮想サーバー数や、割り当てられたvCPUの数には依存しません。では、この環境をAWSに移行すると、必要なライセンス数はどう変わるでしょうか。仮想AにはAWSへの移行時におけるライセンス数の考え方に基づき2 ÷ 4 ＝ 0.5、小数点以下は切り上げて1プロセッサライセンスが必要ライセンス数となります。同様に仮想Bでは2必要となり、合計3プロセッサライセンスが必要となります。先ほどと同様に、vCPUの使用率を基にダウンサイジングすることで仮想Bの必要ライセンス数を1に減らすことができれば、合計プロセッサライセンスは2となり、AWSへの移行に伴う必要ライセンス数の増加を抑制できます。このように、Oracle Databaseの場合でも、適正なサイジングによってライセンス費用を軽減できます。

※ 28 https://faq.oracle.co.jp/app/answers/detail/a_id/2674/related/1

3 共有テナンシーとDedicated Hosts

Amazon EC2では、複数の利用者でハードウェアを共有してインスタンスを起動する利用方法と、利用者専用の物理サーバー上でインスタンスを起動する利用方法があります。前者を共有テナンシーといい、後者をDedicated Hostsといいます。それぞれのテナンシーについて、順に見ていきましょう。

■ 共有テナンシー

共有テナンシーは、他の利用者と物理サーバーを共有し、インスタンス単位でサーバーを利用する方法です。物理サーバーを共有することで、Dedicated Hostsに比べて安価に利用できます。また、必要な時に必要なだけインスタンスを起動できる柔軟性にも優れています。また、Amazon EC2を起動する際にはデフォルトでこの共有テナンシーが設定されています。なお、スポットインスタンスやバースト可能なインスタンスタイプをサポートできますが、OSのBYOLモデルを使用するインスタンスはサポートされていません。

■ Dedicated Hosts

Dedicated Hostsは、利用者が物理サーバーを専有し、その専有した物理サーバー上でインスタンスを起動する利用方法です。共有テナンシーに比べてクラウド利用費用が高くなる場合もありますが、その分、共有テナンシーではできなかったことも可能になります。

例えば、もし自社のコンプライアンス要件に「他社とサーバーを共有しない」という項目があった場合、共有テナンシーではこの要件を満たせません。Dedicated Hostsであれば、物理サーバーを専有するため、要件を満たすことができます。このように、何らかの理由でほかの利用者から物理的に切り離された環境でインスタンスを実行する必要がある場合には、Dedicated Hostsは有力な選択肢となるでしょう。

ライセンスに関しても、同じような要件が求められる場合があります。AWSでは2通りのライセンス利用パターンがあります。1つ目は、AWS経由でライセンスを提供するパターンです。例えば、Amazon EC2の共有テナンシーではOSを含むサーバーリソースが提供されます。マネージド型サービスや、AWS Marketplaceで入手できるAmazon Machine Image(AMI)に含まれるOSも、AWS経由で提供されるものです。2つ目は、利用者が所有しているライセンスを持ち込むBYOLです。Dedicated Hostsでは、スポットインスタンスやバースト可能なインスタンスタイプはサポートしていませんが、OSをBYOLで使用できるメリットがあります。例えば、AWSから提供されていない古いバージョンのOSを継続して使用したい場合などは、Dedicated Hosts上で利用することができます※29。

Dedicated Hostsは、インスタンスファミリーごとに物理サーバーを専有します。例えばc5のインスタンスファミリー用のDedicated Hosts 1台上では、c5の各種インスタンスサイズのAmazon EC2を起動できます。どのサイズのものを最大何台起動できるかは、あらかじめ決まっています※30。c5のDedicated Hostsはソケット数が2、物理コア数が18となっており、c5.largeは最大36台起動できます。c5.xlargeであれば18台、c5.2xlargeであれば8台という具合です。異なるインスタンスサイズのAmazon EC2を起動することもできますが、その場合、どのサイズを何台起動できるかは、Dedicated Hostsが持つソケット数および物理コア数に依存します。

Dedicated Hostsを利用する際の購入オプションは、共有テナンシーと同様に3種類あります。1つ目がオンデマンドDedicated Hosts、2つ目がDedicated Host Reservations、3つ目がSavings Plansです。

1つ目のオンデマンドDedicated Hostsは、その名のとおりオンデマンドで使った分だけ1秒あたり（最低60秒）の料金が発生します。共有テナンシーと異なる点は、共有テナンシーがインスタンス単位で起動や停止ができ、起動している時間分の課金がされるのに対して、Dedicated Hosts上のインスタンスの数やサイズに関係なく課金される点です。極端な話ですが、1台もインスタンスを起動していなくても、物理サーバーを専有しているため、Dedicated Hostsがアクティブであれば課金対象となります。共有テナンシーにおけるインスタンスの停止は、Dedicated Hostsにおいては解放と呼ばれ、物理サーバーを専有しなくなることを意味します。解放することで、オンデマンドDedicated Hostsの課金対象外となります。

2つ目、3つ目のDedicated Hosts Reservations、Savings Plansはそれぞれ共有テナンシーにおけるリザーブドインスタンスやSavings Plansと同様です。

※29 Windows Server OSのBYOLは2019年9月30日以前に購入され、バージョンアップされていない場合にDedicated HostsへのBYOLが可能になります

※30 https://aws.amazon.com/jp/ec2/dedicated-hosts/pricing/#host-configuration

Column

インスタンスを共有テナンシーから Dedicated Hostsに移動する方法

① 既存の共有テナンシーでAmazon EC2インスタンスのAMIを作成します。
同じプライベートIPアドレスを維持する場合は、AMIの作成完了後に共有テナンシーで実行されている既存のAmazon EC2インスタンスを終了します。インスタンスにインスタンスストアボリュームがある場合は、EBSボリュームにデータをバックアップします。
② Amazon EC2コンソール、AWSコマンドラインインターフェース(AWS CLI)、またはAWS Tools for Windows PowerShellを使用してDedicated Hostsを割り当てます。
③ ①で作成したAMIからDedicated HostsにAmazon EC2インスタンスを起動します。②でインスタンスストアボリュームをEBSボリュームにバックアップした場合は、EBSボリュームを新しいインスタンスにアタッチします。

■ Dedicated Hostsでの最適化ケース紹介

アプリケーションを継続利用するために特定バージョンのライセンスを使用したい場合や、クラウド利用費用をBYOLによって最適化できるか検討する場合もあるかと思います。実はMicrosoftのライセンス条項に抵触しなければ、既存のWindows ServerやSQL Serverのライセンスを Dedicated Hostsに移すことができます※31。なお、BYOLを利用する場合、追加のソフトウェア使用料は発生しません。

※31 Windows Server OSのBYOLは2019年9月30日以前に購入され、バージョンアップされていない場合にDedicated HostsへのBYOLが可能になります

■ 特定バージョンのライセンスを使用したいケース: アプリケーションが要因でOSを最新化できない場合

OSを最新化することで、アプリケーションの書き換えや検証費用がかかることを懸念し、OSの更新を見送るケースがあります。OS更新によるセキュリティ向上などのメリットはあるものの、アプリケーションの書き換えや検証にかかる費用とのバランスで、更新を見送るというビジネス判断です。この場合、新規で共有テナンシー上で利用できるOSはOS提供元がサポート可能なものに限られるため、例えばWindows 2003や2008といったサポート期限を迎えたOSを新規に利用を開始する共有テナンシー上では利用できません。しかしDedicated Hostsであれば、既存のOSをBYOLで利用し、Dedicated Hosts上でインスタンスを起動することで、既存のアプリケーションを既存のOS上で稼働させることができます[※32]。

■ Dedicated Hosts数最適化ケース: インスタンスファミリーを揃える

Dedicated Hostsは、インスタンスファミリーごとに物理サーバーを専有するため、異なる少数のインスタンスファミリーが混在する場合は注意が必要です。複数の物理サーバーを専有することになってしまうため、想定よりクラウド利用費用が高くなることがあります。

クラウド利用費用を最適化するためには、Dedicated Hostsで専有する物理サーバーに対して、リソースの無駄なくインスタンスを詰め込むことが重要です。もしCPUやメモリの使用率からc5とr5とm5のインスタンスが最適であると導き出せた場合、共有テナンシーであればそれぞれのインスタンスを起動することで、クラウド利用費用の最適化を図れます。しかし、Dedicated Hostsの場合は、仮にc5.largeとr5.largeとm5.largeが1台ずつ必要だったとしても、図3-39の上段に示すようにそれぞれ別の物理サーバーを専有しなければなりません。

※32 OSのBYOL可否には2019年9月30日以前に購入され、バージョンアップされていないという条件があります。SQL ServerのBYOLには購入時期にかかわらず、ソフトウェアアシュアランスが必要になります。詳細はライセンス購入元に確認ください

図3-39 インスタンスファミリーの統一イメージ

c5 ファミリーの Dedicated Hosts

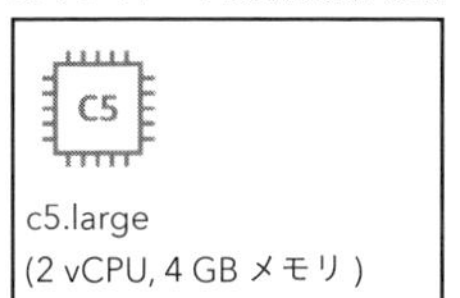

m5 ファミリーの Dedicated Hosts

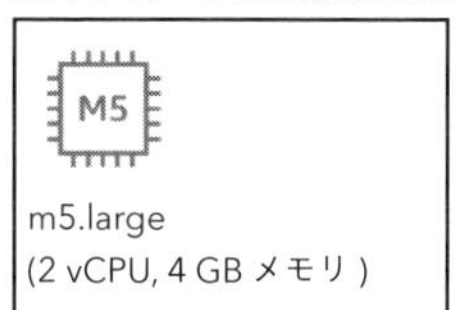

r5 ファミリーの Dedicated Hosts

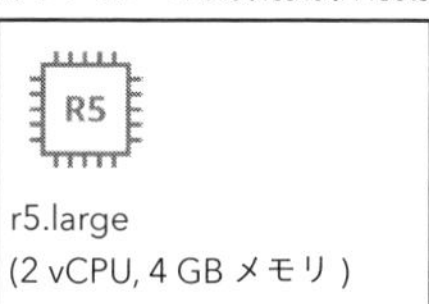

1インスタンスずつしかない場合でも各Dedicated Hosts費用がかかる

c5 ファミリーの Dedicated Hosts

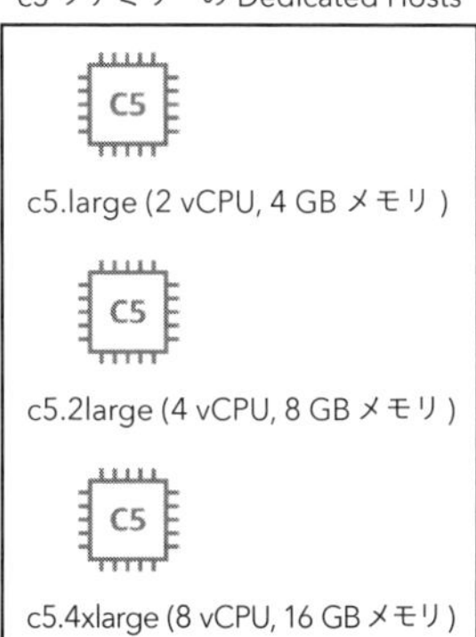

m5.large, r5.largeをc5ファミリーに変更できるとDedicated Hosts 1台で収まる場合もあり

このような場合、パフォーマンスにも留意しつつ、図3-39の下段に示すようにすべてc5のインスタンスファミリーに統一するなど、極力単価の安い物理サーバーを専有するように検討するとよいでしょう。BYOLやコンプライアンス準拠などDedicated Hostsのメリットを享受しながら、クラウド利用費用の最適化を図ることができます。

4 データベースの利用費用最適化

かつて、データベースの選択肢は、今ほど多くありませんでした。特に企業での利用においては、可用性などの要件から、商用データベースであるOracle DatabaseやSQL Serverが選択されることが多かったのです。データベースはさまざまなシステムの中でももっとも重要な要素の一つであり、一度導入したデータベースは相応のメリットがない限り、他のデータベースに移行する判断は難しいものです。データベースの移行には、下記に挙げるような課題が考えられます。

- **データベース移行検討時における課題例**
    - ○ データベース間の互換性が低く、データベースを変更したときにアプリケーション回収コストが高い
    - ○ メリットが明確なほかの取組みが優先されてしまう
    - ○ データ量が多いため、移行に時間がかかる
    - ○ 新しいデータベースの習熟に時間がかかる

オンプレミス環境のクラウド移行を検討する際、データベースの移行も検討対象となるでしょう。データベースの移行先を検討するには、いくつかの観点があります。技術的な観点としては、Oracle Database、SQL Server、MySQLやPostgreSQLなどのリレーショナルデータベースを利用するか、またはデータベースの用途が明確であれば、非リレーショナルなキーバリュー型のデータベースを利用するのも一案でしょう。

さらに、商用データベースとするか、オープンソースのデータベースとするかいう観点もあります。もちろん、使い慣れたOracle DatabaseやSQL Serverといった商用のリレーショナルデータベースを使い続けるという判断もあります。そういった判断をした場合でもAWSを活用できるよう、Amazon EC2上でOracle DatabaseやSQL Serverを稼働させる[※33]ことはもちろんのこと、マネージド型データベースサービスであるAmazon RDS上でOracle DatabaseやSQL Serverを稼働させる選択肢が用意されています。Amazon RDS上で稼働させる場合は、SQL Serverはライセンス込みの選択肢のみとなりますが、Oracle DatabaseはライセンスこみもしくはBYOLを選択できます[※34]。

一方、クラウドへの移行や、すでにAmazon RDS上へ移行しているデータベースの更改に際し、MySQL、PostgreSQL互換のAmazon AuroraやAmazon RDS(MySQL、PostgreSQL、MariaDB)などオープンソースエンジンに対応したAWSのデータベースサービスを選択肢とすることも考えられます。実際に、最近ではオープンソースのデータベースエンジンを採用した金融業界の事例も出てきています[※35]。企業利用の要件を満たす機能向上が図られてきたことで、オープ

※33 Oracle Database、SQL Server共に一定の条件下でBYOLできる場合があります。またSQL Serverライセンス込みのAMIは共有テナンシーおよびDedicated Hostsにて提供されています

※34 Amazon RDSにおいてEnterprise Editionは、BYOLでのみ利用可能です

※35 住信SBIネット銀行事例
https://aws.amazon.com/jp/solutions/case-studies/sbi-sumishin-net-bank/

ンソースがデータベースの新たな選択肢となってきているのです。

もちろん、商用データベースにも、オープンソースデータベースにも、それぞれよさがあります。例えば、長年にわたって企業で活用されてきた、充実の機能やサポートなどは、商用データベースが優れている点です。オンプレミス環境では、特にデータベースの管理は自社（委託先含む）での対応が必須です。そのため、データベースを採用する際には、機能のみならずサポートも重要な要素でした。

ただし、サーバーのプロセッサ数やCPU数によってライセンス費用が決められている商用データベースの場合、リソースを柔軟に増減できないオンプレミス環境ではライセンス費用を最適化するのは困難でした。仮に過剰なリソースを構築したとしても、気軽に減らすことはできず、過剰なリソース分のライセンス費用も必要となってしまいます。

他方、オープンソースデータベースが企業利用の要件も満たしてきているのは、前述のとおりです。さらに、これまで重要視されてきたサポート部分も、クラウド環境で選択可能となったマネージド型サービスをデータベースサーバーに採用することで、クラウド利用費用に含まれるサービスの1つとして考慮できるようになりました。これにより、リソースに合わせたクラウド利用費用の最適化も、オンプレミス環境に比べて容易になります。ちなみに有償にはなりますが、AWSサポートのビジネスレベル以上を利用している場合は、MySQL、SQL Server、PostgreSQL、Oracleを含むサードパーティー製プラットフォームおよびアプリケーションのセットアップ、設定、トラブルシューティングについてAWSのエンジニアからサポートが受けられます※36。

データベース移行を検討する際には、移行のモチベーションを高める経済合理性の可視化や、技術的・組織的課題の明確化およびその解決策が必要です。

このような、商用データベースからAWSの提供するデータベースへの移行をサポートし、移行時のリスクや検討コストを軽減するためのプログラムを、AWSでは提供しています。AWS Database Freedom※37（DBF）と呼ばれるこのプログラムでは、技術的課題の明確化・解決のためのワークショップや、POCの実施、また移行に際して経験のあるパートナーの紹介などを行っています。

※ 36 https://aws.amazon.com/jp/premiumsupport/faqs/#Third-party_software
※ 37 https://aws.amazon.com/jp/products/databases/freedom/

■ オープンソースベースのマネージド型DB活用によるクラウド利用費用の最適化

クラウドが利用される以前は、データベースの種類も今ほど豊富ではありませんでした。また、オープンソースのデータベースも、サポートの点などで企業利用に向かない側面もありました。そのため、自社で管理運用する必要がある場合は、商用データベースを利用することが多かったかと思います。しかし先ほども触れたように、オープンソースのデータベースでも、企業利用の要件を満たすような機能向上が図られています。クラウドが利用され始め、マネージド型サービスといったサービスも登場したことで、オープンソースがデータベースの新たな選択肢となりうる時代となってきました。こうした流れの中で、旧来最適化しにくかったライセンス費用やデータベースの利用形態は、オープンソースのデータベースを活用することでクラウド利用に則したものとなり、リソースに合わせたクラウド利用費用の最適化を行いやすい環境ができつつあります。

ここでは、OracleからAmazon Aurora PostgreSQL（オープンソースソフトウェアのPostgreSQLと互換性のあるリレーショナルデータベース）に移行したAmazon.comの事例を見てみましょう。Amazon.comでは20年以上Oracle Databaseを利用していましたが、スケーラビリティの確保に課題がありました。例えば、以前は年に1回、11月末ごろに催されるブラックフライデーセールに備えようとすると、システム拡張に使える時間は約1年間ありました。しかし、例年7月に催されるプライムデーの開始以降、システム拡張のために使える時間は半分の半年となりました。また、データ量の増大に伴い運用工数も増大し、さらにレイテンシーも増えていくという課題もありました。Oracle Databaseのライセンス費用にいたっては、ライセンスポリシー次第でもあり、管理が困難であるというという課題もありました。こういった理由から、Amazon.comはオープンソースのPostgreSQL互換のリレーショナルデータベースであるAmazon Aurora PostgreSQLへの移行を決断します。

75PBのOracle Databaseの移行には、図3-40に示すようにデータベースをAWSに迅速かつ安全に移行するのに役立つAWS Database Migration Service（AWS DMS）と商用のデータベースやDWH製品のスキーマを、Amazon AuroraあるいはAmazon RedshiftのようなオープンソースやAWSサービス用のスキーマに変換するAWS Schema Conversion Tool（AWS SCT）が用いられました。Oracle Databaseへの切り戻しにも備えてAmazon RDS for Oracleも一部予備的に利用し、移行時のリスク軽減を図りました。

図3-40 Oracle Databaseから移行する際のアーキテクチャ

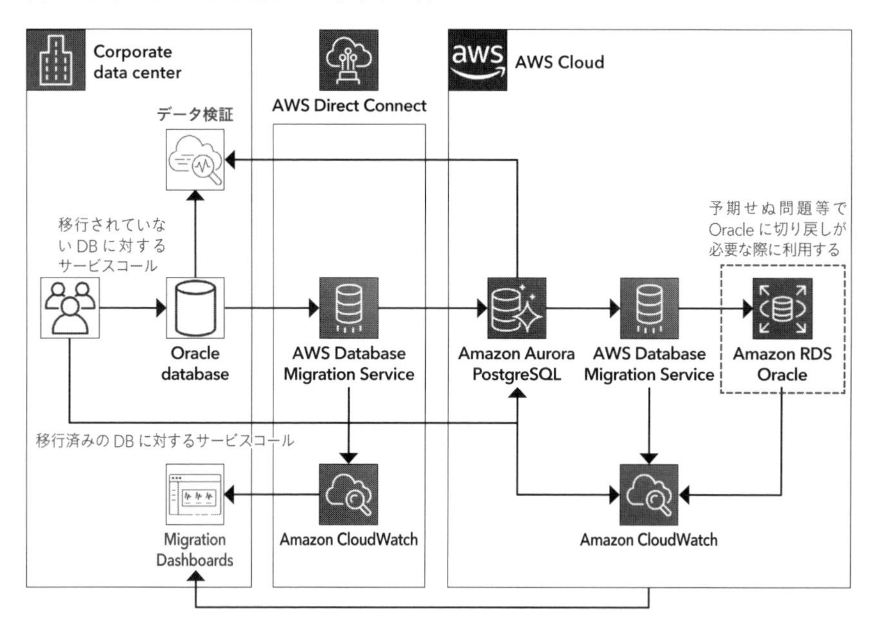

移行の効果は、運用工数が40〜90％削減でき、処理データ量が2〜4倍になったにも関わらず、レイテンシーは40％減少、さらにマネージド型サービスのデータベースを利用することで、ピーク時に備えるスケーリング作業の工数が1/10となりました。この事例のようにオープンソースのデータベースを利用することで、TCOも削減することが可能となる例もあります。

8 クイックウィン最適化のためのAWSサービス

ここまで、クイックウィン最適化の個々のアプローチについて説明してきました。この節では、さまざまなクイックウィン最適化のアプローチに必要となる情報をどのように取得するのか、そのために必要となる次の2つのツールの使い方、見方について説明します。

- **AWS Cost Explorer**

  サービスの利用量と利用料を時系列で可視化できるサービスです。本節では特にSavings Plans / リザーブドインスタンスの推奨、適切なサイズのインスタンスの選択、未使用リソースの停止、スケジューリング、ストレージの最適化に必要となる情報をどのように可視化するのかについて触れていきます。

- **AWS Compute Optimizer**

  AWSリソースの使用状況のメトリクスを機械学習によって分析を行うサービスです。リソースが過剰に割り当てられて無駄な利用料が発生していないか、過小割り当てによってパフォーマンスのボトルネックになっていないか、推奨事項を生成します。

1 AWS Cost Explorerを用いたクイックウィン最適化

AWS Cost Explorerを使用して、クイックウィン最適化に関係する情報を表示する方法を例示します。AWS Cost Explorerの概略をあらためて説明すると、クラウド利用費用や利用状況に関する情報に関して、フィルターによって必要な情報を抜き出し、その内訳を時系列でグループ化し、明示できるサービスです。詳細は第2章5節「可視化のためのAWSサービス」で説明しています。

■ Savings Plans / リザーブドインスタンスの推奨事項、カバレッジ、利用状況の確認

Savings Plans / リザーブドインスタンスは定常的な稼働が見込めるのであれば、割引効果を得られます。ただし日中の特定の時間のみ、あるいは期間限定など、稼働時間が限定される場合はオンデマンドのほうが支出を抑えられるかもしれません。例えば、東京リージョンでm6i.2xlarge（8vCPU,32GB）のRed Hat Enterprise Linuxインスタンスを動かした場合の料金を見てみましょう。同インスタンスのオンデマンドの料金は1時間あたり$0.626ですが、1年全額前払いのEC2 Instance Savings Plansの料金は1時間当たり$0.43674です。この条件における損益分岐点を求めてみると表3-22のようになります。

表3-22 m6i.2xlarge（RHEL、東京リージョン）のオンデマンドとEC2 Instance Savings Plans（1年全額前払い）の料金と損益分岐点

オンデマンドの料金（1時間）	$0.626
EC2 Instance Savings Plansの料金（1時間）	$0.43674
EC2 Instance Savings Plansの総額 （EC2 Instance Savings Plansの料金×24時間×365日）	$3825.84
24時間稼働とした場合の損益分岐点 （EC2 Instance Savings Plansの総額÷オンデマンドの料金÷24時間）	254.6日
365日稼働とした場合の損益分岐点 （EC2 Instance Savings Plansの総額÷オンデマンドの料金÷365日）	16.7時間

24時間稼働させるなら254.6日以上、365日稼働させるなら1日16.7時間以上の稼働で元が取れる（EC2 Instance Savings Plansを購入したほうがオンデマンドよりも安く稼働させられる）ということになります。AWS Cost Explorerは、現在のSavings Plans / リザーブドインスタンスのカバレッジ（該当期間のインスタンスの料金のうち、オンデマンドの料金に対してどのくらいSavings Plans / リザーブドインスタンスが適用されているのか）過去7日、あるいは30日、あるいは60日間の稼働から、利用状況が継続されるという前提条件で損益分岐点を算出し、Savings Plans / リザーブドインスタンスの推奨値を提示します。また、購入したSavings Plans / リザーブドインスタンスがきちんと使い切れているか、使用状況を確認することもできます。

Savings Plans / リザーブドインスタンスの推奨事項を表示するには、AWS Cost ExplorerのSavings Plansあるいは予約（リザーブドインスタンスのことです）の

推奨事項を参照します。図3-41はSavings Plansの推奨事項を選択した画面です。推奨事項を算出するにあたってのパラメータ設定画面が表示されています。どのSavings Plansのプランを表示したいのか、またSavings Plansのコミットメント期間や支払いオプション、過去何日分の稼働をオンデマンドの稼働の推定に使うのか、といった項目を選択します。

図3-41 Savings Plansの推奨事項の設定項目

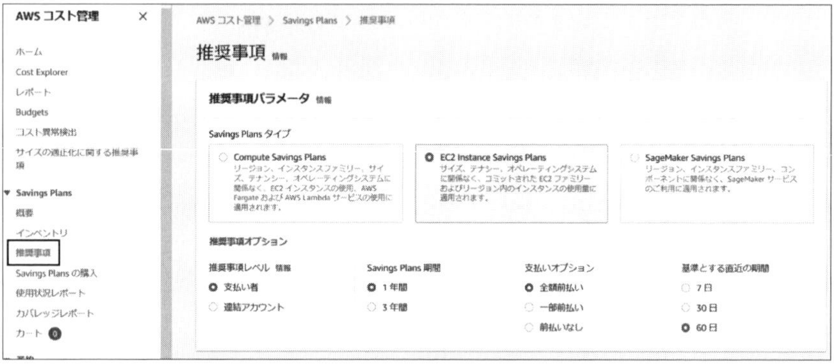

推奨事項パラメータを選択すると、実際の推奨事項が図3-42のように表示されます。上部には現在のオンデマンドの料金、推奨されている項目をすべて適用した場合の推定支出額、そしてその推定削減額が表示されています。その下の推奨事項では、今回の場合、EC2 Instance Savings Plansを選択したため、インスタンスファミリーごとのコミットメントの推奨事項が表示されています。

図3-42 EC2 Savings Plansの推奨事項

Savings Plans / リザーブドインスタンスのカバレッジを確認する場合は、AWS Cost Explorerのカバレッジレポートを参照しましょう。図3-43はSavings Plansのカバレッジレポートです。

図3-43 Savings Plansのカバレッジレポート

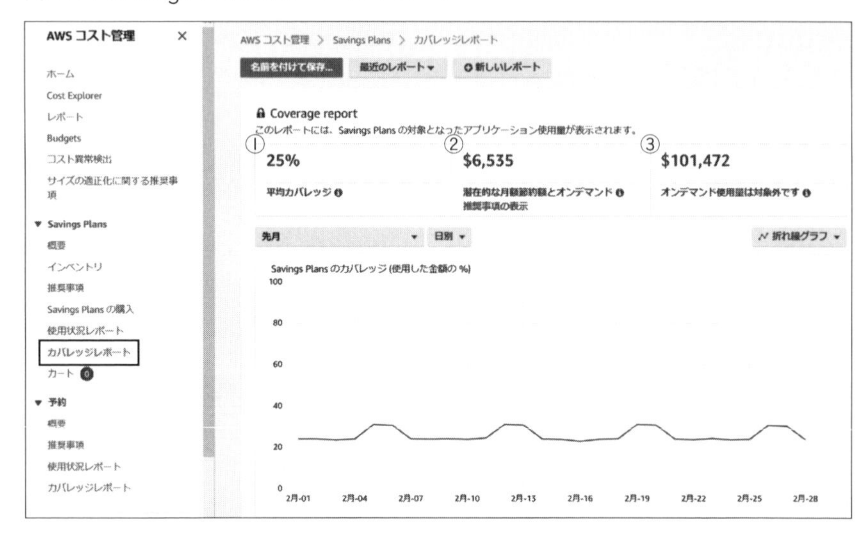

図3-43にある3つの数字について説明します。①の「平均カバレッジ」は、Savings Plansが適用され、割引効果が得られる対象インスタンスの料金のうち、Savings Plansがどのくらい適用されているかという割合を示します。②の「潜在的な月額節約額とオンデマンド」は、推奨されているSavings Plansを適用した場合、オンデマンドの料金に対して月額でどのくらい節約できるか、という潜在的な節約額を示しています。③「オンデマンド使用額は対象外です」は、対象期間におけるSavings Plansでカバーされていないオンデマンドの利用料金を示しています。

購入したSavings Plans / リザーブドインスタンスが、想定通りに使われており、クラウド利用費用の削減を実現できているかを確認することも重要です。図3-44のように、使用状況レポートを選択すると、購入したSavings Plans / リザーブドインスタンスがどのくらい使用されているのかを確認できます。

図3-44 Savings Plansの使用状況レポート

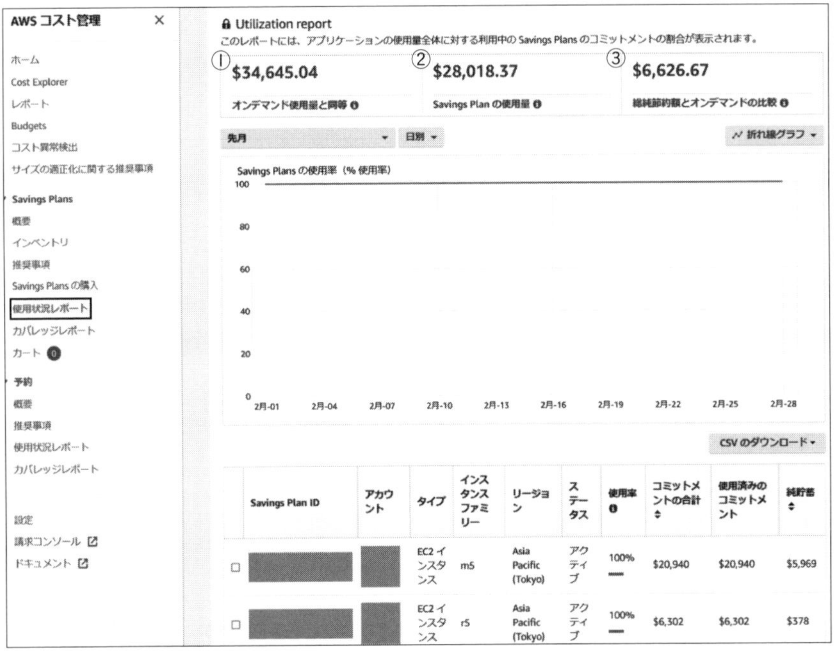

図3-44上部の3つの数字について説明します。①の「オンデマンド使用量と同等」は、選択されている期間で、Savings Plans / リザーブドインスタンスが適用されている稼働を含むすべてをオンデマンドとした場合の料金です。②の「Savings Planの使用量」は、選択されている期間におけるSavings Plansが適用された費用です。③の「総純節約額とオンデマンドの比較」は①と②の差で、すべてをオンデマンドで稼働させたときと比較して、選択した期間でどのくらいの節約を達成できたのか、という金額を表しています。

Savings Plans / リザーブドインスタンスは、1年あるいは3年のコミットメントによる割引です。ただ、クラウドの利用状況はビジネスの変化に合わせて常に変化していきます。1年あるいは3年という単位で見直しをするのではなく、毎月、あるいは四半期、半期に1回といったスパンでSavings Plans / リザーブドインスタンスの使用状況や推奨事項の確認を行い、インスタンスの利用状況の変化に合わせた適切なコミットメントによる割引を活用していきます。

■ アイドル状態、ダウンサイジング対象のインスタンスの抽出

AWS Cost Explorerのサイズの適正化に関する推奨事項を選択すると、図3-45のようにAmazon EC2におけるダウンサイジング対象、アイドル状態のインスタンスの候補を表示することができます。アイドル状態のインスタンスの抽出条件は、過去14日間におけるCPUの使用率のピーク値が1%以下、ダウンサイジング対象の抽出条件はCPUの使用率のピーク値が1%より大きく40%以下のインスタンスとなっています。

図3-45 サイズの適正化に関する推奨事項の画面

サイズの適正化では3つのパラメータを設定できます。図3-45に示すように、①「推奨事項の表示」は同じインスタンスファミリー内でダウンサイジングを推奨するか、使用状況からすべてのインスタンスファミリーを考慮して推奨するかを選択します。後者の場合は、インスタンスがCPUを大量に消費しているかどうか、日常的に使用されているパターンを示しているかなど、ワークロードの設定とCPU・メモリ・I/Oなどのリソースの使用状況を分析して、適切なインスタンスを推奨します※38。②「タイプの検索中」は、アイドル状態

※ 38 AWS Cost Explorerの推奨事項の詳細
https://docs.aws.amazon.com/ja_jp/cost-management/latest/userguide/ce-rightsizing.html

のインスタンス、ダウンサイジング対象のインスタンスのどちらか、あるいは両方を対象とするのかを選択します。③の「詳細オプション」は、Savings Plans / リザーブドインスタンスを考慮するかどうかの設定です。チェックを入れるとSavings Plans / リザーブドインスタンスを除外したオンデマンドインスタンスのみを対象とした割引を考慮して推定削減額を算出します。チェックを外すとSavings Plans / リザーブドインスタンスが適用されているインスタンスもすべてオンデマンドの価格で推定削減額を算出します。

この項目で抽出されたインスタンスは、CPU使用率のピーク値が低いために候補に挙がっています。次のような理由から、リストには含まれていてもダウンサイジングできないインスタンスもあります。

① 調査対象が過去14日間のため、稼働のピークをとらえきれなかった
② CPUではなくメモリの要件でインスタンスサイズを選定しており、ダウンサイジングできない
③ HAクラスターなど、ホットスタンバイの構成において本番機で障害が発生したときにも同等の性能を担保するため、予備機も本番機と同等のスペックを必要とするが、普段は稼働していないためCPU使用率が低くなっている

費用対効果を考え、まずは削減額の大きなインスタンスからダウンサイジング、インスタンス停止の可否を確認することを推奨します。

■ 週末の稼働調整の確認

夜間や週末には利用しないというシステムであれば、決められた時間にAWS Instance Schedulerなどを利用してインスタンスを自動停止/起動することで、クラウド利用費用を抑えることができます。AWS Instance Schedulerの使い方については、第3章5節で解説しています。ここでは、実際のどのくらい稼働を抑えることができているのか、AWS Cost Explorerで確認する方法を説明します。

例えばAmazon RDSの週末の稼働を確認する場合、図3-46の①調査期間を調査したい期間に設定し、時間単位を「日別」にします。そして、②フィル

ターの使用タイプグループを「RDS: Running Hours」に設定することで、対象期間のAmazon RDSの稼働時間が表示されます。ちなみにAmazon EC2の場合は、②を「EC2: Running Hours」にします。

図3-46 Amazon RDSの週末の稼働調整の確認

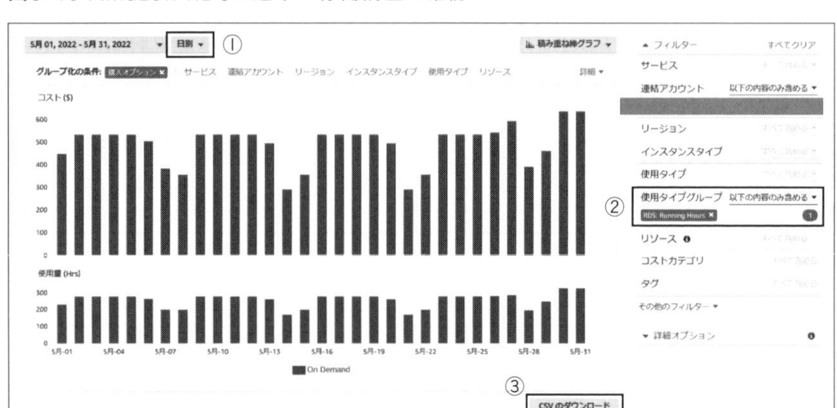

上図では視覚的にも定期的なへこみが見えます。実際に数値で確認する場合は、まず③「CSVのダウンロード」を押下してファイルをダウンロードし、表計算ソフトなどで開きます。そして土日、平日それぞれの稼働時間の平均値をとって、土日の平日に対する稼働割合（土日の平均稼働時間÷平日の平均稼働時間）や稼働抑制割合（(平日の稼働時間-土日の稼働時間）÷平日の稼働時間）を算出してトラッキングすることで、どれだけ土日の稼働調整ができているのか、定量的に確認することができます。

■ スポットインスタンスの稼働状況の確認

スポットインスタンスの特性、およびそのコストメリットは、第3章3節に記載しています。ここでは実際にスポットインスタンスがどのくらい利用されているのかを確認する方法について説明します。例えば、図3-47では、AWS Cost ExplorerでAmazon EC2のスポットインスタンスがどのくらい利用されているのかを表示しています。グループ化の条件で「購入オプション」を選択すると、オンデマンド、スポットインスタンス、Savings Plans / リザーブドインスタンスがどのくらい利用されているのかが分類されて表示されます。

図3-47 スポットインスタンスの利用率

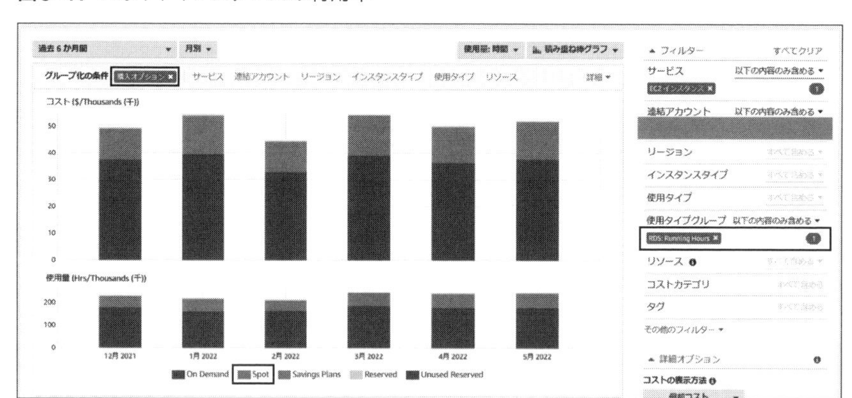

グループ化の条件で「購入オプション」を選択しており、スポットインスタンスの稼働時間が棒グラフの中の薄いグレーの部分で示されている

また、フィルターの「使用タイプグループ」で「EC2: Running Hours」を選択すると、クラウド利用費用だけでなく利用時間も表示されます。そのため、実際にスポットの稼働時間とクラウド利用費用がオンデマンドに対して、どの程度効率的なのかを確認することが可能です。

■ インスタンスの世代の確認

世代を最新化する、あるいはAMD系やGraviton2系のインスタンスに変更することを検討する場合にも、今現在どのようなインスタンスを使用しているのか、旧世代をどのくらい利用しているのかを把握する必要があります。

では、現在Amazon EC2でどのようなインスタンスタイプが使用されているのかを確認してみましょう。図3-48にインスタンスタイプ別に稼働時間を表示した例を示します。ポイントは、使用タイプグループのフィルターで「EC2: Running Hours」を選択して実際の稼働時間（使用量）を見ることです。グループ化の条件にインスタンスタイプを選択することで、各インスタンスタイプがどのくらいの稼働時間だったのかを確認できます。

図3-48 各インスタンスタイプ、世代の稼働時間の確認

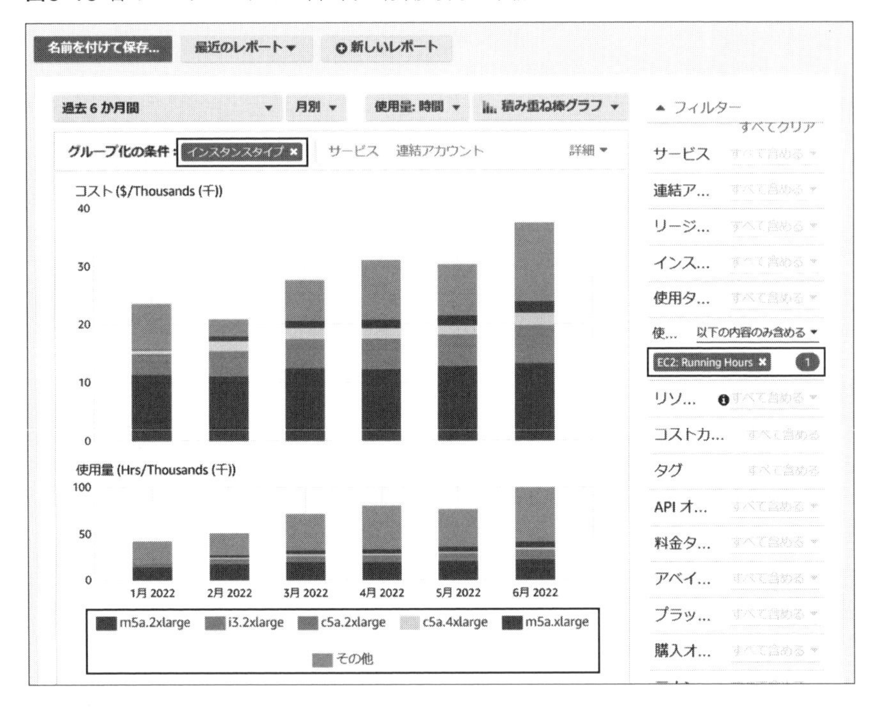

■ Amazon EBS gp2の利用費用の確認

2020年12月にリリースされた新しいボリュームタイプのgp3は、gp2と比較すると最大で20%安価です。そのため、Amazon EBSを大量に使用している場合は、gp2 からgp3に切り替えることによって大きなクラウド利用費用の削減につながります。では、実際に使用しているアカウントでどのようなEBSが使用されているのか、またgp2/gp3がそれぞれどの程度使用されているのか見てみましょう。図3-49のように、フィルターの使用タイプグループで「EC2:EBS – SSD(gp2)」を選択すると、gp2の利用料金が表示されます。図3-49では、比較のためにgp3もフィルターに加えて、グループ化の条件で使用タイプを選択しています。

図3-49 使用されているEBSのタイプの確認

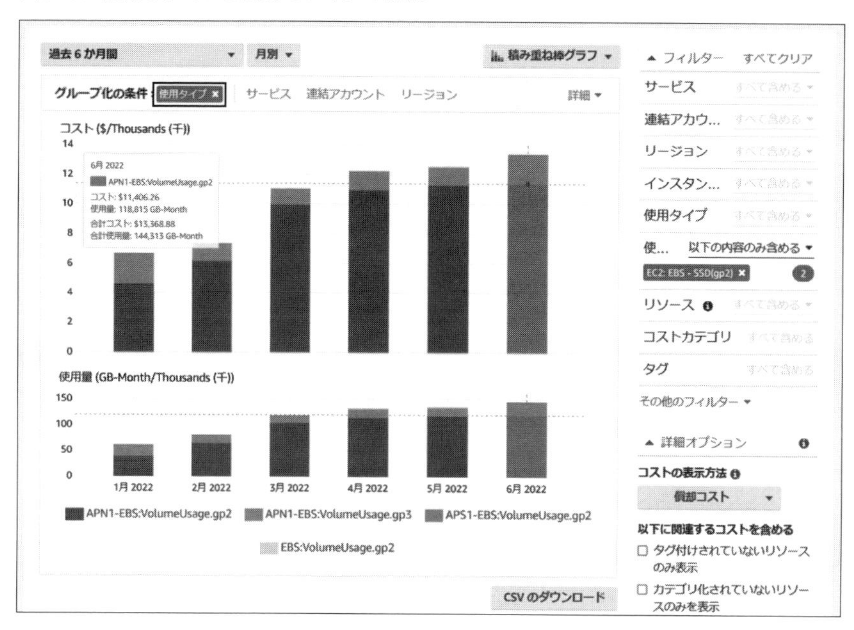

gp3が若干利用されていますが、まだまだgp2の利用が多く、\$13,368.88の利用料となっています。これらをgp3に切り替えると、最大で\$13,368.88 × 20% = \$2673.78のクラウド利用費用削減が見込めます。

■ Amazon S3のストレージクラスの利用状況の確認

Amazon S3にはさまざまなストレージクラスが用意されています。安価に利用できる代わりに、データの読み出しに料金が発生するS3 標準 – 低頻度アクセス、アーカイブ層であるS3 Glacier Instant Retrieval/Flexible Retrieval/Deep Archiveなど、読み出し頻度と読み出し遅延の要件に合わせて適切なストレージクラスを選択することで、クラウド利用費用最適化を実現できます。特に、Amazon S3に大量のデータが蓄積されていくようなシステムでは、すべてのデータが同じようにアクセスされる可能性は少なく、アクセス頻度に違いが出てくる可能性があります。ここでは、AWS Cost Explorerを使用して、Amazon S3のそれぞれのストレージクラスがどの程度利用されているのか確認してみましょう。

まずは図3-50にあるようにAWS Cost Explorerの使用タイプグループを選

択し、入力ボックスに「s3: storage」と入力します。表示された候補をすべてフィルターに含めるため「すべて選択」をチェックします。

図3-50 使用タイプグループでAmazon S3の利用量をフィルタリング

黒枠の入力ボックスに「s3: storage」と入力すると、Amazon S3の各ストレージの保存容量とその費用が表示されます。実際の表示結果は、図3-51のようになります。使用タイプの名称から、使用されているリージョンとAmazon S3のストレージクラスが判別できます。

図3-51 Amazon S3の容量とその料金をストレージクラス別に表示

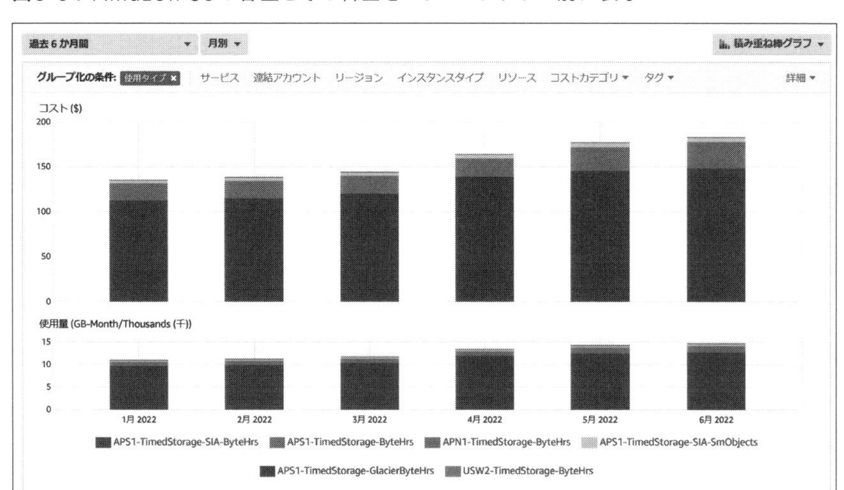

以下表3-23に、Amazon S3の使用タイプについて説明を記載しています。表の中のGB-時間とは、月あたりでどのくらいの容量(GB)を使用したのか、という単位です[※39]。

表3-23 Amazon S3の各ストレージクラスの使用タイプ

使用タイプ名	説明
region-TimedStorage-ByteHrs	S3 Standardストレージに保存されたデータのGB-時間の数
region-TimedStorage-GDA-ByteHrs	S3 Glacier Deep Archiveストレージに保存されたデータのGB-時間の数
region-TimedStorage-GDA-Staging	S3 Glacier Deep Archiveステージングストレージに保存されたデータのGB-時間の数
region-TimedStorage-GIR-ByteHrs	S3 Glacier Instant Retrieval ストレージに保存されたデータのGB-時間の数
region-TimedStorage-GIR-SmObjects	S3 Glacier Flexible RetrievalのIA ストレージに保存された小さなオブジェクト（128KB未満）のGB-時間の数。
region-TimedStorage-GlacierByteHrs	S3 Glacier Flexible Retrievalステージングストレージに保存されたデータのGB-時間の数

※39 Amazon S3 の AWS 請求および使用状況レポートを理解する
https://docs.aws.amazon.com/ja_jp/AmazonS3/latest/userguide/aws-usage-report-understand.html
Amazon S3 の料金
https://aws.amazon.com/jp/s3/pricing/

使用タイプ名	説明
region-TimedStorage-INT-FA-ByteHrs	S3 Intelligent-Tieringストレージの高頻度のアクセス階層に保存されたデータのGB-時間の数
region-TimedStorage-INT-IA-ByteHrs	S3 Intelligent-Tieringストレージの小頻度のアクセス階層に保存されたデータのGB-時間の数
region-TimedStorage-INT-AA-ByteHrs	S3 Intelligent-Tieringストレージのアーカイブのアクセス階層に保存されたデータのGB-時間の数
region-TimedStorage-INT-AIA-ByteHrs	S3 Intelligent-Tieringストレージのアーカイブのインスタントアクセス階層に保存されたデータのGB-時間の数
region-TimedStorage-INT-DAA-ByteHrs	S3 Intelligent-TieringストレージのDeepアーカイブのアクセス階層に保存されたデータのGB-時間の数
region-TimedStorage-RRS-ByteHrs	低冗長化ストレージ（RRS）に保存されたデータのGB-時間の数
region-TimedStorage-SIA-ByteHrs	S3 Standard - IAストレージに保存されたデータのGB-時間の数
region-TimedStorage-SIA-SmObjects	S3 Standard - IAストレージに保存された小さなオブジェクト（128 KB未満）のGB-時間の数
region-TimedStorage-ZIA-ByteHrs	S3 1ゾーン - IAストレージにデータを格納したGB-時間の数
region-TimedStorage-ZIA-SmObjects	1ゾーン - IAストレージに保存された小さなオブジェクト（128KB未満）のGB-時間の数

2 AWS Compute Optimizerを用いたクイックウィン最適化

AWS Compute Optimizerは、AWSリソースの設定と使用率のメトリクスを分析する無料のサービスです。ワークロードに対して使用されているリソースが最適かどうかをレポートし、クラウド利用費用の適正化に貢献します。さらに、ワークロードのパフォーマンスを向上させるための最適化に関して推奨事項を生成します。

AWSでは、多種多様なワークロードが稼働している経験から、ワークロードのパターン（ワークロードがCPUを集中的に使用する、ワークロードが毎日定常的にリソースを使用する、ワークロードがローカルストレージに頻繁にアクセスするなど）を識別し、必要となるリソースの特定に役立てています。

AWS Compute Optimizerには、最近の使用率メトリクスの履歴データと、推奨事項の予測使用率を示すグラフもあります。このグラフを使用することで、価格と性能のバランスが最適な推奨事項を評価できます。

使用パターンの分析と視覚化は、実行中のリソースを変更するタイミングについて決定し、パフォーマンスとキャパシティの要件を満たすのに役立ちます。サポートされるリソースは以下のとおりです。

- ○ Amazon EC2インスタンス
- ○ Amazon EC2 Auto Scaling グループ
- ○ Amazon EBSボリューム
- ○ AWS Lambda 関数

■ AWS Compute Optimizerの使用方法

次に、AWS Compute Optimizerの使用方法について見ていきます。

① AWS Compute Optimizerの起動

AWS Compute Optimizerは、マネジメントコンソールから起動する場合は「管理とガバナンスグループ」の中にあります。

② アカウントのオプトイン

最初に起動した際は、「利用者が使用しているAmazon CloudWatchメトリクスと設定データを使用して推奨モデルとアルゴリズムの改善をする場合があること」、そして「AWS Compute Optimizerサービスにリンクしたロールが作成されること」についてオプトイン（AWSが事前に利用者に対して許可を求めること）があります。

③ ダッシュボードの表示

オプトインが完了した後は、図3-52のようにダッシュボードに推奨事項が表示されます。推奨事項は、オプトインしてから最大12時間かかる場合があります。

図3-52 Compute Optimizerのダッシュボード（各リソースタイプのレコメンデーションを表示）

④ **推奨事項のシナリオを調べる**

各リソースは「プロビジョニング不足」「最適化済み」「過剰なプロビジョニング」のどれかに分類され、該当の項目をクリックすると推奨事項の対象の一覧が表示されます。さらにこのインスタンスを選択すると、推奨されたインスタンスで稼働したとき、CPUやメモリの利用状況がどのように変化するのかまでを確認できます。ワークロードの重要性や稼働の仕方を考慮して、適切なオプションを選ぶヒントとして活用します。

図3-53 Compute OptimizerでAmazon EC2の過剰プロビジョニングの推奨を表示

オプション 情報	インスタンスタイプ 情報	オンデマンド料金 情報	価格差 情報	推定月間節約額 (オンデマンド) 情報	節約の機会 (%) 情報	パフォーマンスリスク 情報	移行にかかる労力 情報	プラットフォームの違い 情報
現在	c5.2xlarge	$0.3400 時間あたり	-	-	-	-	-	なし
オプション 1	r6g.large	$0.1008 時間あたり	- $0.2392 時間あたり	$174.6200	70.35%	非常に低い	中	アーキテクチャ
オプション 2	r5.large	$0.1260 時間あたり	- $0.2140 時間あたり	$156.2200	62.94%	非常に低い	非常に低い	なし
オプション 3	r6i.large	$0.1260 時間あたり	- $0.2140 時間あたり	$156.2200	62.94%	非常に低い	非常に低い	ストレージインターフェ...

推奨の選択肢と変更された場合の節約効果やリスク、移行にかかる労力、既存インスタンスとの違い、推奨インスタンスのスペックなどが表示される

クイックウィン最適化という観点では、Amazon EC2およびAmazon EBSの過剰なプロビジョニングの抽出が特に重要です。アプリケーション要件、あるいはエンドユーザーからの申請のままIOPSなどをプロビジョニングしている場合、過剰プロビジョニングになっている可能性も考慮すべきです。過去の利用実績を利用者にフィードバックし、本当に必要かどうかを確認するプロセスを確立することは、全社的にコスト意識を高め、最適化を進めるのに有効です。

第4章

アーキテクチャ最適化

概要

第3章では、大きなアーキテクチャの変更を伴わずに迅速にクラウド利用費用を最適化できるクイックウィン最適化のアプローチについて述べました。本章では、クラウドインフラストラクチャの検討をする際のネットワークならびにクラウドネイティブなアーキテクチャによる中長期的に取組みを行うアーキテクチャ最適化に関わる内容を解説します。

4-1では、ネットワークの観点で関連するAWSサービスの利用費用とネットワークアーキテクチャについて、4-2では、クラウドネイティブアーキテクチャのためのコンテナ、サーバーレス/マネージド型サービスの導入の考え方とAWS サービスの紹介、アーキテクチャ最適化の勘所を解説します。

1 ネットワーク

本節では、ネットワークに関わるAWSサービスの利用費用・最適化のポイントについて紹介します。ネットワークのアーキテクチャを検討するにあたっては、可用性やネットワークの遅延などの非機能要件を考慮しながら、クラウド利用費用を評価することが肝要です。ネットワークのクラウド利用費用の最適化を検討するにあたって、まずはデータの転送元・先の場所に関する用語、データの入り口としてのゲートウェイの種類を押さえておくことが必要です。以下に関連の用語について解説します。

- ○ **リージョン**：図4-1に示すように全世界35の地域（予定含む）に存在している、地理的に離れているデータセンターをグループ分けしたもの。各リージョンにおいて互いに隔離・独立なしで立地している1つ以上のデータセンターのグループをアベイラビリティーゾーン（AZ）という（図4-2）。
- ○ **Virtual Private Cloud（VPC）**：AWSアカウント専用の仮想的なネットワーク空間のこと

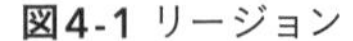
図4-1 リージョン

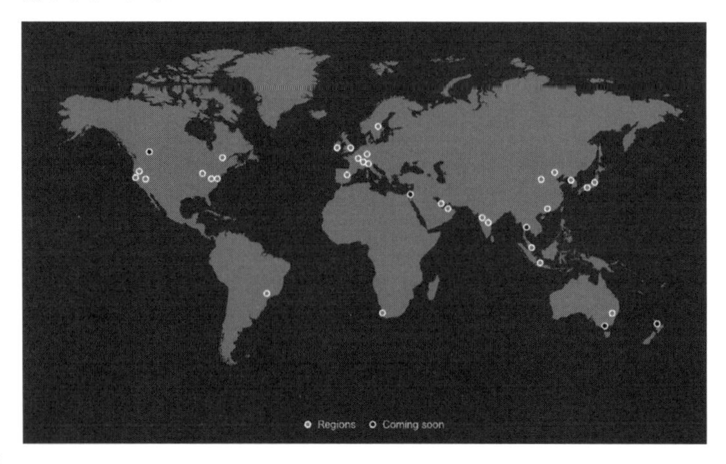

図4-2 アベイラビリティーゾーン(AZ)

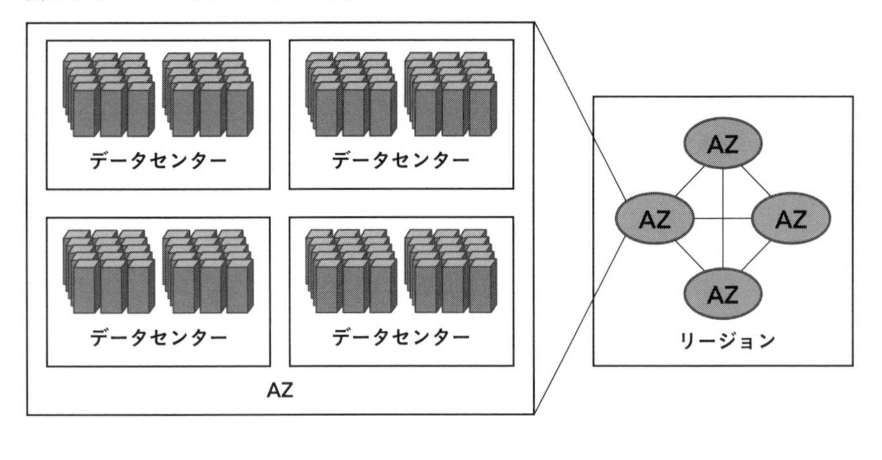

Column

インフラストラクチャのゴルディロックスゾーン

ネットワークアーキテクチャを検討する際は、特に可用性と遅延を考慮しつつ、クラウド利用費用の抑制にも注視が必要です。AWSでは、データセンターレベルでの高可用性を実現するパターンとして、リージョン間と複数のAZ(マルチAZ)間で冗長をとる2つの方法が用意されています。リージョン間で冗長をとる方法では高い可用性を実現できますが、マルチAZをとる方法でも、十分に要件を満たす場合が少なくありません。

AWSが提供している各AZ間の伝送遅延は1ms以下、かつそれぞれほかのAZから物理的に意味のある距離、つまり数km以上100km以内に配置されています。これをインフラストラクチャのゴルディロックス(Goldilocks)ゾーンと呼んでいます。ゴルディロックスゾーンとは、太陽系外惑星のうち、とりわけ生命の存在と維持に適した条件を有する惑星の環境を指す言葉です。恒星から遠すぎず近すぎるわけでもない、ほどほどの距離に位置している領域のことです。

生命が存在・維持できる惑星の環境と同様に、インフラストラクチャもデータ処理が発生する互いのデータセンターの距離が遠すぎると遅延が多くなり、リアルタイム処理のパフォーマンスに影響が出ます。一方で、近すぎると停電や落雷・地震・洪水等自然災害の影響を受けやすくなります。リアルタイム処理に影響を与えずに、かつ停電や自然災害からの影響を受けにくいベストな距離を保っているのがAZ間の距離となります。したがって常に稼働することが求められる極めて高い可用性を求められない限りは、十分な可用性と高いパフォーマンスのあるマルチAZを優先的に検討するとよいでしょう。

- **主要なゲートウェイ・ネットワーク関連のサービス**
  - **Internet Gateway**(**Internet GW**):インターネットと通信するために必要なゲートウェイサービス。なお、Internet GWと関連づけたサブネットが、インターネットへの経路を持つ場合をパブリックサブネット、それ以外のインターネットへの経路を持たない閉域のサブネットをプライベートサブネットと呼ぶ
  - **Virtual Private Gateway**(**Virtual Private GW**):ほかの拠点と、インターネットVPNやAWS Direct Connectを接続する際に、VPC側で作成するゲートウェイのこと
  - **Customer Gateway**(**Customer GW**):オンプレミスとVPCを接続する場合の、オンプレミス側のゲートウェイのこと
  - **Transit Gateway**(**Transit GW**):複数のGWサービスを接続する、ハブとしての役目を担うゲートウェイのこと
  - **Direct Connect Gateway**(**Direct Connect GW**):VPCとオンプレミスを接続する専用線であるAWS Direct Connectと、VPCとのハブとしての役目を担うゲートウェイ
  - **VPC Peering**:2つのVPC間でトラフィックをルーティングすることを可能とする、ネットワーク接続
  - **Network Address Translation Gateway**(**NAT GW**):ネットワークのアドレス変換(Network Address Translation:NAT)のためのゲートウェイ
  - **VPCエンドポイント**:VPC内のAWSサービスとほかのAWSサービス間の通信を可能にする仮想デバイスであり、VPC内のインスタンスとVPC外のAWSサービスをプライベート接続で通信を可能とする仕組み。以下のインターフェースエンドポイント、ゲートウェイエンドポイントのサービスを提供する(図4-3)

① **インターフェースエンドポイント**：パブリックインターネットに公開することなくElastic Network Interface（ENI）を利用してプライベート接続を可能とする、AWS Private Linkを利用したエンドポイント
② **ゲートウェイエンドポイント**：VPC内のルートテーブルを設定し、ゲートウェイ経由で接続を可能とするエンドポイント。Amazon S3とAmazon DynamoDBのみ対応

図4-3 VPCエンドポイント

① インターフェースエンドポイント

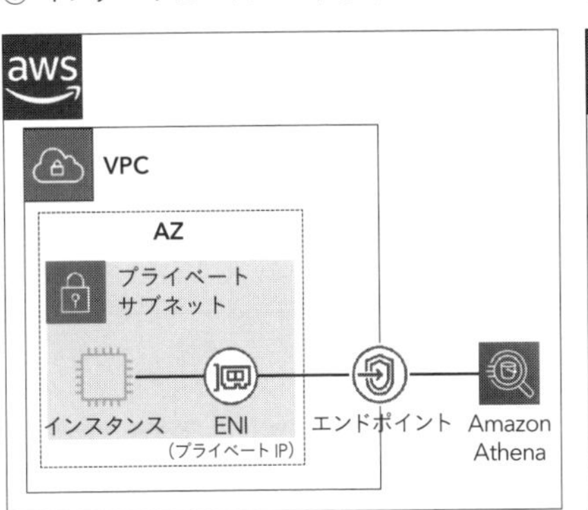

② ゲートウェイエンドポイント

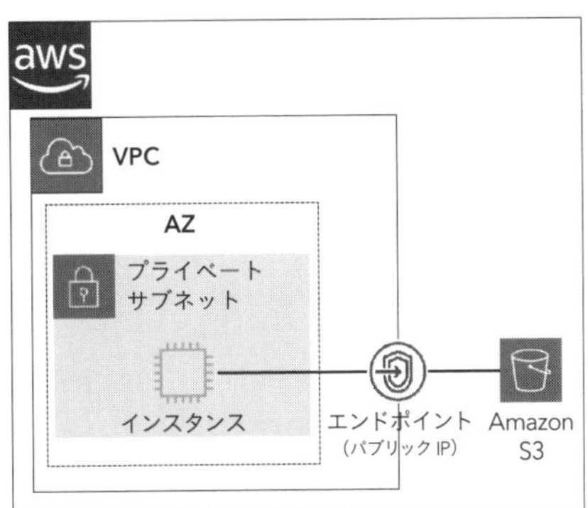

○ **Elastic IPアドレス（EIP）**：静的IPv4アドレスであり、複数のIPアドレスに設定が必要な場合や固定IPアドレスを付与したい場合に利用する

ここまで、ネットワーク関連サービスの概要を説明しました。次に、ネットワーク関連の費用体系と、それに基づいたネットワークアーキテクチャについて説明します。最後に、AWS Cost Explorerを用いたデータ転送費用の確認方法についても述べます。

1 ネットワーク関連の利用費用

まず、データ転送費用料金の原則について解説します。データ転送費用は、インターネットからのインバウンド通信なら無料、アウトバウンド通信なら有料です。さらに、同一のAZ内の通信は無料、AZ間の通信は双方向で有料、リージョン間の通信はインバウンドは無料、アウトバウンドは有料となりま

す。AWSのサービスとリージョンで合計100GBまでのインターネットへのデータ転送費用は、毎月無料となります。また、VPCエンドポイントで接続されたAmazon EC2などの各種AWSサービス間のデータ通信は無料です。月あたりの合計の転送容量が10TB以下とした場合、東京リージョンとシンガポール、ならびにバージニア北部リージョンとの費用の違いは、表4-1のようになります。

表4-1 データ転送費用例（アウトバウンド通信容量を10TB/月以下とした場合）

		東京	シンガポール	バージニア北部
インターネット	インバウンド通信	無料	無料	無料
	アウトバウンド通信	$0.114/GB	$0.12/GB	$0.09/GB
AZ内通信	インバウンド通信	無料	無料	無料
	アウトバウンド通信	無料	無料	無料
AZ間通信	インバウンド通信	$0.01/GB	$0.01/GB	$0.01/GB
	アウトバウンド通信	$0.01/GB	$0.01/GB	$0.01/GB
リージョン間通信	インバウンド通信	無料	無料	無料
	アウトバウンド通信	$0.09/GB シンガポール、バージニア北部へのアウトバウンド通信	$0.09/GB 東京、バージニア北部へのアウトバウンド通信	$0.02/GB 東京、シンガポールへのアウトバウンド通信

続いて、IPアドレスに対する課金について見ていきましょう。EIPにおいて、稼働しているAmazon EC2インスタンスに対して1つのパブリックIPアドレスを利用している場合、利用費用は無料となります。ただし、以下のケースの場合は課金対象となります。

① 取得したパブリックIPアドレスであるEIPが、Amazon EC2インスタンスにアタッチされていない場合
② EIPがアタッチされているAmazon EC2インスタンスが停止している場合
③ 1つのAmazon EC2インスタンスにEIPが2つ以上アタッチされる場合
④ EIPを月に100回超のリマップ（再関連づけ）した場合

東京リージョンの場合、EIPの費用は①～③のケースでは$0.005/時、④のケースでは追加リマップあたり$0.1となります。

各種GW関連の費用については、Internet GW、VPC Peering、Virtual Private

GW、Direct Connect GWは無料となります。それ以外のGWサービスであるTransit GWはアタッチメント数と通信処理量、NAT GWは利用時間と通信処理量に応じた課金となります。ただし、VPN接続費用とDirect Connect GW利用時は、ポート（AWS Direct Connectロケーション内で、AWSまたはAWS Direct Connectデリバリーパートナーのネットワーク機器で使用するためのポート）がプロビジョンされている時間の費用が課金となります。なお、Direct Connectの場合は送信元の AWS リージョンと AWS Direct Connect ロケーションによって異なる転送費用がかかります。VPCエンドポイントにおいては、インターフェースゲートウェイは利用時間と通信処理量に応じた課金となり、ゲートウェイエンドポイントは無料となります。上記各種サービスにおける利用費用は、月あたりの合計の転送容量が10TB以下とした場合、東京リージョンとシンガポールならびにバージニア北部リージョンとの費用を示すと、表4-2のようになります。

表4-2 GW利用費用例

ゲートウェイ		東京			シンガポール			バージニア北部		
		利用時間($/時)	処理容量($/GB)	他	利用時間($/時)	処理容量($/GB)	他	利用時間($/時)	処理容量($/GB)	他
Internet GW		無料	無料	-	無料	無料	-	無料	無料	-
VPC Peering		無料	無料	-	無料	無料	-	無料	無料	-
Virtual Private GW(*1)		無料	無料	$0.048 GB/時	無料	無料	$0.05 GB/時	無料	無料	$0.05 GB/時
Transit GW(*2)		無料	$0.02	$0.07/アタッチ	無料	$0.02	$0.07/アタッチ	無料	$0.02	$0.05/アタッチ
Direct Connect GW(*3)		無料	無料	$0.285 /時	無料	無料	$0.30 /時	無料	無料	$0.30 /時
NAT-GW		$0.062	$0.062	-	$0.059	$0.059	-	$0.045	$0.045	-
VPCエンドポイント(*4)	IF	$0.014	$0.01	-	$0.013	$0.01	-	$0.01	$0.01	-
	GW	無料	無料	-	無料	無料	-	無料	無料	-

(*1)サイト間VPN接続において、その他の費用としてVPN接続料金がかかります

(*2)その他の費用として、Transit GWのアタッチごとの費用がかかります

(*3)その他の費用として、容量(1Gbps、10Gbps、100Gbps)に応じてポートの利用費用がかかります。表では1Gbpsの容量の場合を記載しています。日本では10Gbpsでは$2.142/時、100Gbpsでは$22.5/時の利用費用がかかります

(*4)IF:インターフェースエンドポイント、GW:ゲートウェイエンドポイント、インターフェースエンドポイントは1か月の処理されるデータ容量によって料金は異なります。表では、月の利用が1PB以下の料金を記載しています

この原則に則ったうえで、「インターネットからAWSへのインバウンド通信」「AWSからインターネットへのアウトバウンド通信」「AWSのサービス間の通信」「AWSとオンプレミス間の通信」の4つに分けて、データ転送費用がどのように扱われるのかを説明します。

■ インターネットからAWSへのインバウンド通信

図4-4に示すような、インターネットからパブリックサブネットワークを構築しているAmazon EC2へアクセスする場合の構成を考えてみましょう。この場合、Amazon EC2へのインバウンド通信の進み方は、インターネット→Internet GW→パブリックサブネットワーク内のAmazon EC2となります。Internet GWは無料です。また、インターネットからのインバウンド通信も無料となります。

図4-4 インバウンド通信

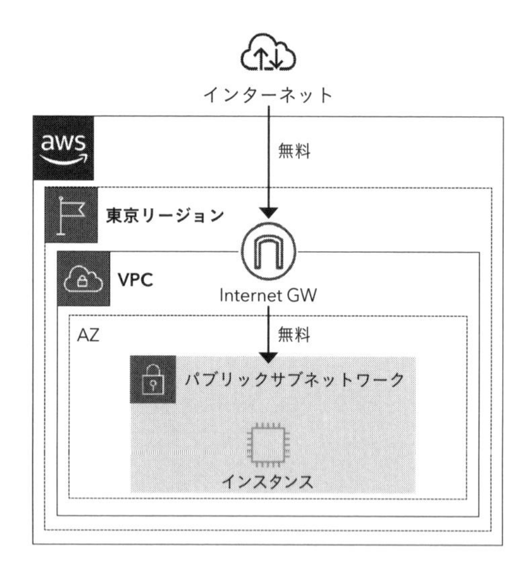

■ AWSからインターネットへのアウトバウンド通信

次に、図4-5に示すような、インターネットから隔離されているプライベートサブネット内のAmazon EC2から、インターネットへのアウトバウンド通信を考えてみましょう。この場合、インターネットへのアウトバウンド通信の進み方は、プライベートサブネットワーク内のAmazon EC2→NAT-

GW→Internet GW→インターネットとなります。Amazon EC2からNAT-GWまでのデータ転送費用は、同じAZ内であれば無料です。AZをまたぐ場合は、データ転送費用が課金されます。NAT-GWからInternet GWのデータ転送費用、およびInternet GWの利用費用は無料です。Internet GWからインターネットへの転送費用は課金されます。ただし、最初の100GB/月の利用は無料となります。

図4-5 アウトバウンド通信

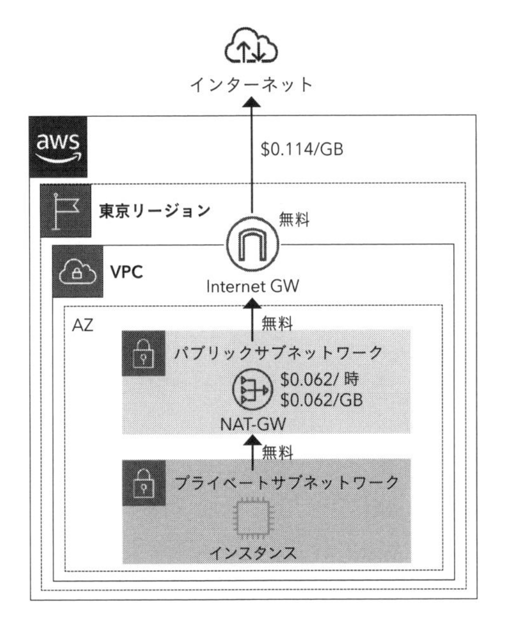

■ AWSのサービス間の通信

AWSのサービス間の通信は、以下の5つの組合せで分類できます（図4-6）。

① 同一リージョン内、同一VPC内、同一のAZ内の通信
② 同一リージョン内、同一VPC内、マルチAZ間の通信
③ 同一リージョン内、同一AZ内、複数のVPC間の通信
④ 複数リージョン間の通信
⑤ その他の通信（VPCエンドポイントを利用時、Amazon CloudFrontとの通信）

図4-6 AWSのサービス間通信

①同一リージョン内、同一VPN内、同一のAZ内の通信

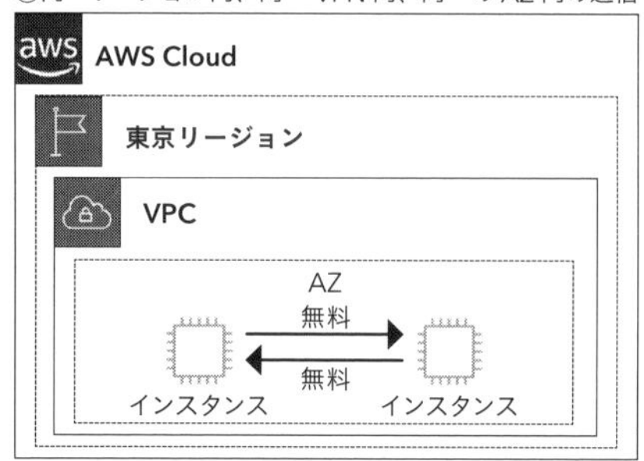

②同一リージョン内、同一VPN内、複数のAZ間の通信

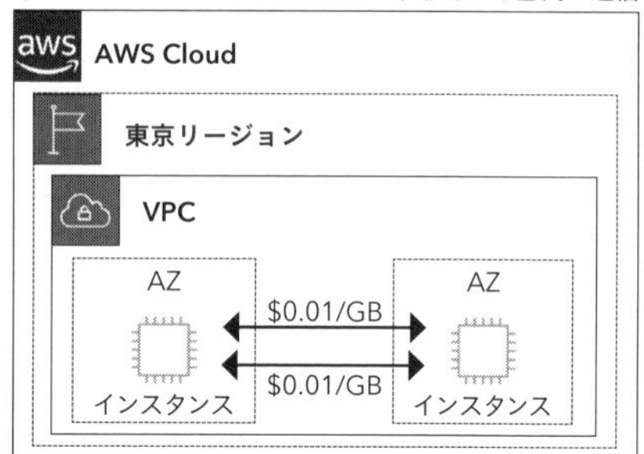

③同一リージョン内、同一AZ内、複数のVPC間の通信

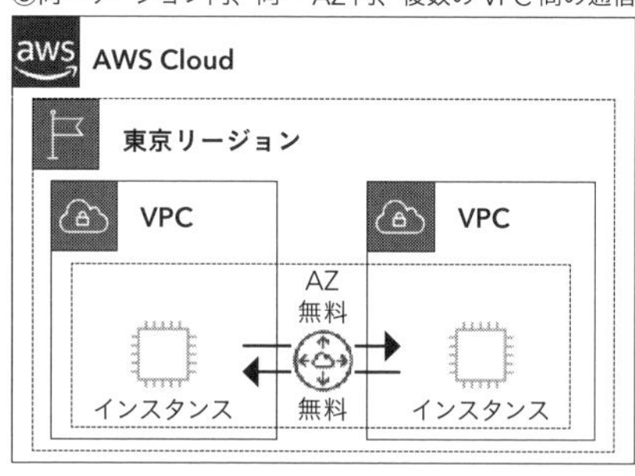

④複数リージョン間の通信

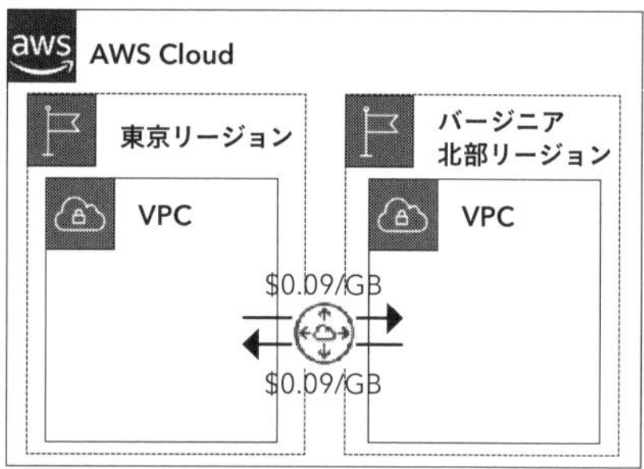

⑤-1その他の通信：VPCエンドポイント

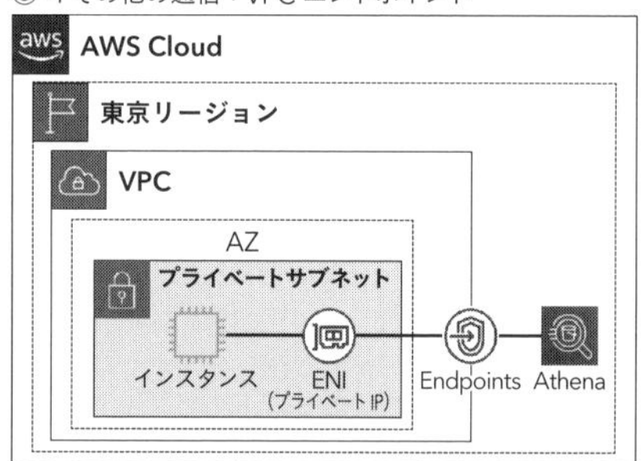

⑤-2その他の通信：Amazon CloudFrontとの通信

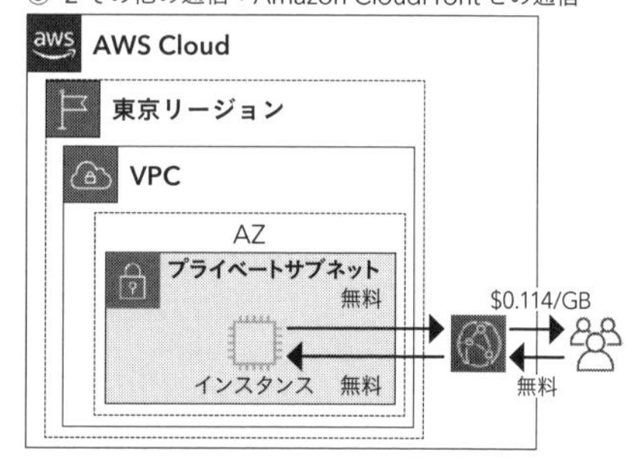

同一のAZ内であれば、VPC内での通信、およびVPCをまたいだ通信については、各方向無料となります（図の①と③のケース）。一方で、AZ間の通信は、各方向において利用費用が課金されます（図の②のケース）。②のマルチAZ間の通信の場合は、東京リージョンでは$0.02/GB（= $0.01/GB + $0.01/GB）となり、④複数のリージョン間の通信の場合は、東京リージョンとバージニア北部間では$0.09（アウトバウンド通信費用）となります。⑤-1その他の通信：VPCエンドポイントとして、ゲートウェイエンドポイントを利用した場合は、AWSサービス間の利用費用は無料（データ通信費用ならびにVPCエンドポイントの利用費用は無料）、

インターフェースゲートポイントを利用した場合は、東京リージョンの場合はデータ通信費用は無料であり、利用費用として$0.014/時、処理費用として$0.01/GBとなります。

⑤-2その他の通信：Amazon CloudFrontとの通信として、AWSサービス間のデータ通信費用についてオリジンへのデータ転送費用はAWSリソースをオリジンとした場合は無料、オンプレミスをオリジンとした場合は$0.06/GB、Amazon CloudFrontからインターネットへのアウトバウンド通信費用として$0.114/GBとなります。ただし、最初の1TB/月の利用は無料となります。ほか、HTTP/HTTPリクエストおよびエッジキャッシュからファイルを無効にした際の無効リクエストの費用がかかります。Amazon CloudFrontとAmazon S3単独利用とのコスト比較は後述します。

■ AWSとオンプレミス間の通信

AWSとオンプレミス間の通信は、専用線である①AWS Direct Connectを利用する場合と、②IP-VPNを利用する場合があります（図4-7）。AWS Direct Connectを利用する場合は、ネットワーク接続でデータを転送できる最大容量、ポートの利用時間、アウトバウンドデータ転送の3つの要素が料金を決定します。

図4-7 AWSとオンプレミス間通信

①Direct Connect

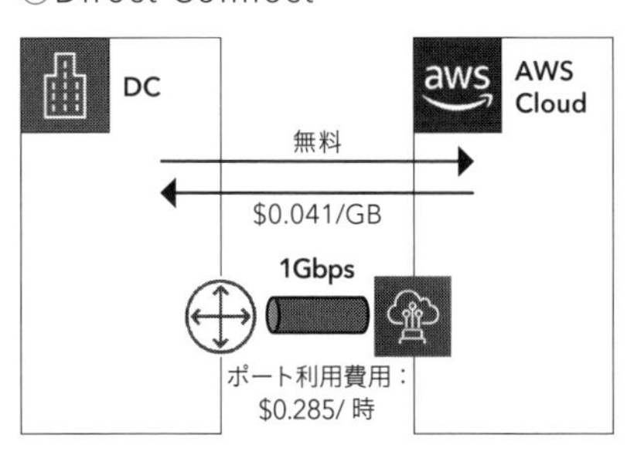

②IP-VPN接続

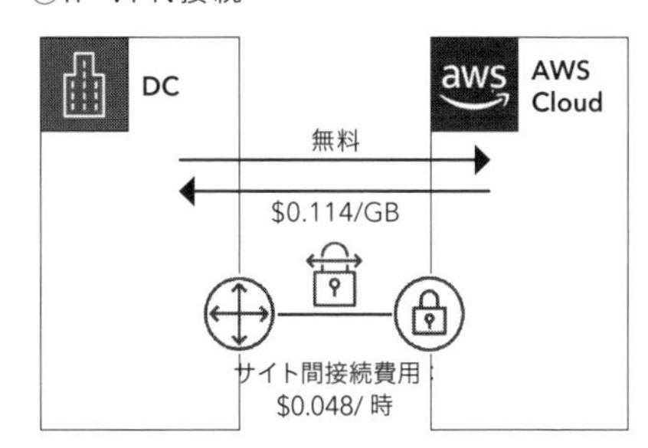

AWS Direct Connectには、2つの接続方法が用意されています。1つは、オンプレミス側のネットワークポートと、AWS Direct Connectロケーション内のAWSネットワークポートを物理的に接続する専用接続です。もう1つは、AWS Direct Connectデリバリーパートナーが提供する論理接続であるホスト型接続です。

例えば専用接続で1Gbpsを利用する場合、日本でのポート時間料金は$0.285/時、これにGBあたりのアウトバウンド通信費用$0.041/GBの料金を支払う必要があります。さらにこれに加えて、オンプレミスとAWS Direct Connectの拠点までのインターネットキャリアが提供する専用線接続費用が発生します。一方で、IP-VPN接続の場合は、サイト間VPN接続ごとに$0.048/時、これにGBあたりのアウトバウンド通信費用$0.114/GB(10TB/月間での場合)の料金を支払います。この例からわかるとおり、AWS Direct Connectのアウトバウンド通信費のほうがVPN接続より安価ですが、一方でポート利用費用は高く設定されています。したがって、社内のセキュリティポリシーを評価したうえで、大容量通信が発生する場合はAWS Direct Connectを、容量が多くない場合はVPN接続を利用して費用を削減できます。

2 ネットワークアーキテクチャ

これまで、ネットワーク関連のサービス概要と費用について述べてきました。これらの課金モデルを考慮したうえで、ネットワークアーキテクチャで検討すべきポイントを見ていきましょう。図4-8では、(1)リージョン/AZ/VPC、(2) IPアドレス、(3)オンプレミス-クラウド間、(4)クラウド内、インターネットへのデータ通信の4つの領域を示しています。ここでは、それぞれの最適化の勘所を解説します。

図4-8 ネットワークアーキテクチャの検討領域

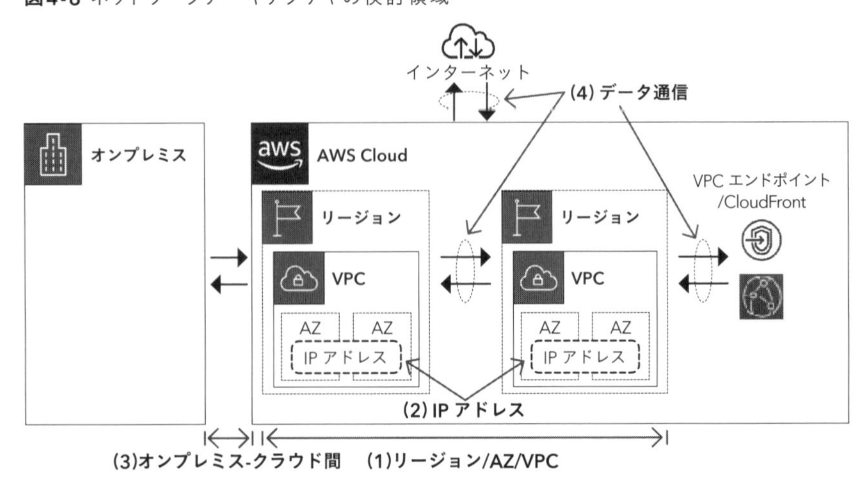

(1) リージョン/AZ/VPC

●リージョン

ネットワークに関する費用の適正化を判断するにあたって、まず確認しておきたいのはリージョンの選択です。複数のリージョンを利用する場合は、リージョン間でルーティングの設定をします。データ転送容量（インターネットへのアウトバウンド通信、リージョン間通信、オンプレミスとのAWS Direct Connectの通信など）がどのくらいなのか、セキュリティポリシーの観点からデータの格納場所として海外リージョンを利用することが問題ないか、遅延をどこまで許容できるのかを考慮して、リージョンを選択することが肝要です。

リージョンによって、インターネットへのアウトバウンド通信費用、リージョン間通信における送信元のリージョンによるアウトバウンド通信費用、オンプレミスとAWSのリージョン間の費用は異なります。また、各AWSサービスの費用も、リージョンによって異なります。例えば表4-3のように、東京リージョンにおけるインターネットへのアウトバウンド通信にかかる費用は、10TB/月以内であれば$0.114/GB、Amazon EC2インスタンスのm5.xlargeは$0.248/時です。対して、バージニア北部リージョンにおけるアウトバウンド通信にかかる費用は、10TB/月以内であれば$0.09/GB、Amazon EC2インスタンスのm5.xlargeは$0.192/時となります。この場合、インターネットへのアウトバウンドは、バージニアを選択した場合に21%の利用費用削減、Amazon EC2インスタンスの利用費用は23%削減となります。

このように、セキュリティポリシーや遅延を考慮し、かつデータ通信の方向、データ通信容量を考慮してリージョンの選定、リージョン間のルーティング設定を行うことで、クラウド利用費用を最適化できます。

表4-3 リージョン変更によるクラウド利用費用削減例

	東京リージョン	バージニア北部リージョン	バージニア北部リージョン利用による費用削減率
インターネットへのアウトバウンド通信費用	$0.114/GB	$0.09/GB	21%削減
Amazon EC2インスタンス：m5.xlarge利用費用	$0. 248/時	$0.192/時	23%削減

●マルチAZ / シングルAZ

可用性要件を考慮したうえで、AZを複数利用するマルチAZとするか、一つのみとするシングルAZかを選択します。可用性を高めるためには、マルチAZが推奨となります。例えば、高可用性が必要な本番環境ではマルチAZを利用し、高可用性が不要な開発環境等の非本番環境でシングルAZを選択することで、費用を抑制できます。

●VPC Peering / Transit GW

VPC PeeringとTransit GWは、いずれもVPCと接続するために利用するGWサービスです。図4-9に示すように、VPC Peeringは2つのVPC間のネットワークを接続するサービスであり、VPC間でのルーティング設定が必要となります。このため、接続するVPCの数が増加し、すべてのVPCと接続するフルメッシュの接続構成とする場合は、設定作業は指数関数的に増加していきます。

一方で、Transit GWはハブの役割をし、すべての接続されたネットワーク（スポーク）の間でトラフィックがルーティングされる、ハブアンドスポーク型の構成をとることができます。これにより、VPCを追加してルーティング設定する場合の管理を簡略化し、高い拡張性のあるネットワーク構成にすることができます。

図4-9 VPC PeeringとTransit GW

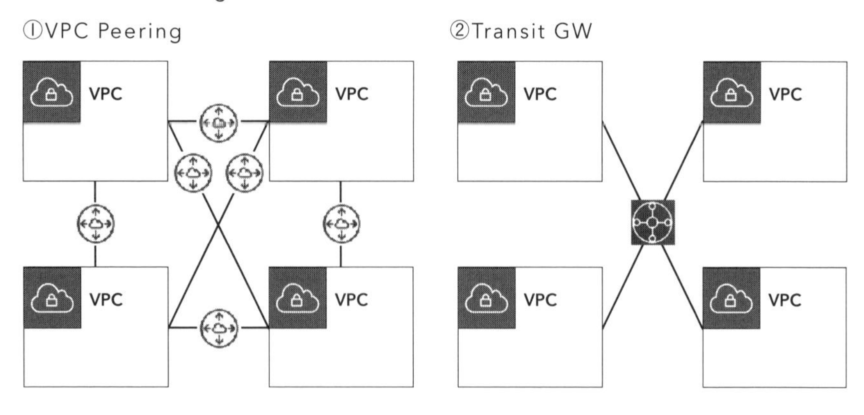

クラウド利用費用の観点では、Transit GWは東京リージョンにおいてのアタッチメントの費用が$0.07、容量あたりの利用費用は$0.02/GBとなります。一方で、VPC Peeringの利用費用は無料となります。したがって、接続するVPCが多い場合、管理工数を考慮するとTransit GWを用いたアーキテクチャとし、接続するVPCの数が少ない場合はVPC Peeringを用いた構成とすることが、TCOの観点で最適な構成となります。また、VPCをフルメッシュでの接続が不要な場合は、VPC PeeringとTransit GWを併用することで、コスト最適化と拡張性の両方を保持することが可能となります。

その他、これらのGWサービスを利用せず、インターネットでの接続を行う構成も考えられます。とはいえ、GWサービスを利用するほうが安価となるケースがほとんどであり、かつセキュアな通信が可能となるためGWサービスを利用することを推奨します。

一例として、東京リージョンとバージニア北部リージョン間接続において、無料利用枠を超えて100GB/月のデータ転送を行う場合の費用を考えてみましょう。GWサービスを利用せずインターネット接続を行う場合は、$11.4（100GB × $0.114/GB）となります。対してTransit GW接続の場合は、$11.07（100GB ×（$0.09/GB［リージョン間通信費用］+ 0.02/GB［Transit GW利用費用］）+$0.07）となり、Transit GWのほうが3%（$0.33）安価となります。

(2) IPアドレス

EIPを利用したパブリックIPは、2つ以上が稼働しているAmazon EC2インスタンスに関連付けした場合は、1つあたり$0.005/時の費用が発生します。一方で、プライベートIPアドレスは無料で利用できます。したがって、インターネットへの通信が不要であれば、すべてプライベートIPアドレスを利用することで不要なクラウド利用費用を抑制できます。

(3) オンプレミス-クラウド間

オンプレミスとAWSサービスとの通信においては、障害時における通信の回復性（信頼性）要件や帯域保証有無を考慮して、コストが最適となるパターンを検討します。本書では次の代表例を紹介します。

① デュアルDirect Connectローケーション
② 複数リージョンの利用
③ インターネットVPNの利用

① デュアルDirect Connectロケーション

オンプレミスから異なる2つのAWS Direct Connectのロケーションを経由し、各Direct Connectロケーション2本ずつのAWS Direct Connectを構築する構成です（図4-10）。要件によっては、さらに各ロケーションに2本ずつのAWS Direct Connect（計4本）の構成、通信キャリア内も異経路設計を行うことによる経路分散、複数の通信キャリアを利用するパターンもあります。

図4-10 デュアルDirect Connectロケーション

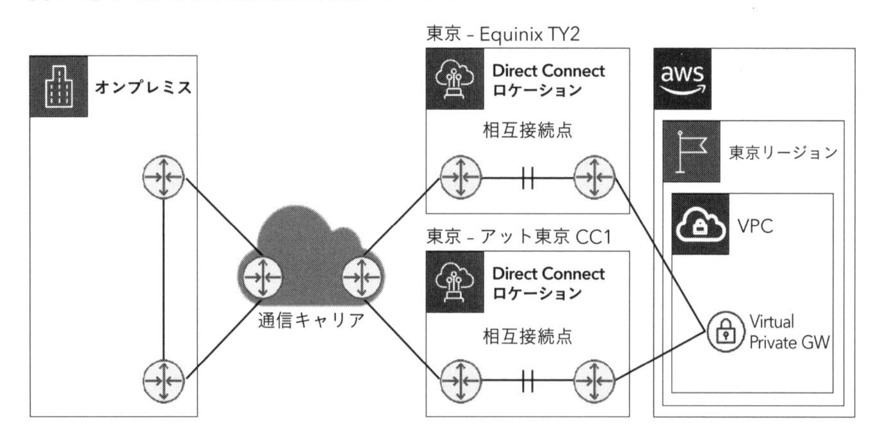

② 複数リージョンの利用

オンプレミスから異なる2つのリージョンへ、AWS Direct Connectのロケーションを経由し、各ロケーション1本ずつ（計2本）の現用系・予備系でAWS Direct Connectを構築する構成です（図4-11）。

図4-11 複数リージョン

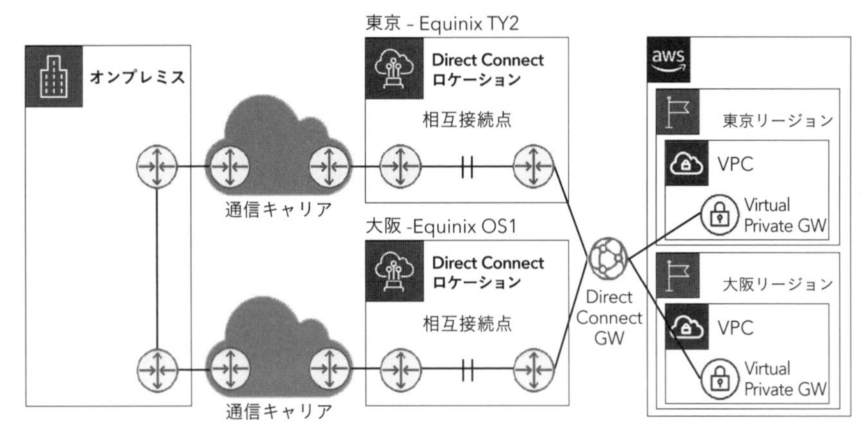

これら①、②の構成では、AWS Direct Connect2本すべてをアクティブ構成として常時稼働することで高い回復性を確保しています。あるいは、1本のみをアクティブとして常時稼働し、1本をスタンバイとして障害時に経路制御で切り替えることでクラウド利用費用を抑制することも可能です。

③ インターネットVPNの利用

インターネットVPNを利用することで、①、②の構成よりも回復性は低くなりますが、クラウド利用費用を抑制することが可能となります。図4-12のように、AWS Direct Connectを1つ設定し、障害時にスタンバイ用の予備系としてインターネットVPNへ切り替えます。

図4-12 インターネットVPN

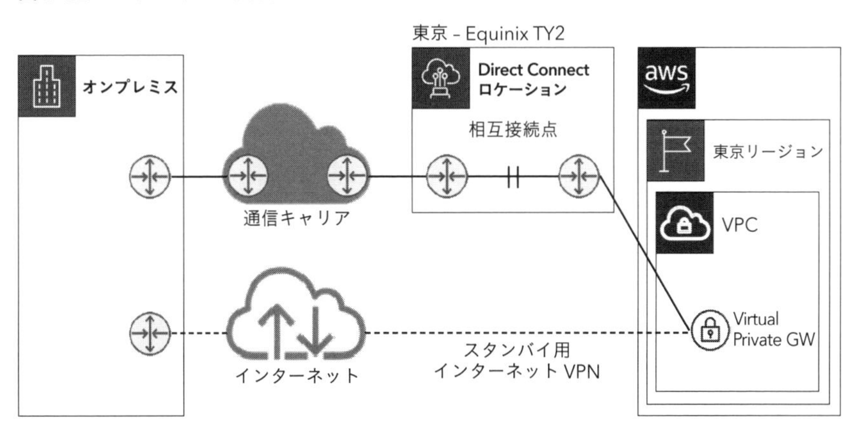

(4) データ通信

●VPCエンドポイント

ゲートウェイエンドポイントは、Amazon S3およびAmazon DynamoDBへのセキュアな接続を提供します。VPCからAmazon S3やAmazon DynamoDBにアクセスする際、ゲートウェイエンドポイントを設定しなかった場合は、インターネットに通信する仕組み（EIPやNAT GW等）が必要になり、それらの利用費用がかかります。VPCからAmazon S3へのセキュアな通信は、インターフェイスエンドポイントでも実現可能ですが、インターフェイスエンドポイントはAWS Private Linkの利用費用（東京リージョンの場合、VPCエンドポイント1つあたり$0.014、最初の1PBでは$0.01/GB/月）が課金されます。プライベートIPアドレス同士で通信したいなどの特別な要件がない場合は、ゲートウェイエンドポイントを選択することでクラウド利用費用を削減できる可能性があります。

●データ圧縮

リージョン間やインターネットへのデータ転送を行う場合、データ圧縮ができないか、あるいは複数の転送ファイルをまとめることで転送回数を削減できないかを検討します。リージョン間データ転送を行うアプリケーションにおいては、適切な圧縮アルゴリズムを用いて圧縮を行った後に転送することで、データ転送費用のみならず、データを格納する費用も削減可能となります。また、転送回数を削減することにより、パケットのヘッダーを削減できます。ほかにも、例えばAmazon S3のデータを他リージョンへレプリケーションする要件がある場合、あらかじめアーカイブしてS3 Glacier系サービスへ格納し、レプリケーションすることで、データ転送費用を抑制するといった方法も検討できます。

●Amazon S3データのレプリケーション

DR対策として、Amazon S3のデータをバックアップする要件があった場合を例に考えてみましょう。自動的に非同期でレプリケーションを実施するオプションとして、同じリージョン内でコピーを行うSame Region Replication（SRR）と、他リージョンにコピーを行うCross Region Replication（CRR）を利用します。この場合の費用は、レプリケーション元と先として選択したAmazon S3ストレージのデータ容量、レプリケーションのためのPUTリクエストとなります。さらにCRRの場合は、リージョン間データ転送（アウトバンド）の費用が発生します。レプリケーション対象は、Amazon S3バケット全体、プレフィックス、タグの3つの単位から選択できるため、CRRの場合はレプリケーション対象を精査することで、データ転送費用を抑制できます。

●Amazon CloudFront/Amazon S3

Amazon CloudFrontはContent Delivery Network（CDN）サービスであり、AWSが提供するエッジロケーションを利用することで、世界各地にコンテンツを低遅延で配信できます。加えて、コンテンツ配信をエッジロケーションに行わせることで、オリジンサーバーの負荷軽減による高可用性を実現することも可能となります。また、DDoS攻撃の対策をAWS側で実施しており、アプリケーションレイヤーでのファイアウォールサービスであるAWS WAFを用いることで、より高いセキュリティを実現できます。Amazon CloudFrontは遅延、可用性、セキュリティの非機能要件により利用するケースが多いサービスですが、Amazon S3を使って外部にウェブサイトを公開する場合においては、Amazon S3単独で利用するよりもクラウド利用費用の観点でも推奨されるサービスとなります。図4-13に、Amazon CloudFrontを介したデータ転送とAmazon S3からのデータ転送の費用を示します。Amazon CloudFrontの費用は、次の3つから構成されます。専用IP独自SSL証明書（各独自SSL証明書ごとに$600/月）を利用する場合は、その費用も発生します。

①Amazon CloudFrontからインターネットへのデータ通信
②Amazon CloudFrontからオリジンへのデータ通信
③HTTP/HTTPリクエストおよび、ほかにエッジキャッシュからファイルを無効にした際の無効リクエストの費用（1,000パスまでは追加料金なし。それ以降は、無効をリクエストしたパスごとに$0.005かかる）

図4-13 Amazon CloudFront vs. Amazon S3単独利用

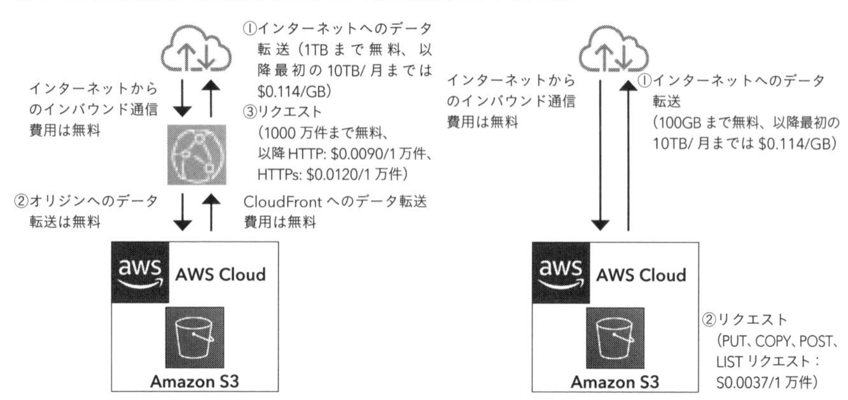

①は2021年12月1日の価格改定により、無料枠が1TBまで拡大しました。1TB以上を利用する場合、東京リージョンであれば10TB/月まで利用すると$0.114/GBとなります。②は、キャッシュがない場合等のリクエストの通信となり、オンプレミスをオリジンとした場合のデータ転送は東京リージョンの場合$0.060/GBとなりますが、AWSリソースをオリジンとした場合は無料です。③は、HTTP/HTTPSのリクエストであり、こちらも1000万件までは無料で、以降はHTTPリクエストについて$0.090/1万件、HTTPSリクエストについては$0.0120/1万件となります。

一方で、Amazon CloudFrontを利用しないでAmazon S3のみを利用した場合、①インターネットへのデータ転送費用は、東京リージョンでは同額、ただし無料枠は100GBまでとなります。②のリクエストは1万件あたり、PUT、COPY、POST、LISTリクエストが$0.0470、他リクエストが$0.0037となります。

Amazon CloudFrontでは、キャッシュリクエスト等のデータ転送容量は大きくありません。また、インターネットへのデータ転送の無料枠が1TB、HTTP/HTTPSリクエストも1000万件まで無料であることから、Amazon S3のみを利用するよりも、クラウド利用費用の観点で有効となります。

3 AWS Cost Explorerを用いたデータ転送費用の確認

ここまで、ネットワークに関わるサービスの課金体系と、ネットワークアーキテクチャについて述べてきました。データ転送費用がどこにどのくらいかかっているかを定期的に確認していき、アーキテクチャの見直しや想定外の費用課金を抑えることが肝要です。そのために、AWS Cost Explorerを用いたデータ転送費用の確認方法について説明します。

図4-14に示すように、AWS Cost Explorerのグループ化の条件を「使用タイプ」とし、使用タイプグループにおいてデータ転送費用に関わる項目をフィルターすることで、リージョン間、AZ間、インターネットへの通信がどのくらいの容量・費用となっているかを確認することができます。

図4-14 AWS Cost Explorerを用いたデータ転送容量・費用の確認

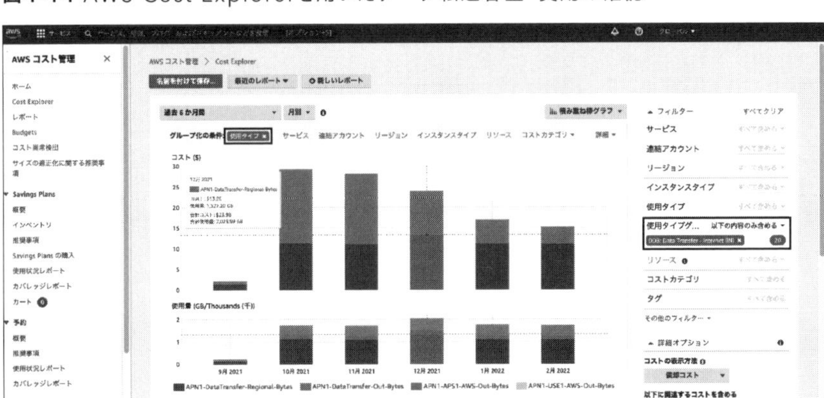

使用タイプグループは、「(AWSサービス名): Data Transfer –(データ通信方法)」で表現されるように、Data Transferの文字が含まれている項目でフィルターします。例えば、Amazon EC2からのデータ転送費用を確認する場合は、以下を条件に加えます。

① EC2: Data Transfer – Internet(In)
　インターネットからのAmazon EC2へのインバウンド通信

② EC2: Data Transfer – Internet(Out)
　インターネットへのAmazon EC2からのアウトバウンド通信

③ EC2: Data Transfer - Inter AZ
　複数の異なるAZでAmazon EC2間通信

④ EC2: Data Transfer – Region to Region(In)
　リージョン間におけるAmazon EC2へのインバウンド通信

⑤ EC2: Data Transfer – Region to Region（Out）
リージョン間におけるAmazon EC2からのアウトバウンド通信

⑥ EC2: Data Transfer – CloudFront（In）
Amazon CloudFrontからAmazon EC2へのインバウンド通信

⑦ EC2: Data Transfer – CloudFront（Out）
Amazon CloudFrontへのAmazon EC2からのアウトバウンド通信

上述の条件によってAWS Cost Explorerでは、データ転送の詳細を確認することができます。また、CSVファイルをダウンロードすることで、フィルター条件の使用タイプグループに関連する詳細を確認できます（表4-4）。例えば、「APN1-DataTransfer-Out-Bytes」は東京リージョンからインターネットへのアウトバウンド通信を意味しており、その費用と転送量を確認できます。また同様に、「APN1-USE1-AWS-Out-Bytes」であれば東京リージョンからバージニア北部リージョンへの通信を確認できます。

表4-4 使用タイプと定義

使用タイプ	定義	例
<リージョン名>-DataTransfer-Out-Bytes	<リージョン名>からインターネットへのアウトバウンド転送	APN1-DataTransfer-Out-Bytes
<リージョン名>-DataTransfer-In-Bytes	<リージョン名>へのインターネットからのインバウンド転送	APN1-DataTransfer-In-Bytes
<リージョン名>-DataTransfer-Regional-Bytes	<リージョン名>におけるAZ間通信	APN1-DataTransfer-Regional-Bytes
<リージョン名1>-<リージョン名2>- AWS-Out-Bytes	<リージョン名1>から<リージョン名2>へのアウトバウンド転送	APN1-USE1-AWS-Out-Bytes
<リージョン名1>-<リージョン名2>- AWS-In-Bytes	<リージョン名1>から<リージョン名2>へのインバウンド転送	APN1-USE1- AWS-In-Bytes
<リージョン名>-CloudFront-In-Bytes	<リージョン名>におけるClodFrontへのインターネットからのインバウンド転送	APN1-CloudFront-In-Bytes
<リージョン名>-CloudFront-Out-Bytes	<リージョン名>におけるClodFrontからインターネットへのアウトバウンド転送	APN1-CloudFront-Out-Bytes

2 クラウドネイティブアーキテクチャ

1 クラウドの特性

一般に、IT予算の75%以上は現行ビジネスの維持・運用（ランザビジネス）に割り当てられています※1。サーバーやネットワークといったインフラの維持・管理費、アプリケーションの保守・変更に伴う人件費や工数が含まれており、維持のために定常的に費用がかかることから、長年、IT部門はコストセンターだといわれてきました。このシステム維持に関わる人件費やかかる時間を見直したい、または、昨今のビジネス変化のスピード感に対応するために内製で対応する部分を広げていきたい、と考える企業が増えています。同時に、すべてを自分たちだけではやりきれない、そこでクラウドの機能をうまく利用しよう、という思考からクラウドネイティブアーキテクチャが期待されています。クラウドの特性を活かして、よりよい運用・拡張性・回復力を確保できれば、これまでの運用工数と労力を大きく変えることができます。工数が短縮されれば、利用時間で課金されるクラウド利用費用にも影響が出るため、全体としてのコスト最適化がさらに進みます。

では、クラウドの特性とは何でしょうか？ オンプレミス環境と比較する観点で、ここではあらためて以下のポイントを挙げておきます。

- ○ 潤沢なコンピューティングリソースをすぐに利用できる
- ○ 運用自動化のための工夫ができる（コマンド操作や自動化ができる）

■ 潤沢なコンピューティングリソースをすぐに利用できる

クラウドがオンプレミス環境と決定的に違う点がここにあります。オンプレミス環境では、限られたコンピューティングリソースを有効に使うための設計

※1 「企業IT動向調査報告書 2022」JUAS、2022/03
https://juas.or.jp/cms/media/2022/04/JUAS_IT2022.pdf

をしてきました。ジョブスケジューラーでコンピューティングリソースの空きをスケジュールして使い回すように設計してきたのは、その典型的な例です。コンピューティングリソースに限りがあると、その限りある資源の中でアプリケーション設計を行うという発想になります。例えば、ちょっとした追加機能を作りたいと思っても、簡単に追加できるわけではありません。既存リソースをどのくらい費やすのか、開発やテストにおける環境をどうやって確保するのか……などを考慮する必要があり、既存環境の複製を別環境として用意してテストしてみる、といった身軽な考えには至りません。こうした理由から、システム上の大きな問題以外は次の変更タイミングに回して、利用者には不都合があってもそのまま使い続けてもらうというような運用が行われてきました。

根本の発想を変えて、必要なコンピューティングリソースがすぐに手軽に確保できるならどうでしょうか？　現行の開発環境を元にすぐにその複製環境が用意でき、そのための費用がわずかで済むとしたら、小さな変更要求のための開発・テストにも取りかかることができます。変更を適用した新しい本番環境で新たな問題が見つかったらすぐに元に戻せるように、以前の本番環境バージョンを保持したままにしておくことも容易です。複数の開発チームが競合せずに追加機能を開発できるように、独立した環境を用意して並行して作業を進めることもできます。こうして小さな変更要求にも随時対応していくことで、利用者の満足度を高める効果につながります。

■ 運用自動化のための工夫ができる（コマンド操作や自動化ができる）

前述の前提に立って、既存環境を複製した別環境でテストしたい、と思ったとします。その準備に大きな工数を要するとしたら、やはり作業は停滞するでしょう。また、そこに人手作業が必要になると、作業ミスの可能性が生まれ、そこから大きな問題につながる恐れがあるため、しっかりとしたチェックプロセスを準備する必要が出てきます。リスクを伴う作業はやはり頻度を絞るという判断になるかもしれません。一方、こうした作業が簡易なコマンド操作でできる、スクリプトで自動化できるとなれば、リスクは限りなくゼロになり、メリットのほうが大きいという判断になるでしょう。開発環境を用意するだけでなく、処理負荷が増えてきたので環境を増強させたい、可用性のために環境の冗長構成を作りたいなど、運用にまつわる手間のかかる作業はいくつもあります。こうした作業が簡素化/自動化できたら、これまでの運用工数は劇的に変わります。

クラウド環境を前提にできるなら、潤沢にあるコンピューティングリソースを活用することで物理的な制約から解放され、コマンド操作でこれまでの手作業を自動化することにより、運用工数や時間の短縮化を図ることができます（図4-15）。

図4-15 クラウドの特性

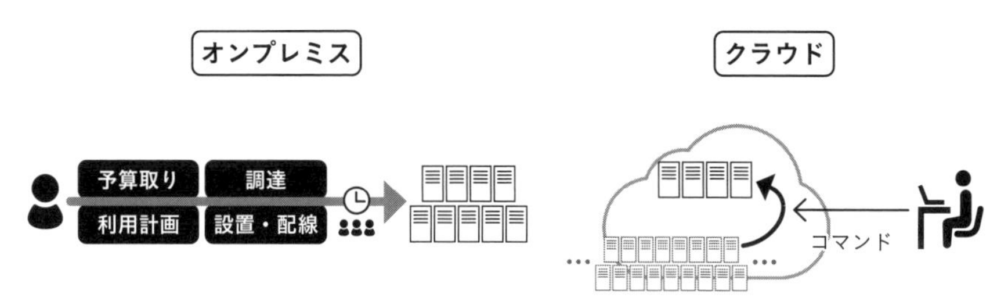

■ クラウドネイティブとさまざまな「コスト」との関係

「クラウドネイティブ」は、これまでの作業の一部をクラウド機能に委ねることだともいえます。

ハードウェアを自社保有するという意味で、オンプレミス環境を自家用車に例えることがあります。所有物なのでエンジンをカスタマイズしたり内装を変えたりするのは自由です。ただし、車検や保険、税金を納めるなどの義務が生じます。レンタカーなら、カスタマイズすることはできなくなりますが、多くの義務的な作業をしなくて済みますし、借りるたびに違う車種を選ぶことができます。目的が「車を自分好みにする」なのか、「車で移動する」なのか、そこが判断ポイントになるでしょう。

もうおわかりかと思いますが、ここでのレンタカーがクラウドを例えたものになります。では、クラウドネイティブはどうでしょうか？ タクシー配車サービスなどがイメージに近いのかもしれません。もはや、車を運転することすら委ねて「移動する」目的のためにその乗車時間だけの費用を払うという選択です。

ここで理解しておきたいことは、「コスト」とはクラウド利用費用のことだけではない、という点です。車検や保険、自動車税などの手間（ソフトウェア保守工数）、故障した場合の対応（ハードウェア保守工数やシステム障害対応工数）、車の運転（運用工数）、燃料費（電力費）、事故の際の対応（障害対応工数）なども含めて「コスト」としての認識を持つことが重要です。

クラウドネイティブなアーキテクチャを採用することで、よい影響が期待できる代表的な「コスト」を以下に挙げます。

●クラウド利用費用

クラウド上で仮想サーバーを利用する形態では、環境を保有している時間で課金されますが、クラウドネイティブ型のサービスの採用により、処理を実行している間だけ課金される構成を実現できます。クラウド前提で設計されているサービスでは、より柔軟な課金形態となることがあります。

●環境構築・設定工数

クラウド上で仮想サーバーを利用する形態では、インスタンスの確保は容易にできますが、実際のシステムはそれだけでなく、ソフトウェア配置や冗長化構成の構築をどうやって実現するのかを考慮する必要があります。クラウド前提で設計されているサービスは、環境構築が自動化されています。

●通常運用工数

オンプレミスやクラウド上で仮想サーバーを利用する形態では、システムを安全に維持し続けるために、利用状況に応じてハードウェア増強計画を立てなくてはなりません。また、ときにはアプリケーションコードの入れ替えが必要です。クラウド前提で設計されているサービスは、こうした作業を安全に行う仕組みが考慮されています。

●障害対応工数

インスタンス障害、ソフトウェア障害、ネットワーク障害など、障害はさまざまな層で起こりえます。クラウド前提で設計されているサービスの中には、個々のサービスのレベルでの耐障害性を考慮した構成が事前設定されているものもあります。

●構成維持管理工数

中長期的に見るとOSやソフトウェアのバージョン保守も必要な作業です。クラウド前提で設計されているサービスは、これらの作業を利用者の代わりに自動で実施してくれるものがあります。

このように、クラウドネイティブ型のアプリケーションにすることで、クラウド利用費用だけでなく、システムの管理・維持費用にも効果を与えることができます。

■ クラウドネイティブを支えるテクノロジー

クラウドネイティブという考え方には、「オンプレミスでの設計思想をクラウドにのせる」のではなく、「クラウドの機能を前提として再設計してクラウド利用費用だけでなく運用工数も含めた最適化を目指す」という意味・意図があります。この実現に近づくために、コンテナやマネージド型/サーバーレスというサービス・仕組みが提供されています。オンプレミス環境では限られていたコンピューティングリソースが、クラウドには潤沢に用意されています。それらを自分で準備・設定する作業工数を大きく軽減させるのが、コンテナやマネージド型/サーバーレスです。これらは、クラウドの環境を前提として、すぐに必要な構成を再現・複製するための仕組みやテンプレートと捉えることもできます（図4-16）。

図4-16 クラウドネイティブテクノロジーの違い

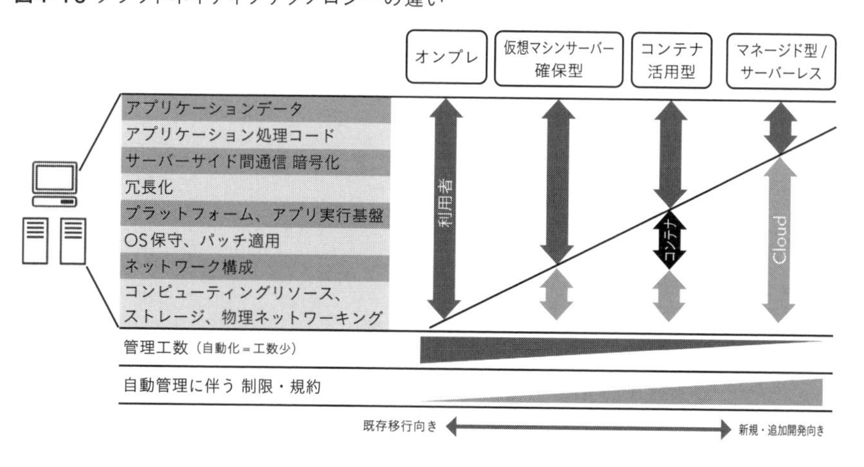

コンテナ活用型、マネージド型/サーバーレスの違いと選択基準は、どこまでの作業をクラウド側に委ねるか（別の言い方をすれば、どこまで自分たちで制御したいのか）によります。マネージド型/サーバーレスは、典型的な形を事前構成型にして利用できるようにしたものです。多くのケースで適用できるように、数多くのサービスがマネージド型/サーバーレスで提供されていますが、個別の特殊要件では細部で微調整したくなることもあるでしょう。このような場合は、コンテナサービスを使うことで、個別の要件に対応できます。

おおまかにいえば、既存の制約がない新規プロジェクトならマネージド型/サーバーレスを軸に検討し、要件に合わなければコンテナを適用する、という流れで選択します。既存システムの移行やパッケージアプリケーションの配置のようなケースでは、コンテナ利用を軸に検討し、パッケージアプリケーションなどが必要でコンテナで対応できない部分については、Amazon EC2といった仮想マシンサーバー確保型を利用します。このようなステップで検討するのがクラウドネイティブな設計方針となります。

■ クラウドネイティブ型による効果

コンテナやマネージド型、サーバーレスを活用したクラウドネイティブな構成では、どのような効果がもたらされるのか、いくつか実例を紹介します。効果は、対象のシステムの特性によって変わります。

●処理を行う時間帯や期間に偏りがあるシステム

例: 夜間バッチ、週や月単位で実行されるバッチ処理

効果: クラウド利用費用低減（+処理時間短縮）

処理時間/量のみを対象にした課金なら、クラウドネイティブな構成を採用することで大幅な費用低減を実現できます。広告ログデータのバッチ処理をAmazon EC2ベースの実装からサーバーレス型に切り替えたこの企業では、サーバーレスの課金体系効果により、クラウド利用費用が処理実行時間のみでの計算となり、4分の1に縮小しました。また、同時に処理の並列化を行った結果、処理時間が10分の1未満に短縮されました。処理の並列化は、クラウドの潤沢なコンピューティングリソースを前提にした設計であるからこそ実現できたのです。

●高頻度に機能変更の可能性があるサービス

例: DX関連プロジェクトでトライ&エラーで試しながら推し進めているサービス

効果: サービス展開力の強化

新しいDXへのチャレンジを始めているこの企業では、B2C向けの新しい仕組みを試行錯誤・改善しながら進めています。エンドユーザーの行動体験を考慮すると、あるサービスを実現するには、現在の複数の基幹システム（顧客情報、商品情報、価格情報、在庫情報、決済処理など）を横断して利用する必要がありました。そこで、基幹システムへの影響を抑えながら新しいサービス開発を試行錯誤するため、クラウド上にDXのためのプラットフォームを構築しました。そのプラットフォームの実現をコンテナやサーバーレス、マネージド型サービスを中心にした設計で進めています。「クラウドがやれることはなるべく任せて楽をする」「スピードを重視する」を方針として、開発と運用を一体化したチーム（DevOps体制）でスピード感のあるプロジェクトが可能となりました。結果、従来のプロジェクトと比較して4分の1以下の期間で複数のプロジェクトを完了させています。

●処理負荷に変動性がある、または予測が難しいシステム

例: B2Cモバイルアプリケーション

効果: 障害対応工数低減、新規開発へのシフト

アパレルブランドの顧客向けモバイルアプリケーションを展開しているこの企業では、たびたびキャンペーンを行っています。その際に障害にならないように、負荷を予測して十二分にサーバーを確保し、実際のキャンペーン時には注意深く監視をして、常にアラートに気を配るという運用を行っていました。これをサーバーレス型にすることで、実際の負荷に応じた規模拡張が自動で行われるようになったため、事前の準備、当日の対応にかかる工数が大きく変化しました。これまで、運用:新規開発の比率が9:1だったのが逆転し、1:9となり、新規開発に大きくシフトできるようになりました。

● **定常的に処理しつづけるシステム**

例: 売上データのリアルタイム集計処理、IoTサービスの計測データの集計処理

効果: 構成維持管理工数の低減

この種のアプリケーションでは、売上件数の増減、IoT機器の増加によってデータ量が変動します。その影響を自動スケールで対応することで、構成維持の工数をほぼ自動化できます。また、処理を止めるタイミングが難しいため、OSやソフトウェアの保守の検討が厄介なタスクになりますが、それを管理してくれるマネージド型サービスを利用することで、大きな工数低減となります。

最後の例のように、定常的な処理が継続し、休閑時間が少ないシステムで厳密に負荷変動を予測できる場合には、適切なサイズのAmazon EC2インスタンスを適正台数揃えて構成すれば、コンテナやサーバーレスを採用するよりも、クラウド利用費用を少なく収めることが可能な場合があります。一方で、そのための作業工数や監視の際の心理的な負担も考慮すべきです。

クラウド利用費用だけを考えればAmazon EC2の方が安価になったという事例を一つ紹介します。海外のある交通機関のチケットのオンライン予約・発行サービスでは、Amazon EC2ベースの従来型のアーキテクチャと、クラウドネイティブなサーバーレス型のアーキテクチャの検討をしていました。予測されるアクセス負荷に対して冗長化設計を考慮して見積もったところ、このケースではサーバーレス型のほうが5%ほどクラウド利用費用が高くなるという試算結果になりました。一方、負荷を常に監視しながら構成を調整していく作業工数や、システムの変更要件への対応時の作業工数を鑑みると、人件費換算で68%ほどサーバーレス型のほうが安価となりました。また、中長期的な作業となるOSパッチやソフトウェア保守の工数も同じように人件費換算すると、サーバーレスのほうが50%程度安価に収まることがわかりました。

このケースでは、総合的に判断してクラウドネイティブ型のほうがTCO低減につながる、という結論に至っています。つまり、クラウド利用費用だけで判断すると間違う可能性があるということです。

実情として、OSパッチの適用やソフトウェア保守を適宜実施しない（できていない）ので、50%という工数差の実感がないという方もいるかと思いますが、代わりにセキュリティ面において脆弱であるリスクを抱えている、ということは理解すべきでしょう。また、運用・監視時の作業は、ミスができない神経を使う仕事です。この部分の作業量が多いということは、人件費に加えて心理的な負担も増えることになります。

こうしたことを十分に理解したうえで、それでもクラウド利用費用部分の安価さを優先するという状況もあるでしょう。理解したうえでの判断なら問題ありませんが、そうではない場合は狭い視野での判断になっていないかを冷静に見極め、作業量を考慮したTCOの評価による判断が必要です。

「クラウドの機能を前提として最適化を目指す」という意味でいうなら、コンテナやマネージド型、サーバーレスを必ずしも使う必要はありません。しかし、コンテナやマネージド型、サーバーレスは、そもそも作業の自動化を想定して設計されているという意味で、目指すべきクラウドネイティブの形に近づきやすいということはいえるでしょう。

では、コンテナやマネージド型、サーバーレスはどのような機能やサービスを提供するのでしょうか。以降では、その内容を紹介します。

2 コンテナ

コンテナ技術とは、コンテナ（容器/入れ物）の中に、アプリケーション実行に必要な構成要素をパッケージ化することで、その構成を容易に再現できるようにする技術です。

サーバー環境にOSを入れて、アプリケーション実行環境を構成して、必要なライブラリを配置して……という作業は、目指すシステムのために最適な環境構成を準備するうえで必要な作業です。ですが、この作業は一度で終わりではありません。同じことを並行開発向けにそれぞれ用意し、テスト環境に用意し、本番環境でも用意し、冗長環境としても設定するというように、同じ環境構成を何度も間違いなく用意しなくてはなりません。構成を変更したら、それがわずかな変更であっても、すべての環境で整合性をとり、差異がないように再設定する必要があります。

これを繰り返し手動で実施するのでは、作業ミスの要因になり、余計な作業工数増になりかねません。こうした作業のために構成管理ツールを利用するという手もありますが、特に開発時には依存するライブラリの追加・変更がそれなりの頻度で発生するため、変更のたびに構成管理ツールに設定するのは手間になります。

コンテナ技術を利用すれば、パッケージ化された環境を容易に複製して、個別に独立したリソース/プロセスとして稼働させることができます。一度構成したサーバー環境を使って、チームメンバーのための統一された開発環境として配布できますし、テスト環境として構成することもできます。また、冗長環境として複数を立ち上げることも容易です。

ここまでの話を聞くと、仮想マシン（VM）と何が違うのか、と思われる方もいるでしょう。考え方は類似しています。VMはそれぞれのイメージにOSも含むため、異なるOS環境を同じハードウェア上で起動させることが可能です。自身で所有するMacOS上でWindowsイメージを動かされたことのある方もいるかもしれません。一方、図4-17に示すように、コンテナは物理マシンのOS環境を物理的には共有しながら、論理的に分離するという形を取ります。VMは複数OS混在が可能な一方で、コンテナはそれができない分、直接的に物理マシンのOS機能を使うため、軽量になるという特徴があります。

図4-17 仮想マシンとコンテナの違い

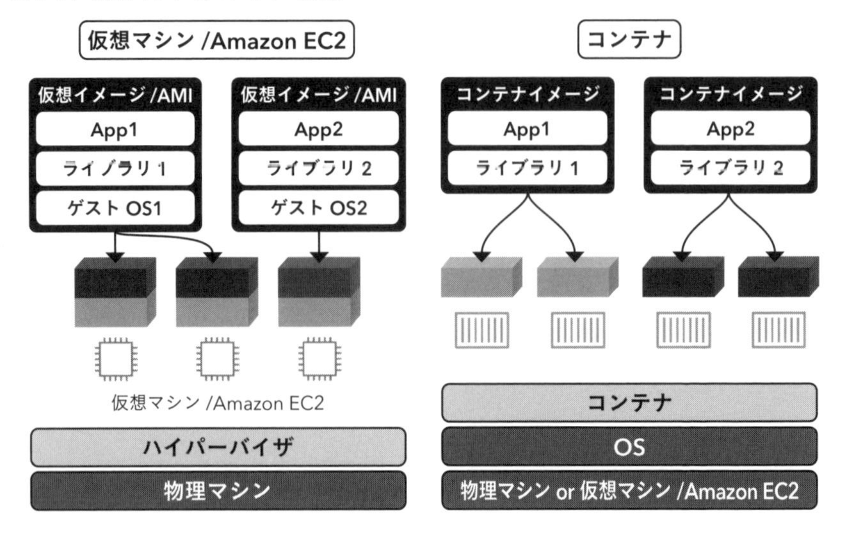

Amazon EC2では、Amazon Machine Images（AMI）でマシン環境をパッケージ化できることをご存じの方もいらっしゃるでしょう。AMIはその名のとおりマシン全体のイメージで、仮想マシン技術を利用しています。これはAmazon EC2インスタンスと1:1の関係で配置され、1つのAmazon EC2インスタンスの中で複数のAMIを稼働することはできません。一方でコンテナは、1つのAmazon EC2インスタンスを分割するように複数起動できます。よって、次に紹介するように、複数の集約起動によるリソース利用の効率化が可能になります。

■ コンテナのコスト効果1: 集約によるクラウド利用費用への効果

コンテナ技術を利用することで、事前定義しておいた構成でのマシン環境の起動、停止を迅速かつ確実に実施できます。この特性を利用して、例えば日中はオンライン用の処理の環境を多めに起動しておき、夜間はオンライン用の環境を少なくしてバッチ用の処理環境に使うというリソーススケジューリングのような運用が可能になります。オンプレミス環境で仮想マシンを使って、同じようなことを経験されていた方もいるかと思いますが、考え方は同じです。オンライン用に構成したAmazon EC2環境と、バッチ用に構成したAmazon EC2環境を起動・停止させれば、類似の運用も行えますが、コンテナを使えば、異なるワークロードを1つのAmazon EC2インスタンスのリソースを分割して同居させることができます。これは、クラウド利用費用の適正化にもつながります。

オンライン系ワークロードとバッチ処理系ワークロードを同居させるという用途はもちろん、同じオンライン系であっても、類似の処理ワークロードを論理的に分離させた環境に構築し、1つのAmazon EC2インスタンスのリソース上で実行させることもできます。基盤のAmazon EC2環境の利用効率を上げる（集積度を上げる）ことは、クラウド利用費用の圧縮効果にもつながります。

とあるパッケージアプリケーションベンダー企業では、この特性を利用して、エンドユーザーごとの環境をコンテナで実行することで、基盤となるAmazon EC2環境を効率的にリソース分離しながら、個別のエンドユーザー向けアプリケーション（SaaS型）を提供することに成功しています（図4-18）。連結会計ソフトを展開するとある企業では、AWSのコンテナサービスであるAmazon Elastic Container Service（Amazon ECS）を利用することで、6か月でこの形での運用に成功しています。

図4-18 コンテナによるリソース分離・集約利用

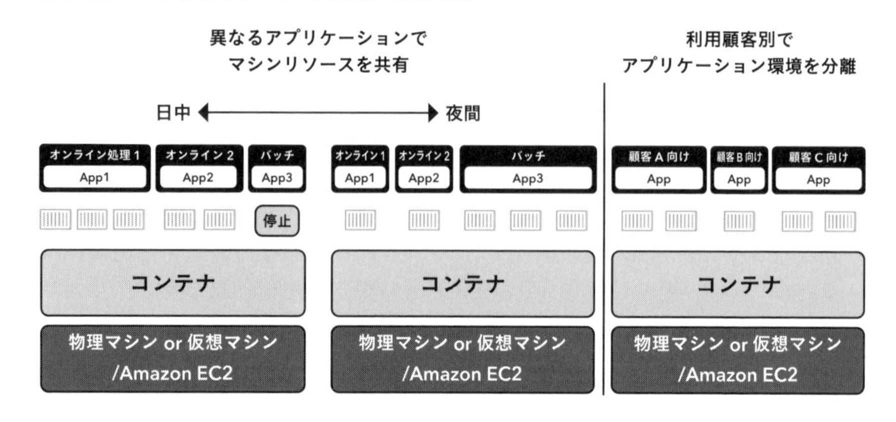

■ コンテナのコスト効果2: 作業工数の短縮化と正確性の保証

「パッケージ化されたアプリケーション（コンテナイメージ）を使って同じ構成を容易に複製できる」というコンテナ本来の利点は、クラウド利用費用に対してのみならず、ITプロジェクトの数多くの工程で有用です。具体的には、開発環境の構成をテスト環境に再現する、複数のシナリオでテストするために複数のテスト環境を準備する、ステージング環境に展開する、本番環境として運用する、などの場面が挙げられます（図4-19）。

図4-19 コンテナを用いた環境複製

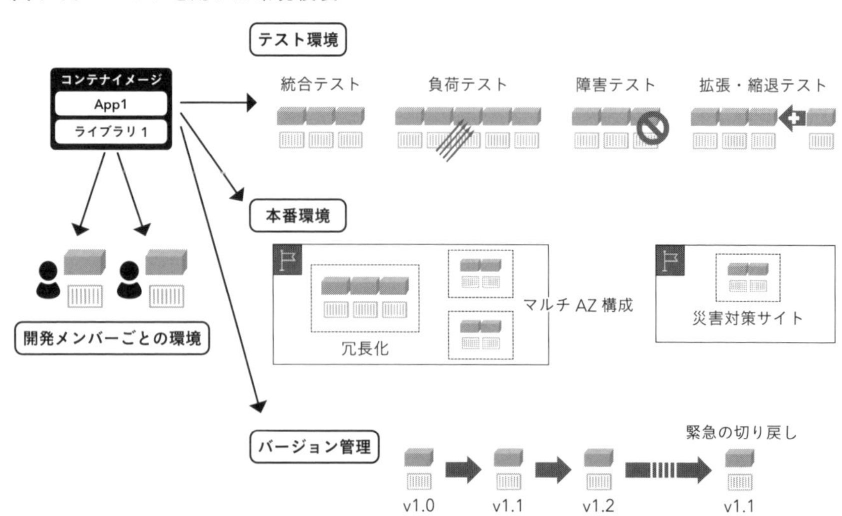

これらのそれぞれの環境では、システム規模によってサーバーやインスタンス台数を複数配置する必要があります。また、可用性の意味での冗長化の際にはマシン構成を複数用意することになり、より大きなスコープでの可用性として、マルチAZ構成やDRサイトも考慮することがあります。

同じ構成の構築を手動の作業で行うことは神経を使う作業です。できた環境が同じであることを保証するというチェックは簡単なことではありません。ライブラリのバージョンの差といった小さな違いが、大きなバグに結び付くことも多々あります。手動の作業ではなく、システムとして環境の複製を作ることで、時間の短縮と作業ミスの防止、環境の同一性を仕組みとして保証することが可能となり、クラウド利用費用以外での手間や時間の短縮という観点での「コスト」効果につながるのです。

Column

受託開発体制におけるコンテナの役割

自社でアプリケーションを開発せず、システムインテグレータに委託している場合は、上記で説明したようなコンテナの効能が実感できないかもしれません。ただ、このような開発体制でも、コンテナの活用にはメリットがあります。

例えば、システムインテグレータからコンテナイメージとしてアプリケーションを納品してもらうことで、開発時と本番環境での構成に差異が出る可能性を最小化でき、品質の担保になります。

また、少し高度なコンテナの活用方法になりますが、委託ベンダーではらつきが出ないようにシステム品質の均一化や運用ルールの標準化を目的として、システムの重要性に応じた性能要件や冗長性をコンテナの設定パラメータで規定する場合があります。例えば、システム1は基幹系で止められないので重要度A、システム2は夜間バッチ処理で朝までに処理が終わればよいため性能要件を緩めた重要度B、システム3は社内の限定されたメンバーのみが利用すればよく、処理時間がかかっても影響範囲が小さいため耐障害性レベルを低くしてクラウド利用費用を抑えることを優先した重要度C、といった具合で定義します。重要度Aは処理の安定性を考慮して一定のCPU負荷を下回るように規模構成する、重要度Cはクリティカルなアラートだけ通知してシステム再起動で対処し、クラウド利用費用低減のためにスポットインスタンスを積極的に利用する、といった基準でコンテナ構成パターンを決めておけば、システムごとに開発したシステムインテグレータが異なっていても、一定レベルの運用の均一化を図ることができます。

コンテナ技術の利用によって、クラウド利用費用の削減（集約率向上）と作業工数の削減（構成の複製環境の構築作業、設定ミスによる手戻りリスクの軽減）、運用の均一化といった効果が期待できます。ただ、そのために必要なコンテナ技術のスキル習得工数と、コンテナ環境の管理・維持という工数を考慮する必要があります。コンテナ技術を利用した環境は、Amazon EC2インスタンスの上で自己管理で構築することもできますが、管理工数を軽減する意味では、AWSが適用しているコンテナサービスの利用を検討することをおすすめします。

次に、AWSの代表的な2つのコンテナサービスを紹介します。

■ Amazon Elastic Container Serviceおよび Amazon Elastic Kubernetes Service

AWSには、Amazon Elastic Container Service（Amazon ECS）とAmazon Elastic Kubernetes Service（Amazon EKS）という、汎用向けの2つの主要なコンテナサービスがあります。ほかにも、簡易なWebアプリ向けのコンテナ実行サービスであるAWS App Runnerなどがあります。

よく見られるWebサーバー・Appサーバー・DBの三階層型の構成を想像してください。システム規模が小さく、これらを1つのサーバー（=コンテナ）に収めても十分というケースもあります。ただ、ある程度の規模のシステムであれば、Webサーバー・Appサーバー・DBのそれぞれで必要な規模・台数が変わってきます。コンテナを使う場合、それぞれのコンテナイメージを用意して、各階層でそれぞれ異なる数のインスタンスを起動し、それらをつなげて1つのシステムとして構成することになります。このようなケースでは、何台のコンテナを起動するのか、どのような配置で起動するのか、起動や停止の順番、依存性の管理、死活監視などの機能・作業が必要になります。こうした作業を担うのが、コンテナのサービス制御部です。Amazon ECSやAmazon EKSは、このようなサービス制御部も含めて提供する総合コンテナサービスです。

Amazon ECSは、AWSが設計・開発したサービス制御機能を包含しており、世界中の多くの企業で利用されています。コンテナ管理としてのシンプルでまとまった機能性を有しており、「特定のコンテナ技術を使う必要がある」という固有要件の制約がない場合にはよい選択肢になるでしょう。特に、ほかのAWSサービスとともに利用する方にとって連携の多様性は魅力になります。一方、Amazon EKSはKubernetesというオープンソースのコンテナ制御機能をベースに構成されています。このため、Kubernetesにまつわる一般的な技術やTipsとして紹介されている手法・ツールが利用できるというメリットがあります。すでにKubernetesの経験がある場合は、Amazon EKSのほうがスムーズにスタートできますし、手持ちのツールを利用しやすいでしょう。その反面、Kubernetesのバージョンアップ・ライフサイクルに追従していくことを受け入れる必要があります。これはKubernetesに限ったことではありませんが、オープンソースベースの技術を利用するということは、その変化のスピードに追従していけるかどうかを、これから先のシステム運用という観点で考慮する必要があります。これは中長期的な「コスト」の観点で重要な判断基準の一つとなります。

Amazon ECSとAmazon EKSのどちらを選択するにせよ、前述したコンテナ利用のメリットを享受できます。つまり、手動で実施していたサーバーの構成作業を自動化して、開発環境・ステージ環境・テスト環境・本番環境などの構築にかかる作業工数の削減と、それに伴うミスの排除につながります。クラウドの潤沢なコンピューティングリソースを必要なときに利用する、という形を前提にできるため、容易に複数の環境を用意することができます。

Column

コンテナの汎用性

ここでは標準的なWebサーバー・Appサーバー・DBの三階層型の構成を例に挙げましたが、コンテナはその構成に限らず、広く利用できる技術です。このため、Amazon ECS/Amazon EKSは、ほかのAWSサービスとともに利用されることがあります。主に、その構成上、複数のインスタンスをクラスター化して利用するようなサービスが該当します。大量データの加工処理で利用されるAmazon Elastic MapReduce（Amazon EMR）やAWS Batch、機械学習で利用されるAmazon SageMakerなどが代表例といえるでしょう。

こうしたサービスでは、1つの大きなデータ処理を複数のマシンに分散・並列化することで、高速な大量処理を可能にしていますが、その実行のために、データ処理に必要なライブラリや処理ロジックを配置した複数の処理インスタンスを起動しています。これらの処理インスタンスのベースイメージをコンテナで作成しておけば、実行時にはコンテナからインスタンスを複製して利用できます。

このように、大量データ処理を行ううえでも、コンテナ技術への理解は重要になってきています。

■ コンテナ環境におけるクラウド利用費用の最適化の考え方

Amazon ECS/Amazon EKSを使わずに、Amazon EC2環境上に自分でコンテナ環境を構築することも可能です。では、Amazon ECS/Amazon EKSを採用する意味はどこにあるのでしょうか？ Amazon ECS/Amazon EKSは、マネージド型のコンテナサービスとして紹介されます。これは、コンテナのサービス制御部のサーバーインスタンスを利用者側が管理しなくてもよい（代わりにAWSが管理する）という意味です。コンテナを利用する場合、図4-20に示すように、大きく分けると実際のアプリケーションを動かす実行環境部分とそれらを管理するコンテナのサービス制御部があります。

図4-20 コンテナ-サービス制御部と実行環境

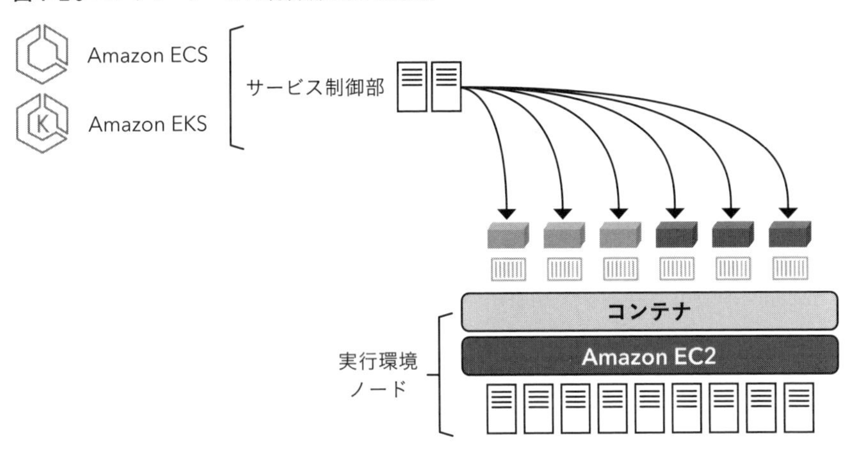

このうち、サービス制御部はクラウド側で自動管理されます。つまり、この部分において利用者の作業負担がなくなるうえに、Amazon ECSの場合は制御部のクラウド利用費用が発生しません。これらの要因から、コンテナ技術を利用するのであれば、費用面・作業面でのコストパフォーマンスに優れたAmazon ECS/Amazon EKSの利用が効果的といえるのです。

一方、コンテナ処理の実行環境部分としては、Amazon EC2インスタンスを利用します。この部分のクラウド利用費用の適正化の考え方は、Amazon EC2インスタンスに対して用いる手法と同じです。つまり、動かすアプリケーションの性能要件に応じたAmazon EC2インスタンスタイプの変更・調整（インスタンス選定、Gravitonプロセッサの選択）、購入オプションの選択（Compute Savings Plans、スポットインスタンス利用）、不要リソースの停止、スケジュール調整などの取組みが効果的です。コンテナを利用することで、処理性能が求められるシステムでは高いスペックのインスタンスタイプを利用し、そこまで処理時間がシビアではないシステムや、再実行が容易にできるシステムではインスタンスタイプをより安価なものにしたり、スポットインスタンスを利用してクラウド利用費用を抑える、といったより柔軟な形での適正化が可能になります。

Column

オンプレミス環境におけるコンテナ利用

コンテナ技術自体はもちろんオンプレミスでも利用できますが、クラウドとは異なりコンピューティングリソースが限られているので、同時にいくつもの開発環境やテスト環境を再現するような余剰マシンはないかもしれません。しかし、時間を区切れば、1つのコンピューティングリソース上で複数のテスト環境を容易かつ確実に再現できるので、リソースの有効活用という点では効果的といえるでしょう。

現在は多くのオンプレミス環境を抱えているものの、今後の拡張部分を徐々にクラウドへ移行するという中期計画を検討している方もいるでしょう。こうした計画においても、コンテナ技術は有用です。オンプレミスでの実装時にコンテナを利用しておくと、コンテナをそのまま転用できるため、クラウドへの移行がよりスムーズになります。

オンプレミス環境でのコンテナ運用でも、やはりコンテナのサービス制御は必要です。また、将来のクラウド移行を考えると、オンプレミスとクラウドで共通の制御機構が使えれば、将来のクラウド移行も検討しやすくなるでしょう。これを可能にするのがAmazon ECS AnywhereおよびAmazon EKS Anywhereです。これらのサービスを使うと、オンプレミス環境のマシン上に配置されたコンテナも、クラウドから一括管理できるようになります（図4-21）。

図4-21 Amazon ECS/Amazon EKS Anywhere

コンソール
Amazon ECS/Amazon EKS
Amazon EC2
AWS
Amazon ECS/Amazon EKS Anywhere
物理マシン
オンプレミス環境

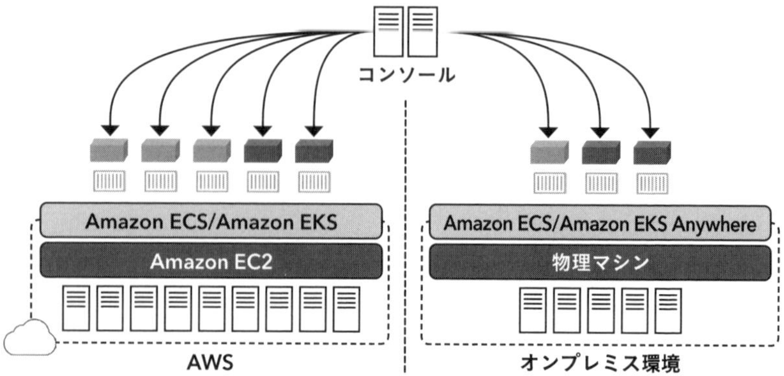

■ コンテナ処理の実行環境部分の管理の自動化

Amazon ECS/Amazon EKSでコンテナのサービス制御部分が自動運用されるとしても、コンテナ処理の実行環境部分となるAmazon EC2インスタンス部分をいつどのくらい起動し、いつ解放するかの判断・運用作業は、利用者側の役割になります。マルチAZ構成にするのも利用者の責任です。つまり、クラウド利用費用最適化のための典型的な手法として紹介した、不要リソースの停止、スケジュール調整という作業が引き続き残ります。

利用できるマシン環境が限られているオンプレミス環境なら、限られたリソースをうまくスケジュールして確保し、必要なくなったら解放するのを意識するのは当然だと思われるかもしれません。ただ、「コンピューティングリソースの上限量を忘れてよい」となったらどうでしょうか？ “必要に応じて確保する”という作業が自動化されれば、運用の負荷は大きく軽減します。Amazon EC2でもオートスケールという機能がありますが、そのように自動でスケールアウト・スケールインが行われれば、利用者のタスクは減ります。

AWSでは、こうした要望に応えるための、コンテナ実行環境の基盤となる部分のリソース管理を自動化してくれるサービスがあります。それがAWS Fargateです。次に、このようなリソースの自動管理機能を持つサービスとその効果について説明します。

3 マネージド型サービス

Amazon EC2は用途に応じて中身を自在に設定できます。言い方を変えれば、その設定（OS、必須ライブラリ、ソフトウェア構成）はもちろん、中長期的な維持作業（OSパッチレベル、OSユーザー管理、ソフトウェアバージョン管理、規模の変更など）も利用者の作業になるということです。その台数が数十台、数百台となればかなりの工数となります。

こうした作業負担を軽減するためには、特定用途に事前構成されたAWSサービスを活用します。前述のコンテナ環境に対するAmazon ECS/Amazon EKSは、部分的にその効果をもたらしています。Amazon ECS/Amazon EKSは、コンテナのサービス制御部のサーバーを利用者が意識する必要がなく、その部分の構成や維持・管理を自動化してくれています。

一方、コンテナ実行環境部分となるAmazon EC2の管理・保守は引き続き利用者の仕事として残されます。ここにAWS Fargateを併せて利用することで、コンテナ実行環境の基盤となるコンピューティングリソースの確保や解放作業が自動制御・管理されます。完全に自動管理するという意味で、Amazon ECS/Amazon EKS on AWS Fargateを（より広範な意味での）マネージド型コンテナサービスと呼びます（図4-22）。

図4-22 AWS Fargateによるコンテナ実行環境の管理の自動化

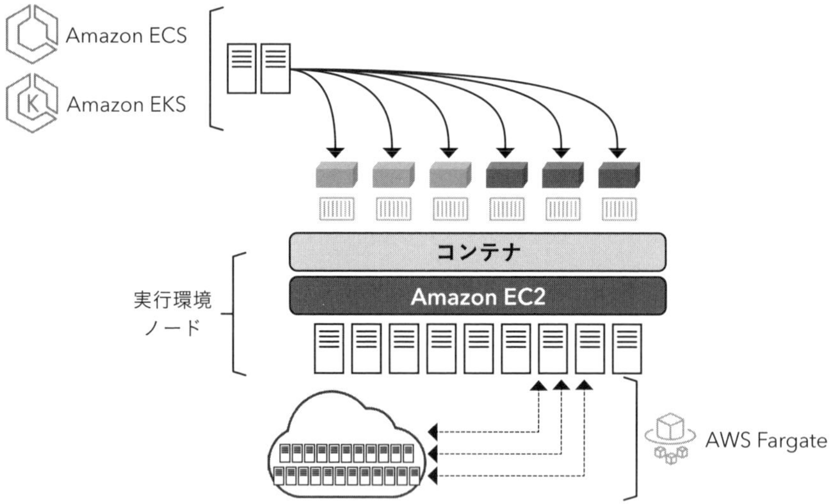

Amazon ECS/Amazon EKSとAWS Fargateを組合せることにより、利用者は「コンテナ技術を活用する」ことに集中し、コンテナ環境の維持・管理に時間を使わなくて済みます。維持・管理作業を、クラウド側に控える専門家が設計した自動処理に任せることで、作業ミスの可能性を排除できます。そして、AWS Fargateの利用によって、コンテナ実行環境部分となるサーバーを意識する必要がなくなります。

また、Amazon ECS on AWS Fargateではクラウド利用費用の低減効果のあるスポットインスタンスやGravitonプロセッサを利用するように、設定で指示できます。具体的には、全体における通常Amazon EC2インスタンスとスポットインスタンスの比率（重み付け）を指示します。なお、執筆時点におけるAmazon EKS on AWS Fargateの構成では、スポットインスタンスやGravitonプロセッサの利用には未対応です。

ここで、コンテナ関連サービスでもう一つ触れておきたいAWSサービスがあります。AWS App Runnerという、シンプルで軽量なWebアプリケーション向けに用途を絞ることで、機能もシンプルにしたマネージド型サービスです。

コンテナを利用することによって、利用者はサーバー環境を自分に必要な構成にパッケージして、必要な規模で展開できます。一方、実際のシステムにはコンテナの周辺にいくつかの要素が必要です。Webアプリケーションでよく使われているPHPの構成を考えてみると、PHPを動かすサーバー(冗長化を考えるとそれを数台)、そこに処理を割り振るロードバランサー、PHPアプリケーションのビルド環境が必要で、それらを正しく設定・配置して初めてPHPアプリケーションとして動くようになります。PHPサーバー部分の複数台の構成にはAmazon ECS/Amazon EKSを利用できますが、その他の部分は別途作業が必要です。

Webアプリケーションに用途を絞り、上記のような周辺要素もまとめて自動構成・管理できるようにするのがAWS App Runnerです(図4-23)。

図4-23 AWS App Runnerの概略

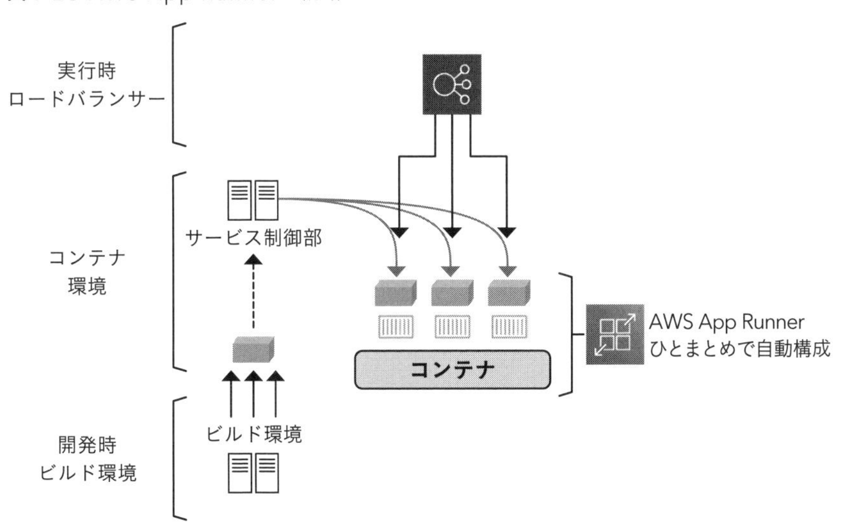

Webアプリケーションとしてよく利用される、PHPやRailsなどの実装でマネージド型のコンテナ構成を考えるなら、まずはAWS App Runnerで要件が合うかどうかを確認してみてもよいでしょう。個別要件によっては合わないということもあるでしょうが、その場合はAmazon ECS/Amazon EKS on AWS Fargateを選択すればよいことになります。

■ その他のマネージド型のサービス

Amazon ECS/EKS on AWS FargateとAWS App Runnerのどちらも、Dockerというオープンソースのコンテナ技術を中核として（加えてAmazon EKSの場合はKubernetesというオープンソースも活用して）、それを企業システムで利用しやすいように、システム構成の自動化、不足機能の補完、管理・保守のサポートをクラウド側で追加することで、マネージド型サービスとしています。

AWSでは多数のサービスがマネージド型で提供されていますが、その多くは、このようにオープンソースの技術を企業システムで利用しやすいように完全管理型にしたものです。オープンソースのリレーショナルデータベースであるMySQLやPostgreSQLをマネージド型にしたAmazon RDS、オープンソースのキャッシュサーバーであるMemcachedやRedisをマネージド型にしたAmazon ElastiCache、オープンソースのメッセージキューイング機能であるRabbitMQやActiveMQをマネージド型にしたAmazon MQ、機械学習に関連する開発環境やフレームワークを包含して一連の枠組みとして提供するAmazon SageMakerなどが、こうしたマネージド型サービスに該当します。

例えば、リレーショナルデータベースを利用できるように環境を構築するだけでも、オンプレミスでは工数と人件費がかかります。一方でマネージド型サービスを利用すると、確実な構成が自動で短時間に実現できます。このように、マネージド型サービスを利用することで、環境構築の工数削減、サービスの基盤として稼働するサーバーの管理・保守の自動化、スケーリング工数削減、およびこれらの作業ミスの削減（リスク軽減）といった、さまざまな点で工数削減効果を期待できます。

この後に紹介するサーバーレス型のサービスも、環境が完全に自動管理されるという点でマネージド型サービスの一種です。加えて、サーバーの台数・存在を意識しない作りになっているため「サーバーレス」と呼ばれます。マネージド型として紹介したAmazon ECS/Amazon EKS on AWS Fargateも「サーバーレスコンテナ」と紹介される場合があります。

広義のサーバーレスと狭義のサーバーレスがあり、何がサーバーレスで、何がサーバーレスではないマネージド型なのか……という定義の議論は時折起こりますが、重要なのは、システム環境の構築・管理・保守作業にこれまでどおり人手をかける（＝工数・人件費）という選択肢以外に、クラウド代行型であるマネージド型や後述するサーバーレスという別の選択肢があることを認識したうえで、自分にとって何がよいかを選ぶことです。

「自分でサーバーの管理・保守や起動・停止を緻密にミスなく制御できる」という確信がある場合は、マネージド型サービスに頼らずに自分でやるほうが、クラウド利用費用の観点ではより無駄のない形になるケースもあります。一方で、作業時間や人件費をかけることへの認識を持っておく必要があります。これは、予算の申請の際にクラウド利用費用だけを上げるのか、システムの保守工数のための人件費も考慮するのか、という違いになるでしょう。

とはいえ、常にマネージド型サービスが最良の選択肢であるとは限りません。どちらを選択すべきなのかは、企業の置かれている状況や対象のシステムの性質にも依存します。いずれにせよ、TCOの観点で、どの選択がコスト最適になるのかを判断すべきです。

4 サーバーレス

サーバーレスとは、「サーバーの存在を意識しない」システム設計や運用を可能にするテクノロジーです。サーバーレスという言葉から、「サーバーがない」と認識してしまいがちですが、クラウド環境には物理的にはサーバーにあたるコンピューティングリソースがあります。では、「サーバーの存在を意識しない」とは何を意味するのでしょうか？ これを理解するために、「サーバーの存在を意識する」従来型の方式について明確にすることから始めます。

典型的なWebアプリケーション・モデル（Webサーバー、アプリケーションサーバー、データベース）の構成で考えてみましょう。このモデルでは、フロントでHTTPリクエスト処理を行うWebサーバー層、中間で処理を実行するアプリケーションサーバー層、バックエンドでデータ管理を行うデータベース層という論理的な三階層の構成に分け、それぞれの層で役割を分けて実装します。これを下支えするサーバーが、各層でそれぞれ何台ずつ必要になるか負荷を予測しながら見積もりし、それによって容量計画を立てていました。また、可用性の要件検討も並行して行い、この両面から、どのくらいのサーバーを確保するとよいかを見積もっていました。サーバー障害が発生したときにはどのように切り替えを行うかといったインフラ運用の設計も必要です。さらに、論理的には三階層でも、各階層の間にロードバランサーを配置するなど、実際の物理設計では追加の考慮が必要になります。サーバーレスでない従来型のアプリケーション開発では、こうした一連の検討・見積もり・設計を、ITプロジェクトの当たり前の工程として行っています。もちろん、その上で実装するアプリケーションコードやデータ設計も行います。

では、「サーバーの存在を意識しない」サーバーレスではどうなるでしょうか？サーバーレスアプリケーションも、従来型アーキテクチャと同じように、それぞれの役割を持つ三階層のアプリケーションモデルで構成できます（図4-24）。

図4-24 従来型とサーバーレス型の対比

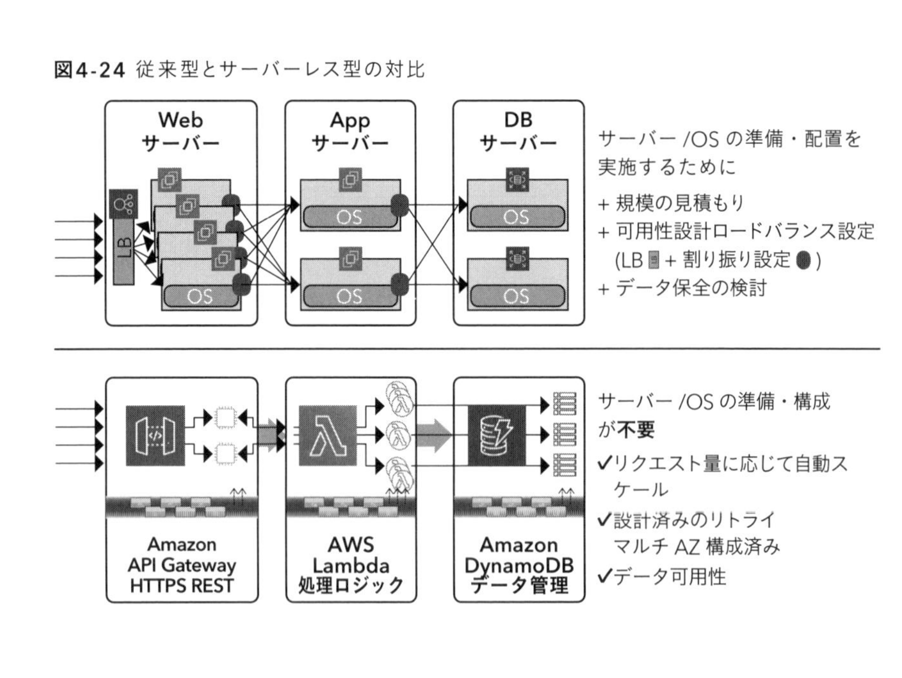

ただし、サーバーレスでは「サーバーの存在を意識しない」設計となります。従来型では必要なコンピューティングリソースの数量を事前に見積もってサーバーを確保していました。サーバーレスアプリケーションでは、流入する負荷（ユーザーリクエスト）に対して、自動的にかつ暗黙的に処理用のコンピューティングリソースを割り当ててくれます。応答を返した後、処理に使われたコンピューティングリソースは、後続の処理のために解放されます。「何台分のマシンで処理をしてくれ」という思想での開発・設計ではなく「こういう処理のためのコードを用意したので、リクエストが来たらコンピューティングリソースを確保して実行してくれ」という思想での開発・設計になります。ユーザーリクエストを割り振る機能が事前設計されているため、従来型アーキテクチャにおけるロードバランサーを配置する必要もありません。このような仕組みであるため、必要なコンピューティングリソースを事前に見積もる必要がなくなります。正確には、ある程度のラフな負荷の見積もりはやったほうがよいのですが、それはコンピューティングリソースの容量計画のためではなく、クラウド利用費用のための見積もりという意味合いが強くなります。いずれにせよ、従来型ほど神経質に見積もりを行う必要がなくなります。

サーバーレスの「サーバーを意識しない」構造は、クラウド利用費用の観点でも大きな影響を与えます。流入する負荷に対して、自動的にコンピューティングリソースを割り当てるという形の背後で、実際に割り当てされたコンピューティングリソース分に対しての課金が行われます（図4-25）。

図4-25 サーバーレスによるクラウド利用費用の構造

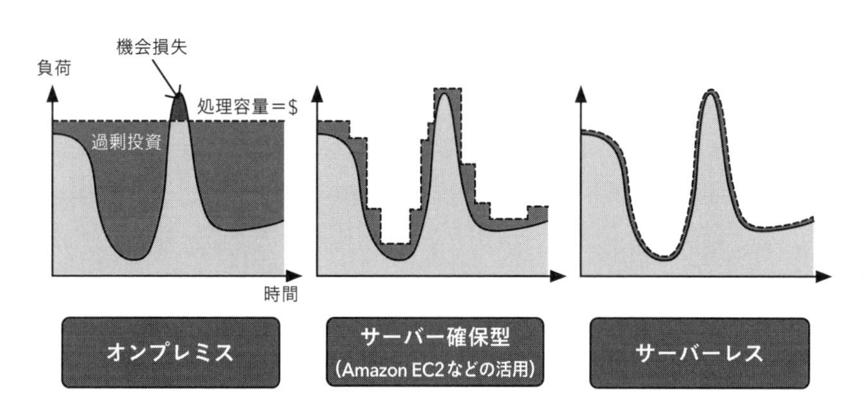

■ サーバーレスのコスト効果1:
緻密な「稼働した時間だけ課金」効果

システムに必要なコンピューティングリソースを事前に予測して確保するモデルでは、事前予測に対してある程度の余力を安全係数として想定し、容量計画を立てることになります。つまり、どうしても余力となるコンピューティングリソース分のクラウド利用費用が生じます。ここを切り詰めすぎると、今度は予測を超えた処理負荷が来た場合に高負荷状態となり、システムを不安定な状態にしかねません。

一方サーバーレスでは、事前に確保するのではなく、実際に来た処理リクエストに対してコンピューティングリソースを割り当てて、その処理回数や処理時間に基づいてクラウド利用費用が課金されます。したがって、処理リクエストが来ない時間帯は完全にゼロ課金です。日中と夜間で負荷が異なるシステム、処理量の変動が大きいシステムなどがサーバーレス型だと、クラウド利用費用の適正効果が大きく現れます。実際、Amazon EC2型のシステムと比較して、クラウド利用費用部分が3分の1や10分の1になったという例は珍しくありません[※2]。

どのくらいの効果が出るかは、元のシステムがどのくらい余力を抱えていたのかに依存しますが、休閑時間の多いシステムほど効果があります。

■ サーバーレスのコスト効果2: 設計/計画フェーズの工数短縮

サーバーレスではサーバー台数を気にする必要がないため、容量計画および物理構成の工数を大きく軽減できます。これは特に、新しいDXプロジェクトで大きな意味をなしてきます。

DXプロジェクトというと、新しいデジタル体験を提供するチャレンジですが、これまでにない体験ゆえに、どれくらい利用者がついて、どれくらいアクセスされるのか、予測が非常に難しいものとなります。楽観的に見積もると余計なサーバー確保分が無駄になりますし、悲観的に見積もると予測以上に利用された場合に、問合せ対応に手がとられてしまいます。耐障害性やセキュリティの考慮をどの程度行うのかも非常に悩ましいです。あまり工数をかけずにアプリケー

※2　例：日本経済新聞社事例など
https://aws.amazon.com/jp/solutions/case-studies/nikkei/

ションを展開して反応を見たいところですが、企業として提供する以上、脆弱なサービスでは問題があります。

こうした不安に対して、サーバーレス型のアプリケーションであれば、実際の負荷に応じて処理リソースを割り当てるので、容量見積もりの工数や不安を排除できます。また、可用性設計済みで、OSレベルのセキュリティの考慮が不要になるなどのメリットがあります。クラウド利用費用は実利用に基づく課金となるため、展開したアプリケーションが残念ながら期待通りに利用されなかったとしても、過剰な投資にはなりません。使われない部分のクラウド利用費用はゼロとなり、この部分における投資リスクが小さいことから、新しいDXプロジェクトでも承認を得やすい効果もあります。

実際、エンジニアの思いつきで一つのアプリケーションをサーバーレス型で開発し、1週間足らずでリリースに至ったケースがあります。これまでのアーキテクチャで進めていれば、たとえ優秀なエンジニアが数日で機能実装できたとしても、1週間で容量計画や予算承認を経てのリリースは困難だったでしょう。

■ サーバーレスのコスト効果3: バージョンアップ作業の最小化

機能的には特に何も変更の必要がない安定したシステムでも、利用しているデータベースなどのソフトウェアのバージョンがサポート切れになってしまうので、サポート対象のバージョンに上げるために工数を割く……といった経験はないでしょうか？　AWS自身が開発・保守しているサーバーレス型サービスでは、サービス基盤としてのバージョンアップ対応のための作業が極力少なくなります。

例えば、サーバーレス型の分散データベースであるAmazon DynamoDBは、AWSで開発・保守されており、利用者視点では、必要となるDBバージョンアップ作業がほぼありません。つまり、これまで定期的に起こっていた、工数だけかかるバージョンアップのためのプロジェクトを減らすことができるでしょう。もちろん、OS部分の保守も不要です。

処理ロジックを実行するサーバーレス型のエンジンであるAWS Lambdaでは、サービス基盤（従来型の三階層構造でいえばアプリケーションサーバー部分）のバージョンはありませんが、そこで利用するランタイム（JavaやPython、.NETなど）はAWSの外側で開発・保守されているため、そのライフサイクルには従う必要があります。それでも、これまでバージョンアップに対する考慮が必要だった部分から比べると範囲を限定的にでき、作業工数の軽減に貢献します。

ここで、典型的な三階層モデルの図にも登場した、代表的なサーバーレス型のサービスを簡単に紹介します。

■ AWS Lambda

開発者が本来取り組むべきなのは「処理ロジックを開発・実行する」ことです。しかし、処理ロジックを開発・実行するためには、サーバーや実行エンジン（Java、.NET、Pythonなど）を用意する必要があります。前述の、自家用車/レンタカー/タクシー配車サービスの例で、本質的な目的である「移動する」ことに注力するという選択のように、本来やりたい「処理ロジックを開発・実行する」ことだけを可能にする仕組みがAWS Lambdaです。処理ロジックを関数として定義・登録すると、後は呼び出すだけで起動されて実行結果を得ることができます。実行に必要なサーバー環境は、関数呼び出しの際に暗黙的かつ自動的にクラウド上で割り当てられ、そのうえで処理が実行されます。そのため、利用者はサーバーを何台配置するかといったことを意識する必要がありません。

必要なときに関数が実行できることから、AWS LambdaはFunction-as-a-Service（FaaS）と呼ばれることもあります。従来型の三階層アーキテクチャでいえば、処理ロジックを実行するアプリケーションサーバーに該当しますが、処理ロジックの単位はより小さな関数のレベルに分割して配置・実行する形になります。

クラウド利用費用の観点では、AWS Lambdaには次の2つの利点があります。

① 呼び出された回数およびミリ秒単位の処理時間での課金となる

サーバー確保型ではないため、処理が実行されなければゼロ課金となります。構築したものの呼び出されない処理を放置しても、費用を負担することにはなりません。

② 毎月100万件分の呼び出しにかかるクラウド利用費用は、無料枠として課金対象から外れる

これらの特性は、アクセス予測が難しい新規DXプロジェクトや将来予測が難しいIoTシステムで特に有効です。

■ Amazon API Gateway

AWS Lambdaは、従来型の三階層アーキテクチャのアプリケーションサーバーに該当しますが、Amazon API GatewayはWebサーバーのような位置付けになります。HTTPリクエストを受けて、後段の処理ロジック（例えばLambda関数）に処理を渡します。Amazon API Gatewayでは、Webサーバーと同等の役割として、認証の仕組みへの連携やキャッシュ機能、通信の暗号化/復号化、負荷の流量制御などの機能を設定ベースで利用できます。

Amazon API Gatewayもサーバーレス型のサービスのため、何台の構成にするか、という意識や見積もりは必要ありません。クラウド利用費用は、月あたりのAPI呼び出し回数で計算されます。つまり、リクエストの待機状態での課金は発生しません。

Column

Amazon API Gateway と Lambda Function URLs

2022年4月、AWS LambdaにFunction URLsという機能が追加で利用可能になりました。これを利用すると、API Gateway-Lambdaの構成と同じようなHTTPSリクエストによるLambda関数の呼び出しが簡易な設定でできるようになります。設定も簡単でAmazon API Gatewayの費用がかからないため、API Gateway-Lambdaの構成の代替として考える方もいることでしょう。ただし、Function URLsは簡易な機能であり、Lambda関数1つにつき、1つのURLを公開します。複数の処理を束ねてAPIとするケースや、HTTPの入り口として期待される機能（高度な認証連携、流量制御、キャッシュなど）が求められる要件では、引き続きAmazon API Gatewayを利用することになります。Amazon API GatewayがよいのかLambda Function URLs機能で済むのか、要件をしっかりと見極めて選択してください。

■ Amazon DynamoDB

サーバーレス型でスケーラブルなバックエンドデータベースがAmazon DynamoDBです。スケーラブル、つまり処理性能の規模拡張性を確保するために、Amazon DynamoDBはNoSQL型の構造でデータを格納する仕組みになっています。広く利用されているリレーショナルデータベースとは形式が異なり、データ設計はデータ志向（データの構造に焦点を当てた設計）というよりは処理志向（アプリケーション処理の特性に応じたデータ設計）となります。データを分散保持するため、分析型の処理よりもオンライン負荷に対応しやすい設計となっている点も特徴です。

クラウド利用費用に影響する計算パラメータはいくつかありますが、中心的な要素となるのは、ひと月あたりの読み取りや書き込みの処理容量と、保持するデータストレージサイズです。処理容量（キャパシティユニット）は、データサイズに応じて単位時間に該当処理（読み取りや書き込み）を何回実行したのかを表す言葉です（詳細は本書では省きます）。Amazon DynamoDBもサーバーレス型のサービスであるため、実際の処理量に応じた課金になりますが、データベースとして保持し続けるデータは、そのサイズ分が月々の課金になる点には注意が必要です。つまり、読み書きの処理がゼロの場合でも一定サイズのデータを保持していれば、そのデータサイズ分の課金が発生することになります。これはサーバー確保型のモデルでは当然ですが、サーバーレス型に慣れてしまうと気付かないことがあるため注意してください。開発やテストで一時的に使ったものの、本番では使っていないようなAWSアカウントに対し、すべてサーバーレス型のサービスだから放っておいても大丈夫、などと思っていると、気づかぬ出費になっているかもしれません。

データのバックアップや復元にはデータ量に応じた費用が別途かかりますが、機能として用意されているため、作業の手間はかかりません。Amazon DynamoDBにも毎月一定量の処理量分の無料枠があります。

■ サーバーレス型のアプリケーションのクラウド利用費用

サーバーレスアプリケーションの難点の一つとして、クラウド利用費用の見積もりの難しさがよく挙げられます。サーバーレス型のアプリケーションは、前述の例におけるAPI Gateway-Lambda-DynamoDBのように、複数のサービスを組合せることで構成されます。このとき、各サービスでクラウド利用費用を計算するためのパラメータが異なるため、計算が煩雑となります。

概算見積もり時には、既知の見積もりをもとに予測するのがおすすめです。もし、過去にサーバーレスアプリケーションを運用したことがあれば、そのときの経験から概算が想像できます。初めてサーバーレスアプリケーションに取り組む場合は、例えば、会員制Webサイトをサーバーレスに構築する場合のクラウド構成と料金試算例がAWSのサイトで公開されており※3、こちらを参考にするとよいでしょう。これでは、月あたりのアクティブな会員数が10,000名の想定の場合、月額のクラウド利用費用が$200未満という試算になっています。計画しているシステムが類似するユースケースで、想定するアクティブ会員数が25,000なら、これの2.5倍（$450-500）程度を概算見積もりとして考えておくとよいでしょう。実際には、実稼働したアクセス処理量に基づく課金となるため、想定より会員数やアクセス量が多ければその分の課金増加になり、逆に想定に届かなければ、その分だけクラウド利用費用が抑えられます。一般に、こうした想定は希望的観測で高めに設定することが多いので、現実の費用はこれを下回るという結果になりがちです。また、この費用感で、冗長化・可用性の考慮やサーバー/OS管理工数の自動化も含まれているということは、今一度触れておくべきでしょう。

■ サーバーレスにおけるクラウド利用費用の最適化の考え方

先述したとおり、サーバーレス型のアプリケーションの費用感は、サーバー確保型のモデルとは大きく変わります。それでクラウド利用費用が軽減されたと感じるなら、追加の工数を使ってさらに切り詰める作業をしなくてもよいかもしれません。工数を使うことで得られる費用削減分がわずかなら、別の新しい開発に時間を費やすほうが価値があるからです。それを考慮したうえで、より最適化したいという場合には、ここから説明するサーバーレス型特有のクラウド利用費用最適化のポイントが参考になるでしょう。

サーバーレス型のサービスにおけるクラウド利用費用の最適化には、Amazon EC2ベースのアプリケーションでの考え方と類似する部分と、異なる部分があります。ここまでに紹介した3つのサーバーレス型のサービス（AWS

※3 会員制Webサイトをサーバーレスに構築する場合のクラウド構成と料金試算例
https://aws.amazon.com/cdp/ec-serverless/

Lambda、Amazon API Gateway、Amazon DynamoDB）を題材として考えてみます（表4-5）。

表4-5 サーバーレスサービスにおける利用最適化の施策一覧

	AWS Lambda	Amazon API Gateway	Amazon DynamoDB
一般的な最適化手法			
インスタンス選定	・メモリサイズの選択 ・Gravitonは選択可能	（該当せず）	（該当せず）
購入オプション選定	Compute Savings Plans	（該当せず）	キャパシティモードの選択［オンデマンド／プロビジョニング済み／リザーブド（1年 or 3年）］
不要リソースの停止	考慮不要	考慮不要	考慮不要
スケジュール調整	考慮不要	考慮不要	考慮不要
ストレージ選定	（該当せず）	（該当せず）	定期的なアーカイブ
追加の考慮事項			
アプリケーション設計	イベントフィルタリング	・処理の非同期化 ・スロットリング	アプリケーションのアクセスパターンを理解した適切なテーブル設計
アプリケーションチューニング	・エラー率の改善 ・タイムアウト改善	キャッシュ	

以下で、それぞれについて少し解説します。

●不要リソースの停止、スケジュール調整

サーバーレス型のサービスは、サーバーの存在を意識しない、稼働した時間だけの課金形態です。そのため、不要リソースの停止やスケジュール調整という考慮はいらなくなります。

●インスタンス選定

サーバーレスはそもそもサーバーの存在を意識しなくてよい仕組みであるため、インスタンス選定といえば少し違和感があるかもしれません。AWS Lambdaの場合、インスタンス選定の代わりに「CPUタイプの選定」と「メモリサイズの選択」の2つの調整が可能です。

利用するCPUタイプには、Intel x86系に加えて、コストパフォーマンスに優れたGravitonプロセッサを選択できます。Lambda関数を利用するほとんどのケースで、利用者はLambda基盤が用意しているJava、.NET、Pythonなどの言

語ランタイムをそのまま使って、この上で動かすロジックを記述しています。したがって、利用者が独自にOS依存のライブラリを追加していなければ、容易にGravitonに移し替えができます。

AWS LambdaはAmazon EC2と異なり、インスタンスサイズという概念はありませんが、実行時のメモリサイズの選択で課金単価が変わります。小さいメモリサイズのほうが課金単価は安くなりますが、必ずしも小さいメモリの選択がトータルのクラウド利用費用として安価になるわけではないことに注意が必要です。小さいメモリで動かす実行時間が長くなれば、結果として、もう少し大きなメモリで短い実行時間で利用するほうがトータルのクラウド利用費用が安価になることもあります。これは実際に動作させてみて統計で判定するのが確実です。そのサポートとしてAWSでは、第3章8節で紹介したCompute Optimizerや、Lambdaの補完ツールであるLambda Power Tuningといった支援機能も用意しています。負荷テストを行った後、一度これらのツールでメモリサイズの最適化を検討することを習慣にしておくとよいでしょう。

●購入オプション

AWS Lambdaは、第3章3節で紹介したCompute Savings Plansの対象です。一定量を年間で利用する場合は、Compute Savings Plansの活用を検討してください。

Amazon DynamoDBでは、処理容量（キャパシティユニット）の設定の考え方が、Amazon EC2のリザーブドインスタンスおよびオンデマンドインスタンスと類似しています。月ごとに必要となる一定量を予約・確保しておくこと（プロビジョニング済みキャパシティ）でその分のクラウド利用費用単価に一定の割引が適用された状態になります。それを超過する処理容量をオンデマンドキャパシティで支払います。アプリケーション運用の初期段階で、読み込みと書き込みの処理容量を見積もり、このくらいは最低でも使用すると予測される容量でプロビジョン済みキャパシティの設定を行います。そして、そのアプリケーションを一定期間運用して、実際のアクセス量の傾向が見えてきたら再検討するとよいでしょう。年間の単位で一定量の処理が想定できるなら、リザーブド（1年前払い、3年前払い）で購入することで、クラウド利用費用をさらに抑えることができます。

●ストレージ選定

Amazon DynamoDBのデータストレージ部分は、保持するデータサイズがクラウド利用費用に関係してきます(表4-6)。したがって、アプリケーションを処理するためのアクセス頻度や保存期間を考慮して、必要性に応じてデータを適切に移動/退避させるようにします。

表4-6 Amazon DynamoDBのデータストレージ

オンラインアプリケーション上で利用		オンラインアプリケーション上は利用しない履歴データ
通常利用するデータ	利用頻度が低いデータ	
DynamoDB Standardテーブルクラス ($0.285/GB-月)	DynamoDB Standard-Infrequent Access テーブルクラス($0.114/GB-月)	Amazon S3にデータを退避 (Amazon S3のストレージ費用)

例えば、Eコマースアプリケーションであれば、通常処理で必要な商品データや注文データはStandardテーブルクラス、半年を超えるなどの一定期間を超えた過去の注文データはStandard-Infrequent Accessテーブルクラス、1年以上前の履歴はAmazon S3に退避させるなどといったような戦略が有効です。あくまで、Amazon DynamoDBにはオンライン処理用のデータのみの保持に留め、レポートや分析用途のデータは場所を移し替え、分析用のデータベースで行うという形が、処理の最適化の観点でもクラウド利用費用の最適化の観点でも賢い選択となります。

●アプリケーション設計やチューニング

アプリケーション構造の健全化やチューニングは、サーバーレスであるかどうかに関わらず実施することが望ましい作業です。ただしサーバーレスの場合、アプリケーションチューニングで稼働時間・効率が改善すればトータルの処理時間が短縮されるため、そのままクラウド利用費用の最適化につながるという特徴があります。

とはいえ、過度のチューニングでコードの可読性が悪くなり、保守性が下がるようでは本末転倒です。過度なチューニングというよりは、定期的な実行エラー率やタイムアウトの状況を確認して改善していくことを、定期的なアクションとするのがよいでしょう。

例えば、作成されたLambda関数の実装が不完全で、処理途中でエラーやタイムアウトがたびたび発生しているとします。そうした不完全な関数でも、AWS Lambdaのサービス実行基盤は自動的に一定回数のリトライを行うため、最終的な処理結果では問題として見えていない場合があります。リトライが生じるということは、該当するLambda関数が呼び出された回数が増えていることになり、それはクラウド利用費用に影響します。こうした状況が起きていないかを定期的に確認し改善していくことで、システムが健全・堅牢になり、同時にクラウド利用費用の観点でもよい効果につながります。なお、第3章4節で紹介したAWS Trusted Advisorでは、エラー率の高い、またはタイムアウトをしているLambda関数がレポートされるため、定期的なチェックに役立ちます。

Amazon API Gatewayでは、キャッシュ機能の検討が挙げられます。Amazon API Gatewayのキャッシュ機能は別途クラウド利用費用がかかりますが、これをうまく使うことで、繰り返しの同一リクエストによる負荷が後段のサービス（AWS LambdaやAmazon DynamoDBなど）に向かう前に結果を返すことができます。つまり、後段のサービスの利用量を減らすことになるため、全体としてのクラウド利用費用の最適化につながる可能性があります。

アプリケーション設計上の工夫が可能な場合は、次のポイントを考慮してみましょう。

○ AWS Lambda: イベントフィルタリング機能による処理実行の条件判定（＝実際の処理実行回数の低減効果）

例えば、ある条件の引数のときのみ（例: 特定のユーザー名を含む場合のみ、一定の数値以上など）にLambda関数を実行したいとします。ひとまず引数を受け付け、Lambda関数の前段処理でIF判定して後続処理を実行するかどうかを決める、というロジックはもちろん機能します。一方、Lambda基盤には呼び出し時の引数で関数の実行の可否をフィルタリングする機能があります。これを利用すると、関数の実行前に条件判定ができるため、最終的な結果は同じでも、AWS Lambdaの課金計算に影響する実行回数を抑えることができます。ただし、この処理が効果的かどうかはアプリケーションによって異なります。

○ **Amazon API Gateway ①：後段処理の呼び出しの非同期化**（＝待ち時間の削減）

後段の処理の完了までに時間がかかるケースでは、呼び出しの非同期化を検討してもよいでしょう。同期型の連携の場合、Amazon API Gatewayは後段処理の完了を待って、呼び出し元であるクライアントに結果を返します。この後段処理の完了までの待ち時間もAmazon API Gatewayの実行時間になります。これを非同期型にすると、Amazon API Gatewayはリクエストを後段処理に渡したら、クライアントには「処理を受け付けた」旨の応答を返します。このため、API Gatewayの実行時間はひとまず完了となります。この場合、クライアント側では依頼した処理が完了したかどうかを別のリクエストで確認するということが必要になるため、クライアント側の実装の変更が必要になります。ただ、アプリケーション全体としてはより堅牢になり（非同期型で再実行がしやすい構造になるため）、クラウド利用費用にも優しくなります。

○ **Amazon API Gateway ②：スロットリングによる高負荷状態の防御**
（＝後段処理のクラウド利用費用の調整効果）

一定数以上のリクエストは受け付けないなどの運用が可能なケースでは、第3章5節で紹介したスロットリングなども後段処理の負荷軽減に有効です。例えばチケット発行処理で、秒間の取り扱い量を制限し、それ以上のリクエストは受け付けずにビジー状態であることを表示する、という運用を行うようなケースがあるとします。そこでスロットリング機能を設定することで、想定を超える負荷から後段処理を保護できます。結果として、後段処理部分のクラウド利用費用を抑えることになります。

■ サーバーレス型のサービスとアプリケーション設計の考え方

本書では、AWS Lambda、Amazon API Gateway、Amazon DynamoDBと3つの代表的なサーバーレス型のサービスを紹介しましたが、これらのほかにもAWSにはサーバーレス型のサービスが多く存在します。サーバーレスとマネージド型は垣根があいまいに取り扱われることもあり、どこからがサーバーレスという線引きは難しくなってきていますが、ともかく、図4-26の右側に位置するサービスほど、利用者の運用管理作業の負担が少なくなります。

図4-26 AWSのマネージド/サーバーレス型の管理工数イメージ

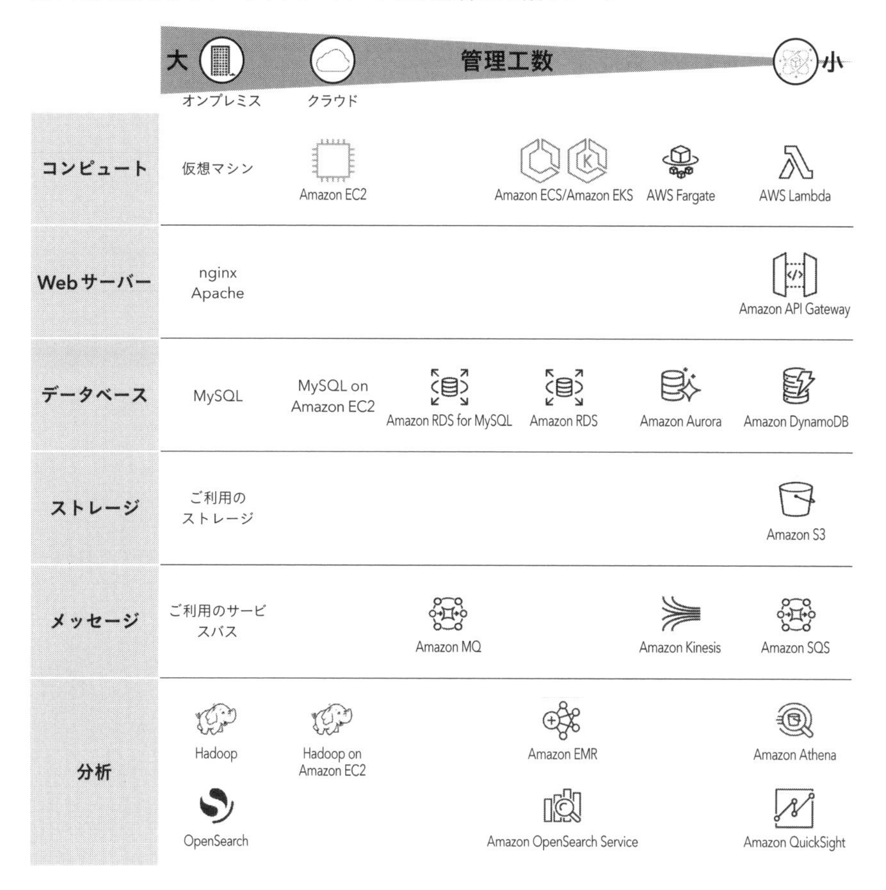

表4-7にマネージド/サーバーレス型のAWSサービスから代表的なものを記載します。

表4-7 AWSにおける代表的なマネージド/サーバーレス型

コンピュート（一般処理）	AWS Lambda、Amazon ECS/Amazon EKS on AWS Fargate
HTTP REST API	Amazon API Gateway
GraphQL処理	AWS AppSync
ストレージ、ファイルサーバー	Amazon S3、Amazon EFS、Amazon FSx
NoSQLデータベース	Amazon DynamoDB
リレーショナルデータベース	Amazon Aurora Serverless
データウェアハウス	Amazon Redshift Serverless
分析クエリエンジン	Amazon Athena
大量データ処理	Amazon EMR Serverless
BIツール	Amazon QuickSight
ストリーミング処理	Amazon Kinesis Data Stream、Amazon MSK
メッセージキュー、電文処理	Amazon SQS/SNS、Amazon MQ
ワークフロー	AWS Step Functions、 Amazon Managed Workflows for Apache Airflow
認証認可	Amazon Cognito
AI機能	画像（Amazon Recognition、Amazon Textract）、 音声（Amazon Polly、Amazon Transcribe）、 自然言語（Amazon Translate、Amazon Comprehend）、 チャットボット（Amazon Lex）、予測（Amazon Forecast）、 リコメンド（Amazon Personalize）
機械学習推論処理	Amazon SageMaker Serverless Inference
コールセンター機能	Amazon Connect

数が多いためすべてを記載していませんが、ご覧のとおり、主要な技術コンポーネントに対応するマネージド型またはサーバーレスのサービスが用意されています。サードパーティーのSaaSアプリケーションも「サーバーの存在を意識しない」形でアプリケーションとして利用できるものが多く、その意味ではサーバーレスの一種だといえます。SaaSやサーバーレス型のサービスをそれぞれの役割を意味する機能部品として認識し、それらを使って処理フローを描く感覚でシステム全体を設計・構成することができます。

音声ファイルから文字起こしと感情分析を行う処理を一例として考えてみると、図4-27のような設計の流れになります。全体の概要処理フローを設計し、それぞれの中身を機能フローとして検討し、次に対応する機能ブロックの実装部に当たるサービスを配置します。このように設計すると、実装すべきコードとしては、処理をつなぐLambda関数がわずかに存在するだけになり、サーバーの障害時対応やスケーリングの設計をする必要がありません。

図4-27 サーバーレスアプリケーションの設計例

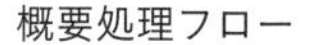

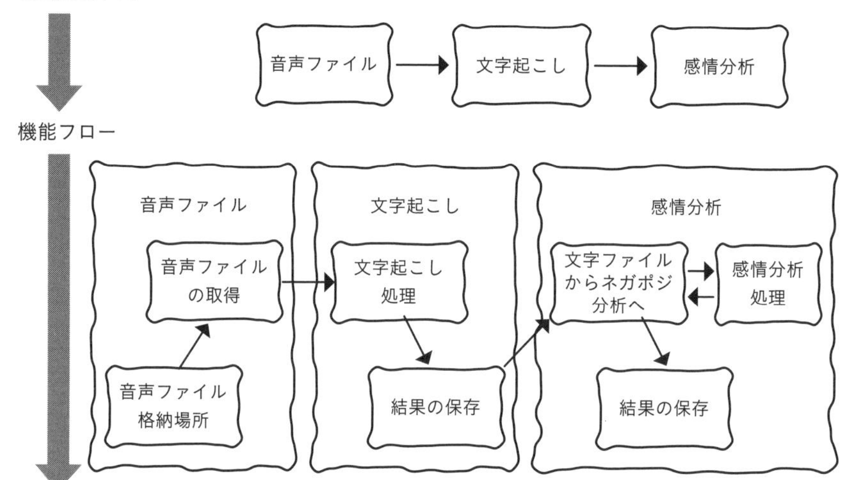

サーバーレス設計 : 対応する機能ブロックを配置

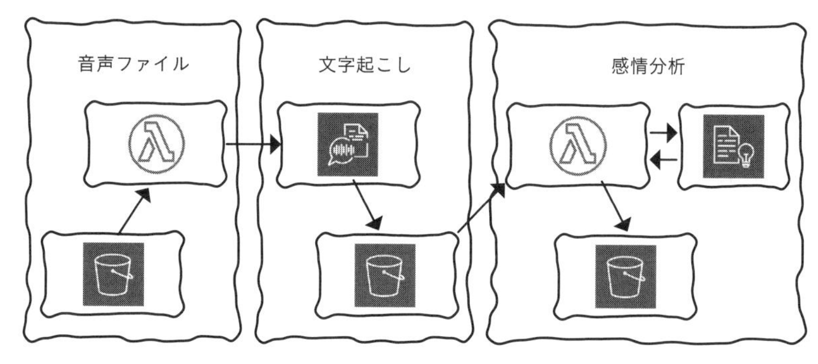

サーバーレス型のサービスと、サーバーレス型ではないサービスを組合せることも、もちろん可能です。典型的な三階層型のサーバーレスアプリケーションの一例として紹介したアーキテクチャでは、Amazon API Gatewayに続く処理部分にAWS Lambdaを配置した構成を挙げましたが、Amazon API GatewayとAmazon ECS/Amazon EKSでAPIサービスを構成するというケースもよく見られますし、リレーショナルデータベース経験が長いチームでは、Amazon DynamoDBではなく、AWS Lambda + Amazon RDSという形で検討することもよくあります。

Column

サーバーレス型と従来型サービスの組合せ

サーバーレス型のサービスと従来型サービスを組合せる場合は、両者の特性を認識したうえで構成を考える必要があります。AWS Lambda＋Amazon RDSを例に考えてみましょう。

アプリケーションサーバーをAmazon EC2の上で実装するようなサーバー確保型のモデルの場合、リクエストが同時に大量に発生すると、アプリケーションサーバーとして確保しておいたコンピューティングリソースが切迫してしまい、追加のリクエストを受け付けられない状態になります（サーバーエラーのような状態）。ですが、サーバーレス型のLambda関数であれば、同時リクエスト数に応じてその分だけ処理を並列実行することが可能です。

サーバー確保型では手前で起きていたリソースの枯渇によるサーバーエラーがAWS Lambdaの採用により解消されます。一方でサーバーレス型では、サーバーエラー解消の結果として、その後ろのリレーショナルデータベースにアクセスが押し寄せることになります。一般に、リレーショナルデータベースはDB接続リクエストが起こると、セッションごとの処理用のメモリをDBサーバー側にも一定量確保します。大量に同時アクセスが起こると、その部分が枯渇し、後続のDB処理に影響を及ぼします。結果、DB側のエラーを引き起こす可能性があります。

バックエンドがAmazon DynamoDBなら、分散型であるため、どこかに処理が集まるということがないようにデータ設計もできます。しかし、リレーショナルデータベースは集約処理型で設計されています。そのため処理が集中しそうな場合は、その手前で緩衝させる機能を用意しておくのがベストプラクティスです。具体的には、サーバー確保型のアプリケーションで処理能力の上限があったのと同様に、AWS Lambdaに到達する同時処理の流量に上限を設ける（流量制限）か、AWS Lambdaの後ろ側でDBアクセス数をコントロールするような機能を利用します。

後者に該当するのが、RDS Proxyという機能です（図4-28）。従来型の三階層アプリケーションモデルではアプリケーションサーバーにDB接続プーリングがありますが、RDS Proxyはそれと同等に機能し、Lambda関数から大量のDB接続リクエストが来ても緩衝層として大量のDBアクセスが押し寄せないように調整します。

図4-28 DB接続をコントロールするRDS Proxy

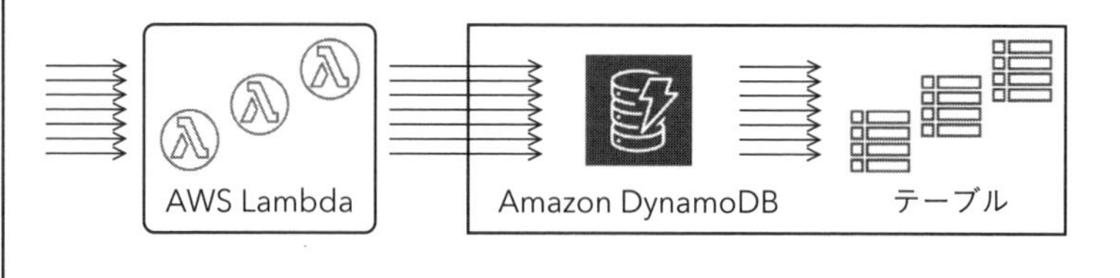

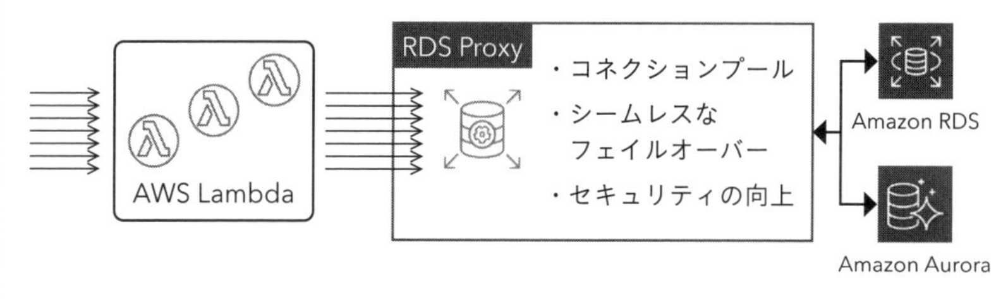

一見、これなら全部サーバーレスにするか、全部サーバー確保型にするか、どちらかに寄せたほうがよいように感じるかもしれません。しかし、部分的にでもサーバーレスを利用することで、システム全体において気を配るべき箇所が減るため、長い運用期間を考えると工数として大きな意味があります。

5 クラウドネイティブ活用事例

ここでは、実際にクラウドネイティブの構成を活用している実例とその効果について紹介します。

■ 事例1: EARTHBRAIN ~ IoTによるDXスマートコンストラクション

EARTHBRAIN※4では、顧客の建設生産プロセス全体のあらゆる「モノ」データをICTで有機的につなぐことで現場のデータすべてを見える化し、安全で生産性の高いスマートでクリーンな未来の現場を創造していくソリューションとして、「コト」価値を提供するDXスマートコンストラクションを全世界に展開しています。

例えば、DXスマートコンストラクションの機能の一つである「SMART CONSTRUCTION Dashboard」は、AWSを利用して建設現場のデジタルツインを構築しています。ドローンで測量した建造物や樹木などを取り除いた地表面を表す3D地形データに、ICT建機やドローンからの施工進捗データをつなぎ、デジタルツインを3Dで視覚的に示します。Amazon ECSによるコンテナ環境を利用して、このデジタルツイン上に完成地形設計データを重ね合わせることで、EARTHBRAINの顧客は生産性の高い施工計画を立て、土砂の運搬に求められるダンプトラックの走行経路を最適化することができます。

「SMART CONSTRUCTION Retrofit」では、建設機械のオペレーターがICT建機の専用モニターや市販のスマートフォンやタブレットを使い、リアルタイムに施工状況が反映される3D地形データを見ながら、自立した土木作業を高品質で行うことができます。さらに、どこからでも施工の進捗を管理できるため、監督者が作業員への作業の割り当てなどの施工計画をリアルタイムで調整し、大規模工事の効率化および短期化を通じて環境負荷の軽減を実現しています。

こうしたEARTHBRAINのDXスマートコンストラクションにおける新規開発は、主にサーバーレスで行われています。これにより、サーバーの管理が不要になるほか、柔軟なスケーリング、高い可用性などが実現します。その結果、インフラに関する工数が減り、従業員は注力すべき業務に専念できています。

※4 コマツ、NTTドコモ、ソニーセミコンダクタソリューションズ、野村総合研究所の4社によって2021年4月30日に発足

■ 事例2: コーセー ～新時代の接客DX

化粧品大手のコーセーは、ビューティコンサルタントによる対面形式での従来型のカウンセリングが難しいコロナ禍の状況下で、新しいオンライン型での対話型のサービスやセルフサービスで商品のリコメンドを受けられるサービスなどを提供開始しました。

新しいオンラインカウンセリングサービスは、図4-29に示すようにサーバーレス型のAWS LambdaおよびAmazon API Gatewayでアプリケーションロジック部分を構築し、データベースには知見のあるリレーショナルデータ構造での設計と運用を期待して、マネージド型のAmazon RDSを採用しています。RDS Proxyを仲介することで、サーバーレスの利点とリレーショナルデータベースの利点を両立し、3か月でアプリケーションをリリースしました。

また、同時期にスタッフ向けのタブレット支援システムの改良・改善も行っています。こちらは既存アプリケーションの改良・改善プロジェクトであり、既存アーキテクチャを踏襲しながら、新たにコンテナ（Amazon ECS on AWS Fargate）ベースでの実装とマネージド型のRDSにすることで、リリースサイクルの劇的な短縮化とシステム維持・管理費の削減（従来比4分の1）を実現しています。

図4-29 コーセー: コロナ禍での接客DX - オンラインカウンセリングサービス

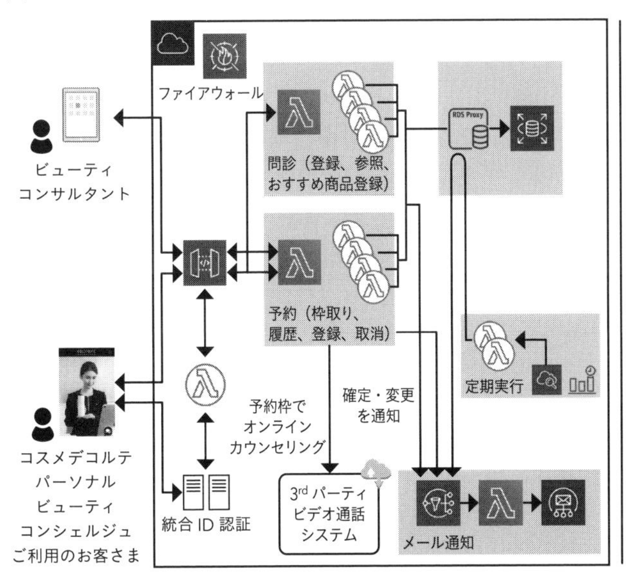

■ 事例3: NTTドコモ 〜 組織としてのクラウドネイティブ再構築

NTTドコモのさまざまなサービスを開発・展開しているサービスデザイン部（当時）では、必要な機能をゼロから構築するのではなく、「AWS側で管理するOSやミドルウェア以下の層について、エンドユーザー側での故障に備えた冗長化およびバックアップ、モニタリング、セキュリティ対策、パッチ管理、アップデート対応が不要になるマネージド型サービスを組み合わせて実現する」という方針で進められています。AWSのマネージド型サービスは開発者や利用者からのフィードバックにより改良、洗練されているため、「世界で鍛えられたコードが埋まって」おり、それを活用したほうが確実に高速開発できるという判断です。

マネージド型サービスに加えて、AWS LambdaやAmazon ECS on AWS Fargateを中心として、基本的にはクラウドネイティブな設計を前提に開発が行われています。オンプレミス環境の機能を移行する際にも、AWSに載せ換えるリホスティングでなく、クラウドネイティブでゼロから再構築するリファクタリングという方針で、3年間で9割以上の案件がそのとおりに実現されています（図4-30）。

復旧、監視、集計などマニュアル（手順書）に落とし込みができる作業はほぼ自動化し、運用を効率化しており、今ではサービスデザイン部全体にこうした取組みが波及しています。

図4-30 クラウド利用、開発手法、契約形態の遷移

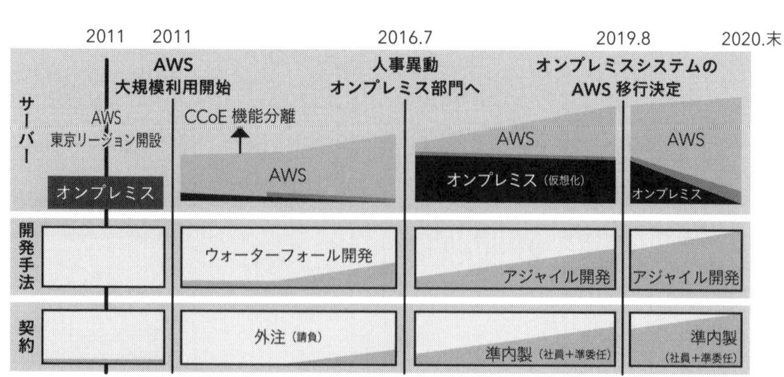

注: 上図は事例取材時の内容に基づいています

6 モダナイゼーションへの道筋

ここまでクラウドネイティブアーキテクチャのメリットや可能性について解説してきましたが、すべてのアプリケーションをクラウドネイティブにすることが、必ずしもベストではありません。既存のアプリケーションをクラウドネイティブ型にするには、移行のための費用・作業・時間が必要になります。そのため、投資に見合う結果が得られるのかを見極める必要があるのです。

クラウドネイティブなアーキテクチャや開発スタイルに向かうことを、モダナイゼーションと呼びます。第1章2節でも紹介しましたが、クラウド移行に際して「どこへ」「どのように」の7つの移行パス「7R」があります（表4-8、図4-31）。

表4-8 7R（表1－2の再掲）

移行方式	概要	メリット	デメリット
①リタイア	システムを廃止	不要なシステムの管理・保守費用の削減	-
②リテイン	現行維持	既存ビジネスへのインパクトが最小	既存システムの課題を継承
③リパーチェイス	パッケージソフト/SaaSを利用	迅速にTCOを削減	業務フロー変更による育成工数がかかる可能性有
④リロケート	既存アーキテクチャを踏襲したままVMware cloud on AWS（VMC）へ移行	移行時間・移行工数・費用を最大限に削減	既存システムの課題・複雑性を継承
⑤リホスト	既存アーキテクチャを踏襲したままAWSへ移行	移行時間・移行工数・費用を削減	既存システムの課題・複雑性を継承
⑥リプラットフォーム	OS/MW（ミドルウェア）の最新化、OSSへ変更した上でAWSへ移行	クラウドの拡張性・可用性を享受、保守・運用工数の削減	移行工数・テスト工数の増加
⑦リファクタリング	アーキテクチャを見直した上でAWSへ移行	クラウドの拡張性・可用性等を最大限享受、開発速度の向上、保守・運用工数の削減	移行工数・テスト工数の増加

図4-31 移行パス概略図

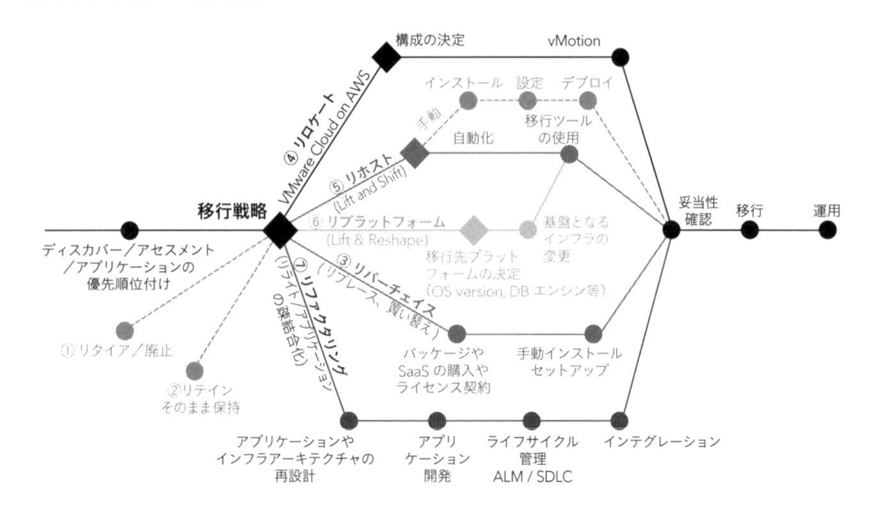

7Rの中では、リファクタリングがクラウドネイティブ型への変革に該当します。既存システムを極力そのまま移行するのか、追加要件があるのか、新しく刷新するのか、あるいはまったく新しい開発要件なのかという状況や、短期的な効果を求めるのか、中長期的な効果のために投資するのかという今後の方針によって、判断は変わってきます。一般に、クラウドネイティブなアーキテクチャは、以下のような状況で採用される傾向にあります。

○ 既存アプリのうち、変更頻度の高い部分を抜き出してモダン化
○ 新規プロジェクトで積極的にクラウドネイティブを採用

特に、要件が定まりにくいDXプロジェクトや、外部要因で機能の変更、負荷の変動が起こりうるシステム領域は、クラウドネイティブ型が効果的です。

クラウドネイティブか従来型アーキテクチャかの必ずどちらかを採用しなければならないわけではありません。例えば既存システムのクラウド移行において、長年使っていて安定している中核の機能部分はそのまま（7Rでいうところのリロケート、リホスト、リプラットフォームのような形）にして移行し、その機能追加部分だけクラウドネイティブ型で開発し（7Rでいうリファクタリング）、組み合わせて稼働させる形もあります。実際、このように部分的に新しい形を採用してい

くのが、既存システムへのアプローチとしては一番現実的です。

同様のことは『DXレポート ～ITシステム「2025年の崖」克服とDXの本格的な展開～(経済産業省、2018)』にも記載されています(図4-32)。

図4-32 情報資産の現状の分析・評価、仕分けの実施イメージ

機能ごとに右の４象限（案）で評価し、今後のシステム再構築をプランニングする

A：頻繁に変更が発生する機能はクラウド上で再構築
B：変更されたり、新たに必要な機能は適宜クラウドへ追加
C：肥大化したシステムの中に不要な機能があれば廃棄
D：あまり更新が発生しない機能は塩漬け

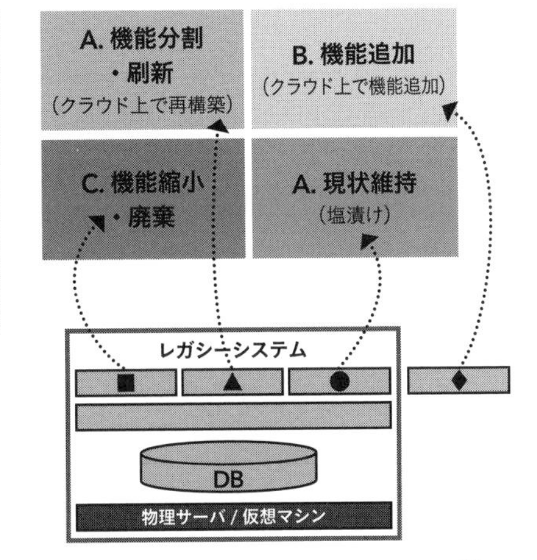

出典:『DXレポート ～ITシステム「2025年の崖」克服とDXの本格的な展開～』経済産業省※5

図4-32における「A：機能分割・刷新」および「B：機能追加」が、クラウドネイティブの候補となる部分です。Aは既存システムを踏襲する形を取ることが多いといえます。そのため、既存構成の中の各技術コンポーネントを対応するマネージド型サービスで置き換えられるかどうかをまずは検討し、それ以外の部分はコンテナベースでの実装を考慮します。そしてBは、クラウドの力をより利用できるサーバーレス型の新しいアーキテクチャを検討するという原則で臨むのが一つの方針となるでしょう。

※5 https://www.meti.go.jp/shingikai/mono_info_service/digital_transformation/pdf/20180907_03.pdf

第5章

予測・計画

概要

クラウドを利用する際も年度の予算策定のために、クラウド利用費用の予測と計画が必要となります。クラウド利用費用最適化のためには予測の精度を高めていくことが必要です。本章ではクラウド利用費用の予測・計画のための考え方と、予測・予算管理のためのAWSのサービスを説明します。

5-1では、従来のハードウェア支出とクラウドにおける費用支出の違いを紹介し、過去の傾向と将来の需要に基づいた予測について解説します。5-2では、クラウド予算管理のためのAWSサービスを解説します。

1 クラウドの費用予測・計画方法

企業や組織は開発プロジェクトやシステムの導入、保守・運用のためにIT投資費用を予測し、年度の予算策定のための計画を立てる必要があります。オンプレミスのハードウェア投資計画においては3〜5年を視野に入れた調達計画を行う必要があり、これにより過剰支出や急激なビジネス需要へ対応ができなくなることによる機会損失が発生していました（図5-1）。

図5-1 オンプレミスのハードウェア投資/予算計画と需要

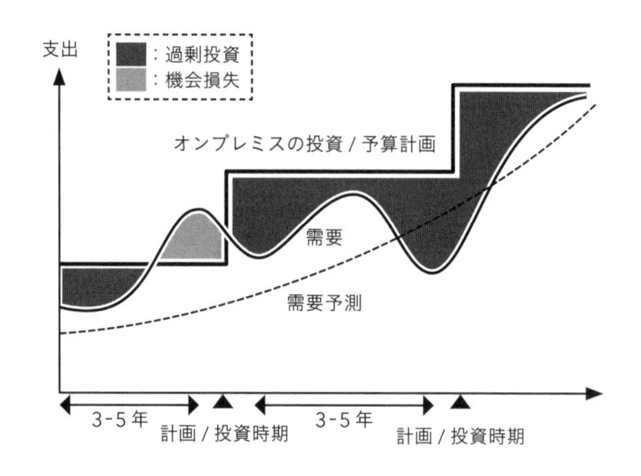

クラウドを利用することで、ハードウェアへの支出がなくなり、必要な時に必要な分だけ支出することになります。必要なときにワークロードの需要に合わせてリソースを提供できるため、過剰支出を減らすことができ、需要の変化に柔軟に追随して、少ないリソースでサービスを提供することも可能です。また、オンプレミスにおけるハードウェア支出とは異なり、何か月も前にリソースを構築する必要はなく、また数分でデプロイが可能であるため、遠い将来まで費用予測をする必要も少なくなります。

これらにより、オンプレミスと比較するとクラウドの場合は機会損失や過剰支出を減らすことができます。一方で、費用の予測は運用費用ベースとなることから、短いスパンの予測も重要となり、方法も変更していくことが必要となります。例えば図5-2に示すように、需要予測にいくらかのバッファを考慮したクラウド支出の予算計画を立てたとしましょう。想定以上の需要が発生した場合にオンプレミスの際は機会損失となる一方で、クラウドの場合は利用費用が増加し、当初予定していた予算計画を超過することが起こりえます。したがって、予測のスパンを短くし、予実の差異が発生した場合に、その原因の特定と予測の見直しを行って精度を高めていくことが肝要です。加えて、予算超過を早めに検知する仕組みや、予算超過した場合の運用プロセス、承認プロセスの整備が必要となります。

図5-2 クラウド支出予算計画と需要

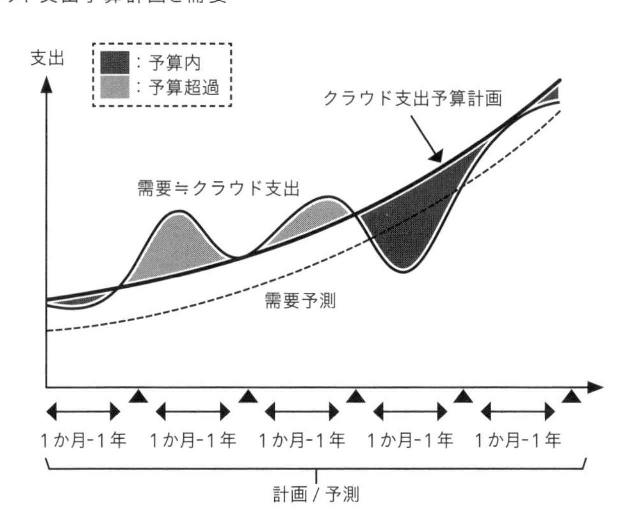

本節では、まずクラウドの費用予測として過去の傾向に基づく予測と、将来的な支出に基づく予測の2つの予測方法を説明します。

1 過去の傾向に基づく費用予測

クラウド利用費用を予測する際は、Savings Plans / リザーブドインスタンスなどの固定でかかっている費用がどのくらいか、データ転送費用・サポート費用・セキュリティに係る費用等の共通利用費用がどの程度か、またそれ以外の利用量や利用時間によってかかる変動費用がどのくらいかを把握することから始めます。さらに、費用の予測単位を明確化します（図5-3）。

図5-3 クラウド支出予算計画と需要

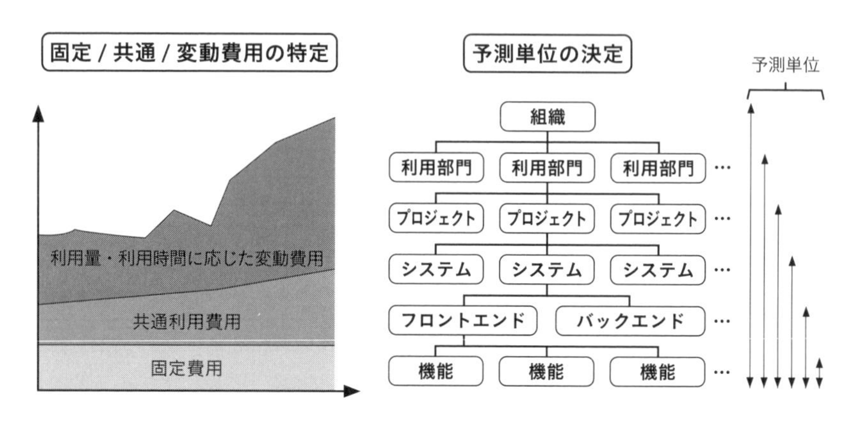

クラウド利用費用全体を予測することももちろんできますが、利用部門単位、プロジェクト単位、システムや機能単位等、予測対象の粒度を細かくするほど精度は上がります。予算や費用管理の責任範囲で、精度と予測による稼働量を加味したうえで予測単位を決定します。第2章の可視化で述べたアカウント分割方針、コスト配分タグ方針、またAWS Cost Categoriesによるクラウド利用費用の費用分類は、この予測単位との連携が必要となります。

費用予測の基本は、過去の時系列の利用費用の推移からの予測です。季節変動性やワークロードの特性による変動がある場合は、それらの特性を考慮して予測することで、予実管理の精度を上げることができます。AWSでは費用を予測するための代表的なサービスとして、AWS Cost Explorerが提供されています。このサービスでは過去のクラウド利用費用のデータをもとに、3か月先、12か月先の利用費用を80%の信頼区間（その区間内に含まれる確率）にて予測します。また、時系列予測が行える機械学習を用いたAmazon Forecastを使うことで、より詳細な条件下における費用を予測する方法もあります。

■ AWS Cost Explorerを用いたクラウド利用費用の予測

AWS Cost Explorerを用いることで、過去の利用の伸び率から、80%の信頼区間で12か月後までの予測を行うことができます。予測の方法は、図5-4に示すようにAWS Cost Explorerを起動し、期間を選択する画面で「+3M」もしくは「+12M」を選択することで3か月後もしくは12か月後の将来的な費用を予測できます。また、12か月後までの任意の期間を選択することで、3か月後、12か月後以外の期間における予測も可能です。なお、2023年においてAWS Cost ExplorerのUIが一部更新され、新UIも使うことができます。新UIでは1か月後の予測として「+1M」も選択できるようになっています。

図5-4 AWS Cost Explorerを用いた費用予測

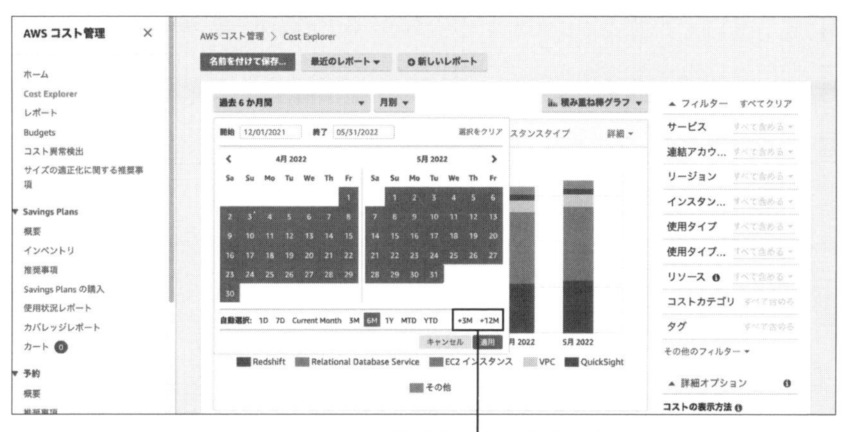

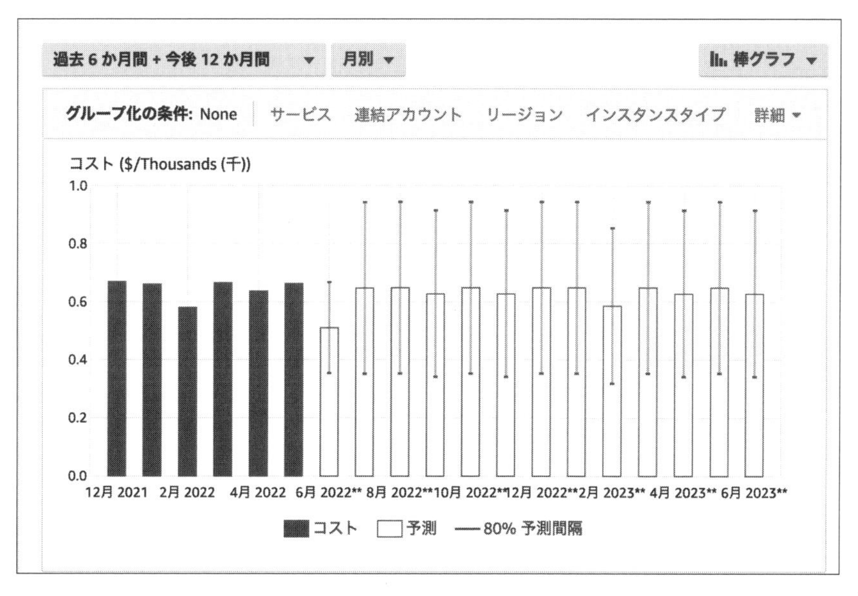

■ Amazon Forecastを用いた予測

Amazon Forecastは、機械学習を使った時系列データを用いて予測を立てます。AWS Cost Explorerでは過去12か月のデータに基づいた予測となるため、将来予測としては限定的となります。一方Amazon Forecastの場合は、過去の時系列データを分析することで、クラウド利用費用が需要に応じて大きく変動したり、季節変動性がある場合でも、より精緻な予測が行えます。

Amazon Forecastを用いてクラウド利用費用を予測する場合は、図5-5のように、AWS CURの請求情報からコードを記述することなくデータをクリーンアップし、正規化を行うAWS Glue DataBrewを用いるのが効率的です[※1]。

図5-5 クラウド利用費用予測のためのデータパイプライン

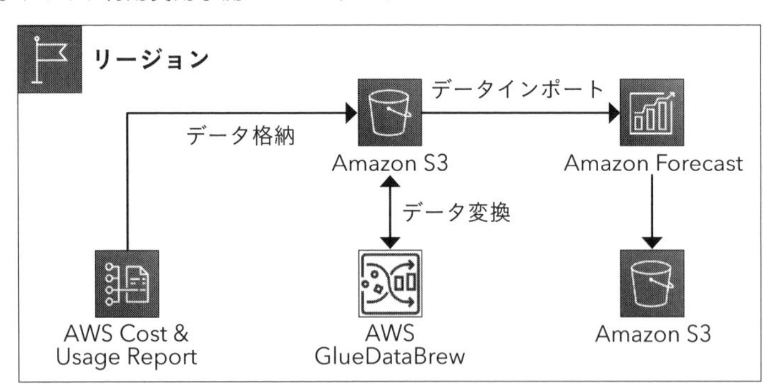

AWS Glue DataBrewを用いることで、AWS CURの情報から予測に必要な項目の抽出とAmazon Forecastに合ったデータ形式に変換します。例えば、AWSサービスおよびアカウントIDと関連したクラウド利用費用の2つを評価したい場合は、以下の4つを選択します（図5-6）。

- ○ lineItem/UsageStartDate：明細項目の開始日時（データ形式を「yyyy-mm-dd」とします）
- ○ lineItem/ProductCode：AWSサービス名
- ○ lineItem/UsageAccountId：アカウントID
- ○ lineItem/UnblendedCost：非ブレンドコスト

※1 https://aws.amazon.com/jp/blogs/machine-learning/forecasting-aws-spend-using-the-aws-cost-and-usage-reports-aws-glue-databrew-and-amazon-forecast/

図5-6 AWS Glue DataBrewを用いたCURのデータ変換

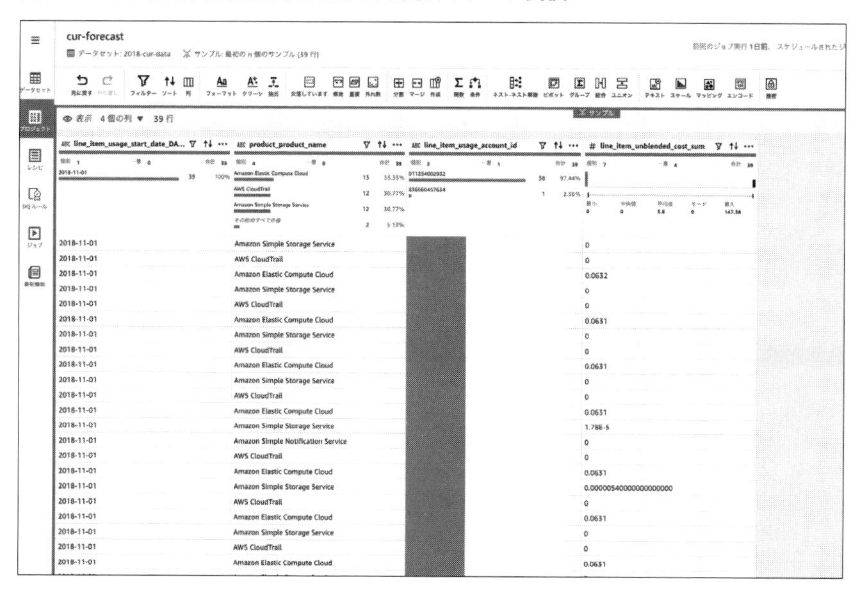

抽出・成形したデータをCSVファイル形式でAmazon S3バケットへ格納した後は、図5-7に示すように次のステップでAmazon Forecastを設定します。

①データ準備
②予測子の作成
③予測の作成・結果の取得

図5-7 Amazon Forecastの設定ステップ

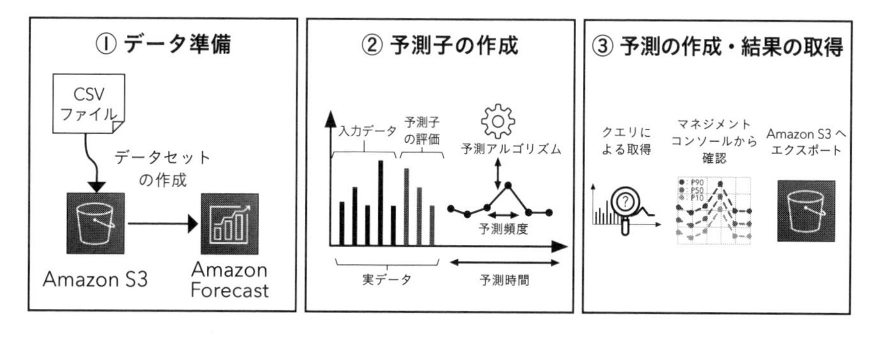

まず、予測するユースケースが定義されたデータセットドメインで「Custom」を選択します（図5-8）。

図5-8 データセットドメインの選択

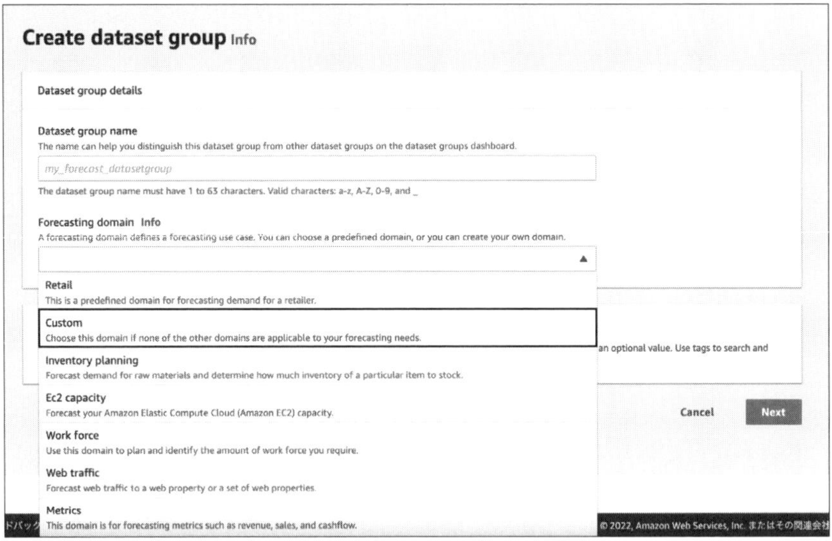

Create dataset group Info

Dataset group details

Dataset group name
The name can help you distinguish this dataset group from other dataset groups on the dataset groups dashboard.
my_forecast_datasetgroup
The dataset group name must have 1 to 63 characters. Valid characters: a-z, A-Z, 0-9, and _

Forecasting domain Info
A forecasting domain defines a forecasting use case. You can choose a predefined domain, or you can create your own domain.

Retail
This is a predefined domain for forecasting demand for a retailer.
Custom
Choose this domain if none of the other domains are applicable to your forecasting needs.
Inventory planning
Forecast demand for raw materials and determine how much inventory of a particular item to stock.
Ec2 capacity
Forecast your Amazon Elastic Compute Cloud (Amazon EC2) capacity.
Work force
Use this domain to plan and identify the amount of work force you require.
Web traffic
Forecast web traffic to a web property or a set of web properties.
Metrics
This domain is for forecasting metrics such as revenue, sales, and cashflow.

an optional value. Use tags to search and

Cancel Next

© 2022, Amazon Web Services, Inc. またはその関連会社

次に、スキーマを定義します。デフォルトで定義されているスキーマに加えて、アカウントIDも加えて、次のようにセットします（図5-9）。

- timestamp: 明細項目の開始日時（yyyy-mm-dd）
- item_id: AWSサービス名
- account_id: アカウントID
- target_value: 非ブレンドコスト

図5-9 Amazon Forecastにおけるデータセット設定

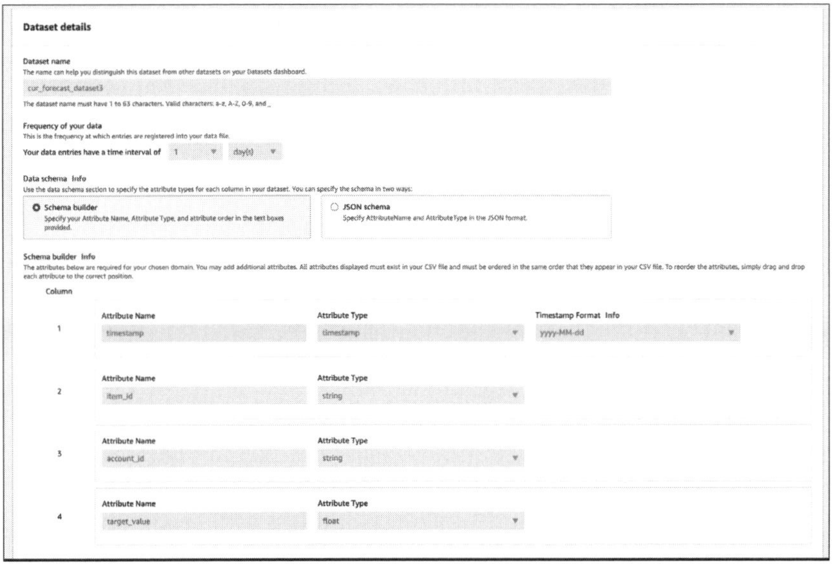

Dataset details

Dataset name
The name can help you distinguish this dataset from other datasets on your Datasets dashboard.
cur_forecast_dataset3
The dataset name must have 1 to 63 characters. Valid characters: a-z, A-Z, 0-9, and _

Frequency of your data
This is the frequency at which entries are registered into your data file.
Your data entries have a time interval of 1 day(s)

Data schema Info
Use the data schema section to specify the attribute types for each column in your dataset. You can specify the schema in two ways:
Schema builder
Specify your Attribute Name, Attribute Type, and attribute order in the text boxes provided.
JSON schema
Specify AttributeName and AttributeType in the JSON format.

Schema builder Info
The attributes below are required for your chosen domain. You may add additional attributes. All attributes displayed must exist in your CSV file and must be ordered in the same order that they appear in your CSV file. To reorder the attributes, simply drag and drop each attribute to the correct position.

Column	Attribute Name	Attribute Type	Timestamp Format Info
1	timestamp	timestamp	yyyy-MM-dd
2	item_id	string	
3	account_id	string	
4	target_value	float	

スキーマの定義を終えた後は、あらかじめ作成済みのAmazon S3バケットに格納されているデータセットをインポートすることで、データの準備は完了となります。次に、予測をするデータの頻度（分、時間、日、週、月、年）と予測期間を選択し、予測子を作成するためのアルゴリズムを選択します。予測子とは、時系列におけるデータセットに対して訓練されたAmazon Forecastのモデルであり、予測子に基づいて予測を生成します。自動的に最適なアルゴリズムを選定するAutoMLを選択するのがよいでしょう。詳細は本書の目的と離れるため割愛しますが、ほかにも①ニューラルネットワークに基づいたConvolutional Neural Network - Quantile Regression（CNN-QR: 因果畳み込みニューラルネットワーク-分位回帰）や、②再帰型ニューラルネットワークを使用して時系列を予測するための機械学習アルゴリズムであるDeepAR+、③季節性に適合する加法モデルに基づく時系列予測アルゴリズムであるProphet、ベースラインを予測するアルゴリズムとして④Non-Parametric Time Series（NPTS）、⑤Auto-Regressive Integrated Moving Average Model（ARIMA：自己回帰和分移動平均）、⑥Exponential Smoothing（ETS：指数平滑法）があります。

これで準備は完了です。予測子から期間を設定して予測を行うことで、マネジメントコンソールから確認できるようになります（図5-10）。

図5-10 Amazon Forecastを用いたクラウド利用費用予測イメージ

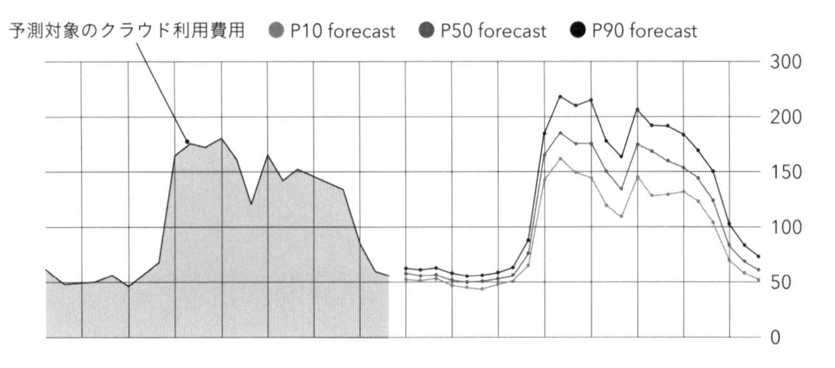

ここでP10、P50、P90とは各分位数（データの区切り値）での予測であり、P50を50％の確率の中央値とし、P10からP90の分位数の値の範囲内に80％の確率で収まることが予想されるという意味です。この予測結果のデータは、Amazon S3にエクスポートすることもできます。

2 新たな需要に対する費用予測

クラウド上ですでに動作しているサービスに対する予測は、過去の傾向に基づいて評価することはできます。ただし、新サービスのリリースやビジネスモデルの変革など、新たな需要の発生が想定される場合は、需要の内容に応じた費用予測が必要となります。

■ 新サービス/機能の開発・リリース

将来的な支出の候補としてまず挙げられるのが、新規サービスや新規機能の開発・リリースです。開発フェーズごとに、どのAWSサービスをどの程度利用する予定なのかを見積もり、製品リリース後の需要予測を行う必要があります。例えば、要件定義では想定/ターゲットのユーザー数やAPIコール数を定める必要があります。アーキテクチャの設計フェーズでは、AWS Pricing Calculatorを用いた各フェーズでの費用予測、PoCを通した予測精度の確認と見直しを行います。

図5-11①は、各フェーズで環境を維持した場合の費用を積み上げた予測値の例となります。図5-11②は少し極端な例を示していますが、各フェーズで

環境を破棄/昇格し、本番リリース後、環境の一部にSavings Plans/リザーブドインスタンスを適用した場合の予測値となります。クラウドでは、構築した環境をInfrastructure as Codeとして保持することができます。そのため、開発の各フェーズで検証・構築した環境を、次のフェーズで容易に再現することが可能です。このメリットを活かすことで、本番リリース後に開発・検証を行う環境の費用を抑え、安定稼働量分に対してSavings Plans/リザーブドインスタンスを適用していくことを前提として費用予測を行うことが可能となります。

図5-11 新サービス/機能の開発・リリースの費用予測

①各フェーズで環境を保持

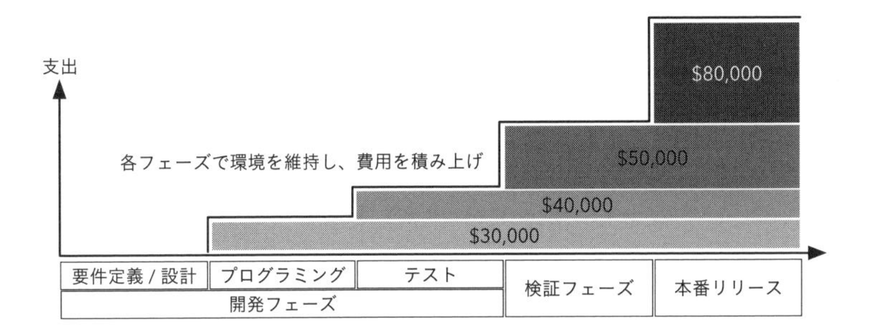

②各フェーズで環境を破棄/利用抑制

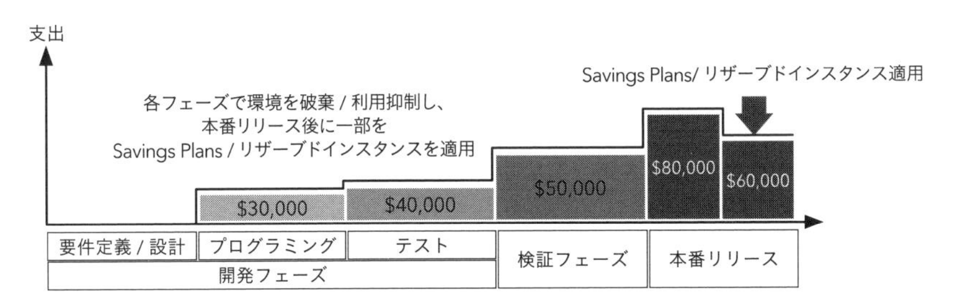

■ 既存のAWSリソースの変更

既存のAWSアーキテクチャの変更、DR対策、アプリケーションのモダン化などによりクラウド利用費用が変動するため、その評価・費用予測を行います。新製品/機能の開発・リリースと同様の方法で評価を行います。

■ マーケティングイベントの実施

広告・宣伝、セミナー等のマーケティングイベントにより需要の増大が想定され、それに伴いITインフラストラクチャの増強やAWS Auto Scalingサービスを利用する場合、クラウド利用費用が増大します。そのため、過去に実施したイベントの傾向やアクセス数を分析し、どのくらいの需要の増加とそれに伴うクラウド利用費用が増加するかの予測が必要となります。

■ ビジネスモデルの変革

ビジネスモデルを変革することで、需要が変化することへの考慮も必要です。例えば、グローバルにサービスの展開を行う場合は、ユーザー数の増加や海外リージョンを利用することによるデータ転送費用等のクラウドサービスの利用費用、マーケットトレンドを分析して評価することが必要となります。

以上のように、新たな需要に対する費用予測は、従来のオンプレミスのときのようにIT部門にのみ依存することはできません。ビジネス部門やマーケティング部門など、さまざまな部門を横断することが必要になります。そのため、費用予測を行うにあたっては、各ステークホルダーとの連携が重要となります。

そのうえで、費用の予測と実態の差異を分析するために、定期的な管理が必要です。クラウドの場合は、時間単位で変動が発生するため、月単位、4半期単位での予実管理が理想です。予実の差異が発生した場合は、原因の分析を行い、予実の差異を軽減するための改善策を講じます。これらを繰り返し行って予測値の精度を高めていくことが肝要です。

2 クラウド予算管理

前節ではオンプレミスとクラウドの予測粒度・方法の違いについて述べましたが、利用費用を予測したうえでクラウドの予算を管理していくことが必要です。クラウドの予算を管理するためには、AWS Budgetsを使うのが有効です。月ごとの予算の設定すると、予算を超過する前にアラート通知やインスタンスに対するオペレーションを自動的に行うことができます。また、使用タイプや使用タイプグループの使用量、Savings Plans / リザーブドインスタンスの利用率やカバー率といった項目に対して、ユーザーが定義したしきい値に基づき、アラートで通知する設定が可能です。

AWS Budgetsは、次のステップで設定します。

① 予算タイプを選択
② 予算を設定
③ アラートの設定
④ アクションをアタッチ（オプション）

まずは予算タイプを選択し、AWS Budgetsで管理する次の4つのタイプを選択します。

- **コスト予算**：指定された金額に照らして、クラウド利用費用を監視する
- **使用量予算**：指定された1つまたは複数の使用タイプ、あるいは使用タイプグループの使用量を監視する
- **Savings Plansの予算**：Savings Plansに関連付けられている利用率、またはカバー率を監視する
- **予約予算**：リザーブドインスタンスに関連付けられている利用率またはカバー率を監視する

次に、予算を設定します。予算を設定する間隔を日/月/四半期/年から選択します。予算タイプを選択で「コスト予算」もしくは「使用量予算」を選択した場合は、予算設定方法を選択します。選択できる項目は、「固定」「計画」「自動調整」の3つです。「固定」は、月次予算額に照らして監視する月額の固定の予算額を設定します。「計画」は、設定対象の期間ごとに予算額を指定します。「自動調整」は、支出のパターンから、期間ごとに予算を動的に設定することができます。履歴または予測をもとに選択した時間範囲が、予算の自動調整のための基準値となります。

予測の範囲は管理アカウント単位だけではなく、サービス、メンバーアカウント（リンク済みアカウント）、タグ、Cost Categoriesなど、さまざまな単位で設定可能です。例えば、メンバーアカウント単位ではなく、タグ単位でプロジェクト予算を管理している場合は、予測の範囲を「タグ」とすることで、プロジェクトごとに予算管理を行うことができるようになります。

続いて、アラートのしきい値を設定します。「コスト予算」もしくは「使用量予算」を選択した場合は図5-12に示すように、しきい値は「予算額のパーセンテージ」か「絶対値」を選択、トリガーは「実際」もしくは「予測」を選択します。「予測」は、予測される支出に関するアラートを作成するための選択肢です。

図5-12 コスト予算におけるアラートのしきい値設定

予算レポートは、スタンドアロンアカウント（AWS Organizationsに入っていないアカウント）またはAWS Organizationsの管理アカウントごとに最大50個分を作成できます。各レポートは電子メールで配信できますが、レポートの受信者数に関係なく、配信されるレポートごとに$0.01の費用が発生します。配信は日/週/月で設定できます。また、AWS Chatbotを使用すると、Slackチャネルまたは Amazon Chimeチャットルームに直接アラートを送信可能です。こちらは無料のサービスとなります。AWS Chatbotを使用することで、予算アラートに関する通知をチャットルームで直接受け取ることができます。チーム全体で確認して話し合う場合に有効です。

次に、必要に応じてアクションをアタッチします。AWS Budgetsでは、予算目標の実績もしくは予測を超えた場合、自動的、あるいはワークフローの承認プロセスを介して、適用されるアクションを設定することができます。アクションには次の3種類があります。

- IAMポリシーの適用
- サービスコントロールポリシー (SCP) のアタッチ
- 実行中のインスタンス (Amazon EC2 またはAmazon RDS) の停止

以上で設定完了となります。AWS Budgetsでは、AWSリソースを制御するアクションを2つまで無料で利用できます。それ以上は、アクションを追加で設定するごとに1日あたり$0.10の費用が発生します。

予算タイプが「コスト予算」の場合は、プレビュー画面は図5-13のようになり、時系列のクラウド利用費用と予実の差異を確認することができます。

図5-13 AWS Budgetsのプレビュー画面

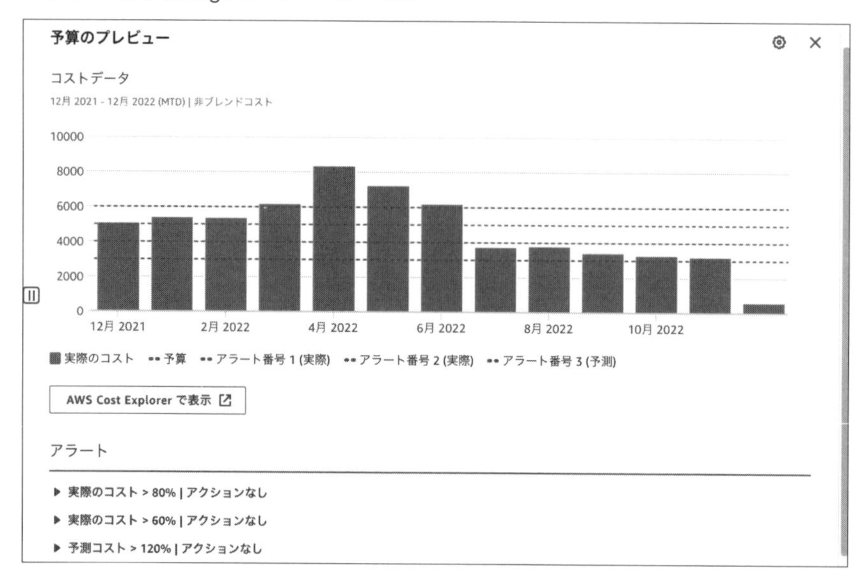

第6章

クラウドFinOps

概要

クラウド利用費用最適化のためには、前章までに述べたクラウド利用費用の可視化、最適化のための個々のアプローチの実施、的確な費用予測を実施することが必要です。さらにこれらを持続的に推進していくためにどのような検討が必要なのでしょうか？　本章ではそのような持続的な最適化に必要な観点・考え方を解説します。

6-1では財務の健全化ならびに運用の効率化を推進していくためのFinancial Operations（FinOps）の概要について紹介します。6-2では組織モデル、Cloud Center of Excellence（CCoE）の活動・役割、6-3では運用プロセスの整備として、Savings Plans/リザーブドインスタンスの購入戦略、共通費用等の配賦方法、クラウドサービスごとの単価指標による適正化、中長期的なビジネスへの貢献のための指標整備について解説します。最後に6-4ではFinOpsを実践している企業の事例の紹介をします。

1 FinOpsの概要

前章までで、クラウドを最適に使いこなすための個々のアプローチについて言及してきました。もちろん個々のアプローチを把握することも重要ですが、それだけでは持続的なクラウド利用費用最適化を実現することはできません。本章では、持続的なクラウド利用費用最適化を実現するためのFinancial Operations（FinOps）の実践について解説します。FinOpsという言葉は2012年頃から使われるようになったといわれています※1。より馴染みのあるDevelopment Operations（DevOps）という用語が、Development（開発）とOperations（運用）の組織が密に連携して開発速度の向上、運用の効率化を進めていくという意味を示すように、Financial（ビジネス／財務）とOperations（技術／運用）の組織が密に連携することで、財務の健全化ならびに運用の効率化を進めていくことを意味します。

FinOpsを実践する目的は、開発速度、性能や可用性といった品質、TCOを考慮し、ビジネス価値を最大化してイノベーションを加速することです。では、なぜFinOpsが必要なのでしょうか？　あらためてオンプレミスとクラウドを財務の観点で考えてみましょう。

オンプレミスの場合は、インフラストラクチャの初期投資は必要となるものの、一度ITシステムを構築すれば、ハードウェア費用は保守期限切れまで、もしくは新たにITシステムを構築するまで発生しません。それ以外は、データセンター利用費用やソフトウェアライセンス費用、ハードウェア保守・運用費用等の管理に留まり、相対的に変動費の管理は少ないことが特徴でした。したがって、会計報告を高い頻度で行う必要はなく、財務部門と技術部門の組織間の連携が少なかったとしても、大きな問題なく運用できたのです。

一方、クラウドへ移行した場合は、インフラストラクチャの初期投資は相対的に少なくなります。ハードウェア費用、データセンター利用費用、ソフトウェアライセンス費用、ハードウェア保守・運用費用などは「クラウド利用費

※1　J.R. Storment and M. Fuller, “Cloud FinOps,” O'REILLY, 2020.

用」として、利用した分だけ発生します。また、クラウドのインフラストラクチャは、リソースの使用状況によって迅速に、かつ適切なスペックのサイズに変更できるようになりました。つまり、需要に応じて適応的にクラウド利用費用を最適化できます。ここからわかるように、クラウドでは従来のオンプレミスにおける費用計上の考え方が大きく異なります。よって、今までと同様のやり方を踏襲すると、適切にクラウドを活用できません。

第5章においても解説しましたが、クラウドの費用予測・計画をより精緻化するには、IT部門だけで閉じるのではなく、ビジネス部門を巻き込む必要があります。加えて、迅速な開発を進めていくためには、従来のように初期投資に係る費用計上を行い、承認を受けた後にハードウェア調達・構築を経て数か月かけて利用できるようになるインフラストラクチャから、迅速にインフラストラクチャを構築できるクラウドへと、財務戦略を適合させることが必要です。

さて、FinOpsを実践するためには、どのようなことを考慮すべきでしょうか。前章までに紹介したように、インフラアーキテクチャのクラウドへの適合、ならびにクラウド利用費用最適化のためのアプローチを実施するためには、手動作業をできる限り排除し、自動化を進めていくためのAWSサービス、サードパーティー製品、それらを組み合わせたソリューションが必要となります。加えて、FinOpsを実施する人材の確保・育成やクラウド推進組織の組成、クラウド利用費用の可視化の徹底、クラウド利用費用最適化のためのガバナンスの構築も必要です。また、Savings Plans / リザーブドインスタンスの購入戦略、共通費用等の配賦方法、クラウドサービスごとの単価指標導入による適正化、中長期的なビジネスへの貢献のための指標の整備といった、運用プロセスの確立が必要となります。

本章では、人材・体制、運用プロセスを中心に説明を行い、事例を取りあげることで、FinOpsのあり方を解説します。

2 人材・体制

FinOpsを実践するにはまず、人材の確保/育成、組織の組成が必要です。そのためにはCloud Center of Excellence(CCoE) と呼ばれる、クラウドを推進し、利用部門に対してガバナンスを効かせるための組織を構築することが肝要であると考えられています。このような集中管理機能を保有し、持続的に最適化の仕組みを構築している会社は、そうでない会社と比較してクラウド利用費用を38%削減し、クラウド利用費用の予測精度が10%向上していることがわかっています※2。

CCoEの役割の1つは、IT組織をオンプレミスの運用モデルから、クラウドに適合した運用モデルに変換することです。オンプレミスの運用モデルでは連携が少なかったビジネス/財務部門と技術/運用部門も、クラウドへ移行することにより、密に連携していくことが必要となります。ビジネス/財務部門はクラウドを学び費用がどのように発生するのか、技術/運用部門は財務戦略とビジネスゴールをそれぞれ理解しなければなりません。そのうえで双方が密に連携することで、迅速にシステムを構築し、無駄な費用の削減と適切なIT投資を進展させることが可能となります。また、密な連携により、時間単位で変動するクラウド利用費用の会計上のリスクを迅速に把握し、適正化を促進できます。

1 組織モデル

クラウド利用部門の組織モデルは、成熟度に応じて大きく3つに大別できます(図6-1)。

※2 "Cloud Financial Management Maximized Business Value on Amazon Web Services," The Hackett Group, https://pages.awscloud.com/rs/112-TZM-766/images/Cloud-Financial-Management-Maximizes-Business-Value-on-Amazon-Web-Services.pdf, April 2022.

- **分散管理型**：クラウド利用費用を各プロジェクトチームや組織が個々に管理する
- **集中管理型**：クラウド利用費用最適化を推進するチームを組成し、その組織が集中的に各プロジェクトチームや組織のクラウド利用費用を管理する
- **ハイブリッド管理型**：クラウド利用費用最適化を推進するチームを組成し、その組織が先導してベストプラクティスの共有やトレーニングを実施し、各プロジェクトチームや組織がクラウド利用費用を自律的に分散管理する

図6-1 クラウド利用部門の組織モデル

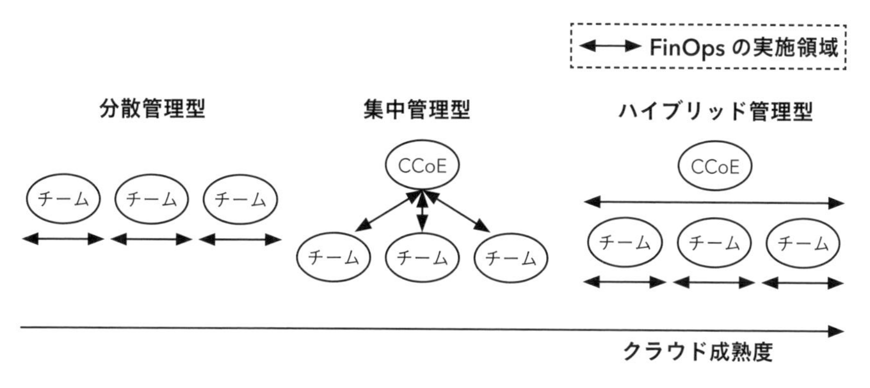

分散管理型は、各プロジェクトチームや組織が個々にクラウド利用を管理します。そのため、チーム間でクラウド利用費用管理のベストプラクティスについて共有されておらず、組織全体での最適な利用が限定的となってしまいます。例えば、一貫性のあるタグ付けがなされず、組織間やシステムごとのROI分析が限定的で、クラウドの効果測定ができていない場合があります。また、Savings Plans / リザーブドインスタンスを個々のチームが購入しているものの共有設定していないことから、利用率が高くならない、もしくは共有設定はされているものの、別のAWSアカウントに適用されている費用を把握できておらず、チーム内での正確なROI分析ができていないなどの課題が挙げられます。課題はあるものの、クラウド利用の初期段階であったり、小さい組織、限定的な利用の場合、まずは迅速なクラウド利用を通してイノベーションを加速し、ビジネスの俊敏性を高めることに重きを置いて、分散管理型を採用するの

も一つの方法です。クラウドの知見を蓄えながら、徐々により成熟度の高い集中管理型、ハイブリッド管理型へ移行していけばよいのです。ただし、クラウドの利用機会が増えているにもかかわらず、分散管理型を維持する状態はおすすめできません。クラウド利用費用の適切な管理ができなくなり、その結果、クラウドの効果を最大限に活かせない可能性が高まってしまいます。

集中管理型は、CCoEを組成し、集中的に各利用部門のクラウド利用を管理します。そのため、組織全体での最適な利用が推進できる組織モデルとなります。集中管理型においてCCoEは、導入する組織のクラウド利用費用の規模やクラウド成熟度に応じて、以下4つの形態に分類できます。

① 専任担当者を任命する形態
② パートナーに外部委託する形態
③ 兼任で組織組成する形態
④ 専任で組織組成する形態

小規模な組織や単一事業部の場合においては、①の専任担当者を任命する形態が有効です。AWSの知見が未成熟の場合や、迅速に効果を実現したい場合は、②のパートナーに外部委託する形態も有効です。一方で、AWSの知見がある程度高まってきて、自前ですべて管理する必要がある/できる場合は、③や④のように兼任/専任で組成する形態がよいでしょう。兼任の場合は、組織構造を大きく変更することなくCCoEのような集中管理組織を組成できるメリットがあります。一方で、別業務の稼働によってはCCoEの活動に支障が出たり、他組織の意向に引きずられた意思決定となり、全社最適な推進が行いにくくなる場合があります。専任の場合は、他業務に影響されずに集中して業務を遂行でき、また独立した予算や意思決定を整備しやすいメリットがあります。一方で、既存の従業員を動員してチーム形成を行う、もしくは新たに専任を雇う必要があるため、組織組成に労力がかかります。

集中管理型は、クラウドを利用する組織が大きくない場合においては、クラウド利用費用最適化を推し進めることができます。一方で、クラウドを利用する組織が増大すると管理が煩雑となり、最適な運用ができなくなる可能性が高くなります。利用組織が多くなるにつれて、徐々に利用組織やチーム、プロジェクト自身でクラウド利用費用最適化の管理を進めるハイブリッド管理型への移行が求められます。

ハイブリッド管理型は、成熟度が高くかつクラウド利用組織が多い、また組織の規模が大きい場合に導入するモデルです。CCoEがガバナンス、運用プロセス等の仕組みを整備し、各利用部門がクラウド利用費用の最適化を実行します。CCoEはクラウド利用を最適にするための仕組みの整備に集中し、各利用部門にクラウド利用の最適化の実行を推進させることが、成功の要となります。

クラウドを最適に利用するためには、各利用部門が自律的に実行できるように、また自動化を推進できるような仕組みが理想です。これはクラウド利用費用の最適化に留まらず、共通基盤等のプラットフォームの構築、オペレーション、セキュリティ等の観点の最適化も含みます。CCoEの役割は組織全体のクラウド成熟度や利用形態によって変化しますが、クラウド利用のガバナンスを効かせ、人材育成を促進するためには、CCoEの役割は重要です。

2 CCoEの活動

CCoEは、ビジネスの観点と技術の観点でクラウドを推進していく、Cloud Business Office（CBO）とCloud Platform Engineering（CPE）の2つの役割を備えることが理想です（図6-2）。

図6-2 CCoEの活動

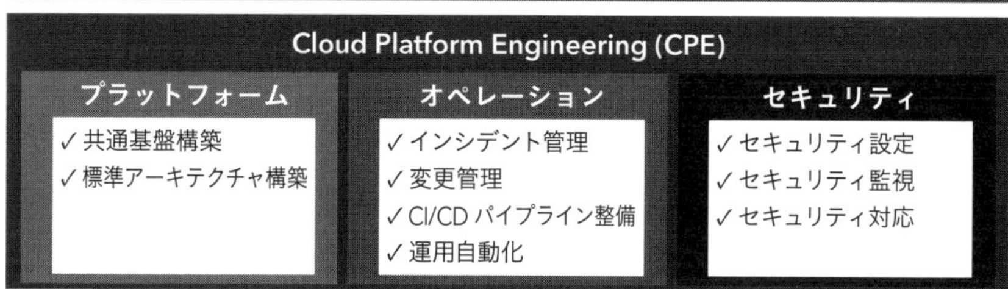

CBOはビジネス戦略と協調したうえで、次の役割を持つことでガバナンスを構築します。

- **クラウド利用ガイドライン策定：**標準化されたアーキテクチャやセキュリティなどに係る、クラウド利用に関わる指針の提示
- **運用プロセス整備：**クラウド推進ならびにクラウド最適化のための仕組み・クラウド運用プロセスの整備
- **プログラム管理：**クラウド上に構築するサービスやアプリケーション要件管理およびCPEの開発管理
- **クラウド利用費用の管理：**費用見積もり・予測、全体のクラウド利用費用の管理

クラウド利用ガイドラインは、ベストプラクティスやルールなど蓄積したクラウドの知見を文書化します。この文書を各利用組織に配布し、説明を行うことで、クラウド利用の知見を組織横断的に取り込んでいきます。そのためには、定期的なサービスや機能の調査に加えて、試験環境を構築し、動作検証を行うといったリサーチ業務が不可欠です。また、AWS Well-Architectedフレームワークを参考にし、社内でのユースケースを結集したリファレンスアーキテクチャをガイドラインに取り組んでいくことが理想です。

クラウド利用ガイドラインには、IAMユーザー権限や種々のセキュリティ設定ルール、アカウント管理・払い出しルール、タグ付けルール、ネットワークを含むアーキテクチャ構築のガイド、コスト最適化のためのアプローチとルール、ログ管理、監視等を盛り込みます。

また、組織横断的にクラウド利用費用最適化を推進していくためには、CCoEだけではなく、各利用組織がAWSの知見・ノウハウを取り入れなければなりません。そのために、CCoEがトレーニングを企画・推進します。AWSや社外のパートナー企業、社内のトレーニング担当と協力しながら、トレーニングプランを策定しましょう。ワークショップやハッカソン、Web上のトレーニング、クラウド認定資格取得を通して、組織全体でクラウド知識の底上げを行いながら、アジャイル文化や組織変革を推進していきます。

CPEはAWSアカウントやIAMユーザーの払い出し、ネットワーク・デー

タ・ストレージなどの共通的な基盤構築、標準化されたアーキテクチャをInfrastructure as codeで自動構築するなどの、プラットフォームに係る役割を担います。また、ITシステムを正常に利用できなくなるような事象が発生したときのインシデント管理や、変更作業が発生したときの変更管理などの運用管理、CI/CDパイプラインやテストなどの運用自動化といった、全体の運用管理のためのオペレーションを行います。加えて、アクセス制御、ネットワーク・データに係るセキュリティの設定、セキュリティ監視や事前・事後のセキュリティ対応の役割も担います。

3 CCoEの役割定義

CCoEの役割を定義することで、責任範囲を明確にし、かつCCoEで何をどこまで実施し、成果とするかを決定します。また、役割はクラウド利用の成熟度に応じて適応的に変化していくことも重要です。CCoEの存在意義は、クラウド利用を推進・最適化し、ビジネスの成果を最大化することにあるため、この目的を達成するためのガバナンスを構築します。ルールを策定せずにクラウドを運用すると、セキュリティインシデントの誘発や、不適切なクラウド利用による過剰な費用が発生する場合があります。一方で、過剰なルールによりクラウドの使い勝手が悪くなり、クラウドの特長の一つである俊敏性を損なってしまっては意味がありません。つまり、ガバナンスと自由度のバランスが重要となります。また、CCoEは利用部門に対する支援者としての役割はあるものの、クラウド利用の問合せ窓口としての存在になることは避けなくてはなりません。

CCoEに求められる代表的な役割は、次のとおりです。

- ○ **プログラムマネージャー**：ビジネス部門とクラウド利用部門が協力し、移行計画、共通基盤の要件整理・計画、ガバナンス・運用プロセス・トレーニング企画等の検討・整備を主導し、CCoE組織の全体を管理する。また、リファレンスアーキテクチャを整備し、利用者の要件を技術的成果に落とし込み、技術的方向性を設定する。後者をリードアーキテクトとして、プログラムマネージャーと別の役割として整備する場合もある
- ○ **財務スペシャリスト**：TCO評価、クラウド利用費用予測、予算計画等の検討を行い、クラウド利用費用の最適化を推進する。日本においては財務スペシャリストを設けず、クラウド利用費用に係る項目は財務部門が担い、CCoEや利用部門と連携するような組織構成が大半である
- ○ **インフラエンジニア**：クラウドインフラの共通基盤構築、標準テンプレート構築等のエンジニアリングを担当する
- ○ **セキュリティエンジニア**：クラウド環境におけるセキュリティ標準ガイドを整備し、セキュリティ・アクセスを管理する
- ○ **オペレーションエンジニア**：クラウド上にアプリを実装するためのコードリポジトリ、CI/CD環境を構築する。また、各種メトリクス、キャパシティ・ログ・課金・タグ等を管理する
- ○ **アプリケーションエンジニア**：利用部門と密に連携し、アプリケーションの移行やクラウド上での開発を主導する

ここに挙げた役割を実践するためにも、CCoEの人材には多岐にわたるスキルが求められます。クラウドサービスはもとより、インフラストラクチャ領域、セキュリティ領域、アプリケーション領域、オンプレミスからの移行など、ITに関連する領域全般に精通していることが理想です。加えて、技術領域だけでなくビジネスの洞察、財務の知見を兼ね備え、社内のさまざまな関係者を巻き込むコミュニケーション能力・実行力が求められます。

とはいえ、一朝一夕でこのようなあらゆるスキルを1つの組織に取り入れるのは困難です。クラウドを利用していくなかで、まずはスモールスタートで知見を蓄え、徐々にチームを強化・担当領域を拡大していきましょう（図6-3）。CCoE組成の初期のチームは、3〜5人程度で構成するのが肝要です。少人数体制とすることで、迅速な意思決定をアジャイル型で実行できるようになります。

図6-3 Stages of Adoption（第1章2節で解説）の各ステージにおけるCCoE組成

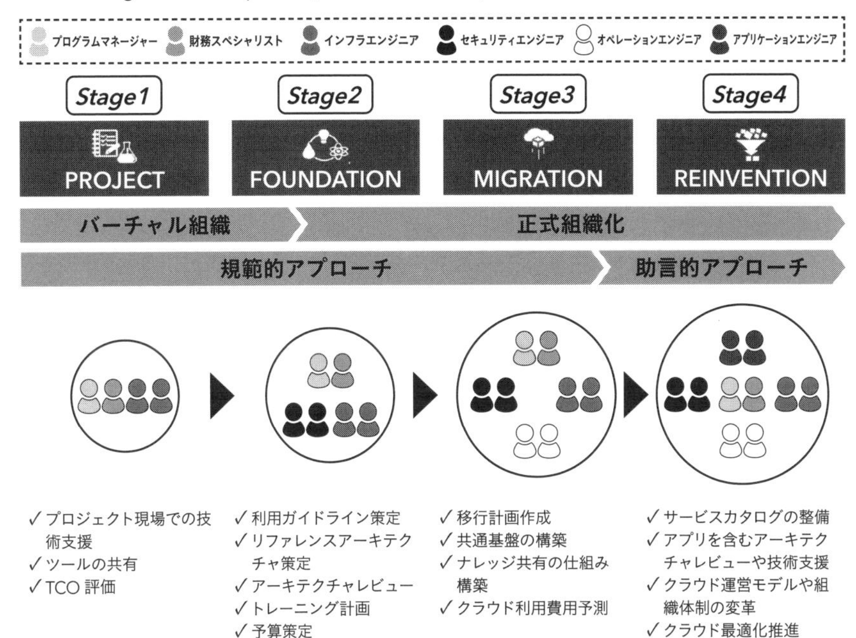

Stage1	Stage2	Stage3	Stage4
✓プロジェクト現場での技術支援 ✓ツールの共有 ✓TCO評価	✓利用ガイドライン策定 ✓リファレンスアーキテクチャ策定 ✓アーキテクチャレビュー ✓トレーニング計画 ✓予算策定	✓移行計画作成 ✓共通基盤の構築 ✓ナレッジ共有の仕組み構築 ✓クラウド利用費用予測	✓サービスカタログの整備 ✓アプリを含むアーキテクチャレビューや技術支援 ✓クラウド運営モデルや組織体制の変革 ✓クラウド最適化推進

3 運用プロセス

クラウド利用費用を最適にするためのプロセスとして、どのような観点が必要なのでしょうか？ 単にクラウド利用費用が削減されるだけでは最適化は成し得ません。たとえクラウド利用費用が増大したとしても、ビジネスへの貢献が大きいのであれば、最適な利用といえるでしょう。

このように、単純に費用削減を行うだけではなく、ビジネスへの貢献がどの程度なのかを示すROIを適切に評価することが肝要です。また、各利用部門におけるクラウド利用費用を明確にするためには、ビジネスへ直接的に貢献していない、共通で利用しているサービスやシステムの配賦方法を決定することも必要です。これらを考慮したうえで、クラウド利用費用を最適にするためのプロセスを回します。図6-4に示すように設計・構築、運用、終了フェーズにおける一連のライフサイクルで運用プロセスを回していきます。

図6-4 クラウド運用のライフサイクル

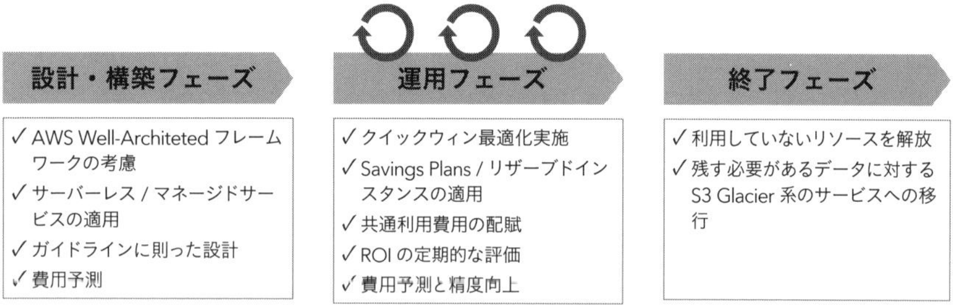

設計・構築フェーズ	運用フェーズ	終了フェーズ
✓ AWS Well-Archititeted フレームワークの考慮 ✓ サーバーレス / マネージドサービスの適用 ✓ ガイドラインに則った設計 ✓ 費用予測	✓ クイックウィン最適化実施 ✓ Savings Plans / リザーブドインスタンスの適用 ✓ 共通利用費用の配賦 ✓ ROI の定期的な評価 ✓ 費用予測と精度向上	✓ 利用していないリソースを解放 ✓ 残す必要があるデータに対するS3 Glacier 系のサービスへの移行

設計・構築フェーズでは、第1章で説明したAWS Well-Architectedフレームワークを考慮したうえで、スモールスタートで将来的な柔軟性を持たせた設計とします。また、第4章で説明したネットワークアーキテクチャの設計、サーバーレス/マネージド型サービスの適用を考慮したクラウドアーキテクチャを検討していきます。アカウントの払い出し、セキュリティ、利用するインスタンス等はガイドラインに則って設計・構築します。併せて第5章で説明した運用フェーズでの費用予測を行いましょう。

運用フェーズでは、AWS Cost Explorer等を用いた費用の可視化を徹底し、第3章で説明したクイックウィン最適化の個々のアプローチを定期的に実施します。リソース使用量の定期監視によるサイズの適正化・世代最新化の実施、土日/夜間で使用しないインスタンスの把握と起動停止のスケジューリング等を実施します。また、共通的に利用している費用の適切な配賦と定期的にクラウド利用によるROIを測定し、適切な利用ができているかを評価します。加えて、AWS Budgets等を用いた予算管理を行い、費用予測の精度を高めていきます。

最後に終了フェーズでは、サービスや特定機能の開発終了に伴い、利用していないリソースを解放し、必要なデータをS3 Glacier系のアーカイブ用途のサービスへ移行します。

ここでは、運用プロセスとしてSavings Plans / リザーブドインスタンスの購入戦略、共通で利用しているクラウド利用費用等の配賦方法の取り決め、ROIを評価するためのクラウドサービスごとの単価指標の推移による適正利用確認と中長期的なビジネスへの貢献のための指標について解説します。

1 Savings Plans /リザーブドインスタンス購入戦略

Savings Plans / リザーブドインスタンスを購入する際は、対象インスタンスだけでなく、コミットメントの期間（1年か3年）と支払いオプション（全額前払い、一部前払い、前払いなし）の選択と、どのくらいの頻度で購入するかの購入戦略を決めることが必要です。表6-1に、東京リージョンでのスタンダードリザーブドインスタンスの割引率の違いの例を挙げます。

表6-1 期間や支払いオプションによる割引率の違い

① t3.xlarge、Linux OS、東京リージョン、スタンダードリザーブドインスタンス

	全額前払い	一部前払い	前払いなし
1年	41%	40%	37%
3年	62%	60%	57%

② m6i.2xlarge、Linux OS、東京リージョン、スタンダードリザーブドインスタンス

	全額前払い	一部前払い	前払いなし
1年	38%	37%	34%
3年	61%	58%	55%

1年か3年かの割引率の違いはかなり大きく、多くの場合で10%台後半から20%台の差があります。更新のタイミングも長くなるので購入頻度が減り、社内処理も楽になるというメリットもあります。しかし、3年という期間は利用状況が変化してSavings Plans / リザーブドインスタンスの利用率が下がったり、新しいインスタンスやサービスがリリースされ、より効果の高いクラウド利用費用最適化の手法が出てくる可能性もあります。ある企業のIT部門は、一部を割引対象が広く柔軟に割り当てられるCompute Savings Plansは3年で購入し、その他一部に対してはEC2 Instance Savings Plansを1年で購入するという方針を採っていました。

一方、前払い、一部前払い、前払いなしの差は大体5%前後になることが多いため、コミットメントの期間の違いに比べるとそれほど大きくはありません。キャッシュフローなどが気になってSavings Plans / リザーブドインスタンスの購入をためらっている場合は、前払いなしの購入も検討対象に入るでしょう。

また、購入のタイミングも重要です。固定的な利用の場合は、1年に1回予算策定のタイミングでSavings Plans / リザーブドインスタンスの購入検討を行うという頻度でも、高いSavings Plans / リザーブドインスタンスの利用率を維持できるかもしれません。一方、クラウド利用が進んでいるアカウントであれば、Savings Plans / リザーブドインスタンスの利用率が下がり、クラウド利用費用の削減余地が増えてしまいます。このような場合は、四半期に一回、あるいはシステムが追加されるたびに購入を検討することをおすすめします。AWS Cost Explorerを使用してSavings Plans / リザーブドインスタンスの利用率の推移をトラッキングし、追加購入が必要かどうか判断するというプロセスを、できれば毎月、少なくとも四半期に一回は実施するようにしましょう。

2 クラウド利用費用の配賦

クラウド利用費用・IT投資に対して適切なROIを評価するうえでは、ビジネスに直接的な関与はないものの共通的に利用している費用を、配賦もしくは可視化する必要があります。

共通費用は、コスト配分タグの設定ができない費用と、コスト配分タグの設定が可能な共通的に利用しているシステム / クラウドサービスの費用に分類できます。コスト配分タグの設定ができない費用としては、例えばサポート費用、データ転送費用、Direct Connectの費用、保守・運用管理費が含まれます。一方で、コスト配分タグが設定可能な、共通的に利用しているサービスとしては、DNSやProxy用として利用しているAmazon EC2インスタンス、複数のアプリケーションが利用しているDB/Amazon RDS、管理者用途のAmazon S3バケットなどが挙げられます。

タグにより粒度の細かいクラウド利用費用管理ができるようにはなりましたが、上述の対象については、配賦を検討していくことが必要です。また、第2章2節で説明したAWS Organizationsを利用し、かつSavings Plans / リザーブドインスタンスの共有設定をしており、Savings Plans / リザーブドインスタンスを購入したアカウントから別のアカウントへ適用された場合は、適用先のアカウントから購入元へのアカウントへの費用配賦、もしくは可視化を考慮します（表6-2）。

表6-2 共通利用費用例

コスト配分タグ設定の可否	例
可	DNS /Proxy用途の共用Amazon EC2インスタンス
	管理者用Amazon S3バケット
不可	・データ転送量 ・サポート費用 ・Direct Connect費用 ・運用管理費 ・Savings Plans / リザーブドインスタンス費用

共通的な利用費用を明確にした後は、アプリケーション単位、システム単位、利用部門単位等の費用配賦の対象を定め、費用配賦を検討していくことになります。費用配賦の方法が決まったら、共通利用費用を可視化するに留めるか（ショーバック）、組織間での費用配賦（チャージバック）にするかを決定します。

ショーバックは、組織/チームをまたがって発生したクラウド利用費用を報告するに留めます。例えば、ある利用部門におけるクラウド利用費用のうち共通費用が$1,000/月であれば、$1,000/月の費用が発生していることを明示します。一方でチャージバックは、利用部門における共通利用負担分として、$1,000/月を配賦します。各利用部門でのIT予算の割り当ての方針や費用配賦対象を考慮したうえで、ショーバックにするかチャージバックにするか、もしくは費用配賦対象によっては両方を考慮するかを検討しましょう。

費用配賦の方法は、大きく分けると5つのパターンがあります（表6-3）。

表6-3 共通費用配賦方法

配賦方法	定義・説明
均等	・費用配賦の対象の数で均等に按分する方法 ・実装が容易である一方で利用量と費用負担に不整合が発生する可能性有
クラウド利用費用単位	・クラウド利用費用に応じて費用を按分する方法 ・AWSアカウント、AWS Cost Categories、タグを用いてクラウド利用費用を明確化
利用者数単位	・サービスの利用者数に応じて費用を按分する方法
アプリ/システム規模単位	・アプリ/システム固有の開発費用の規模で按分する方法
リソースの使用量単位	・セッション時間/数や利用しているデータ容量等のAWSリソースの使用量で按分する方法 ・AWSリソースの使用で評価するため最も配賦の精度が高いがAWSリソース以外の共通利用費用は別方法を考慮することが必要

共通費用の配賦は精度と実装稼働を考慮したうえで、組織に適切な方法を検討しましょう。「均等」に配賦する場合は迅速に計算できる一方で、精度は低くなります。費用配賦の対象の規模が大きく、規模の相違が少ない場合に有効です。「クラウド利用費用単位」や「利用者数単位」での配賦は、クラウド利用費用や利用者数が共通利用費用とある程度相関があることを想定した方法となります。「クラウド利用費用単位」は、AWSアカウント、AWS Cost Categories、タグを用いて、費用を明確化していきます。「アプリ/システム規模単位」は、開発規模に応じて配賦する方法です。「リソースの使用量単位」は、共通利用のシステムのセッション時間/数や、利用しているデータ容量などのAWSリソースの使用量で按分する方法となり、配賦の精度が高くなります。ただし、AWSリソース以外の共通利用費用（例：サポート費用など）は別の方法で配賦する必要があります。

3 クラウドサービスに対する単価指標

個々のクラウドサービスが適正に使えているか、単価の指標を設定したうえで、推移から分析することも重要となります。クラウド利用費用の増減のみを管理した場合は、個々のクラウドサービスを効率よく使えているかを評価できません。

例えば、図6-5のAmazon EC2インスタンスの時間あたりの単価およびクラウド利用費用の推移をプロットしたイメージで考えてみましょう。

図6-5 Amazon EC2利用費用と時間当たりの単価例

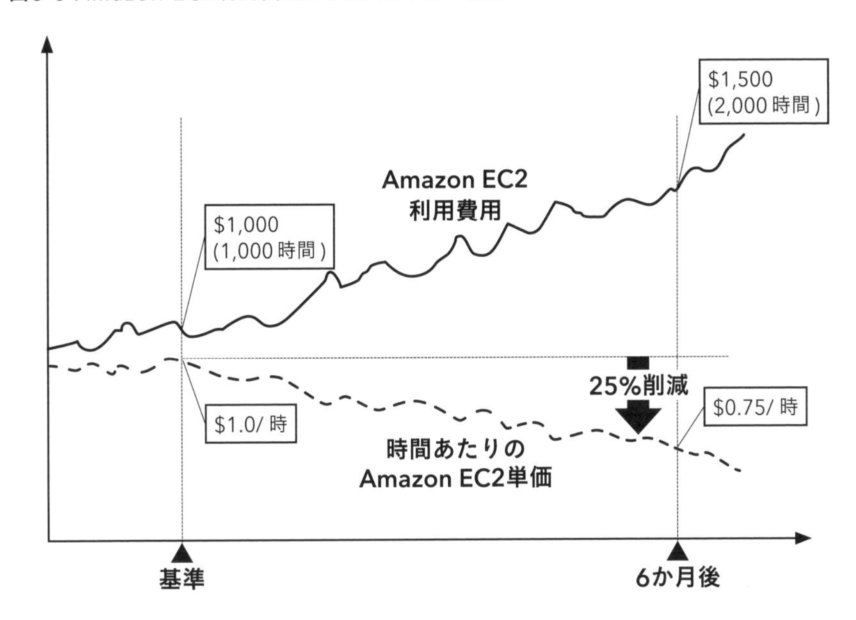

クラウド利用費用は6か月間で$500増加している一方で、時間あたりの単価は$0.25/時下がっています。単価が下がっていることから、過去のある時点と比較してクラウド利用の適正化が進んでいることを確認できます。時間あたりの単価を下げるには、第3章で紹介した、Savings Plans / リザーブドインスタンスといったコミットメント型購入オプションのカバー率を増やすほか、スポットインスタンスの適用、オンデマンドインスタンスの稼働抑制、インスタンスのサイズ適正化などのクラウド利用費用削減アプローチを実施する必要があります。逆に、時間あたりの単価が増加している場合は、これらのアプローチが取れておらず、AWSを適正に利用できていない可能性があります。

ちなみに、時間単価で評価できないAmazon EBSやAmazon S3などのストレージサービスであれば、容量あたりの単価の推移を見ることで、適正に利用できているかが評価できます。

クラウドサービスの単価を評価すると、どのくらいの費用削減効果があったのかを評価することも可能となります。先の図6-5の例で、ある月のAmazon EC2の利用費用が$1,000、稼働時間が1,000時間だったとします。この場合、時間あたりの費用単価は$1.0となります。6か月間でクラウド利用費用最適化のアプローチを取らず、時間あたりの単価が変化しないとすると、$2,000（= $1.0//時 × 2000時間）であるため、$500（= $2,000 − $1,500）の削減効果があったと評価できます。

4 中長期的なビジネスへの貢献のための指標

IT投資に対して売上や利益を評価する……これが、従来のオンプレミスにおける、一般的なROIの可視化の方法でした。従量課金を基本とするクラウドにおいても同様に、クラウド利用費用に対する売上や利益を評価するのが、ビジネスへの貢献を計る適切な指標となるのでしょうか。

例えば、マーケティングのキャンペーンを実施する際にオートスケーリングを利用、もしくはその時期に合わせてクラウドのインフラを増強する必要があるとします。その際、一時的にクラウド利用費用は増大しますが、すぐに売上に直結するとは限りません。またニーズが多様化した現代においては、顧客体験の向上による価値創出に重きをおくサービスが多くなってきています。顧客体験の向上を判断するための管理指標としては、例えばAPIコール数、アクティブユーザー数などの、短期的には売上に紐付かない指標が重要となる場合もあります。売上やAverage Revenue Per User（ARPU）などが後方指標と呼ばれるのに対し、未来の成功に対する先行指標と呼ばれたりもしますが、後方指標にのみ基づいてクラウド利用費用のROI評価を行うと、クラウドを効率よく使えていないという誤った見方になってしまいます。

先行指標を設定するうえで参考にしたい考え方の一つに、North Star Metric（NSM：北極星指標）フレームワークがあります[※3]。NSMは「北極星のようにブレ

※3　S. Ellis and M. Brown, "Hacking Growth," Currency, 2017.

ない、ビジネスを成功させるための重要な指標」という意味があります。短期的な目標ではなく、中長期的に成長することに焦点を置いた指標です。中長期的な成長のためには売上だけではなく、利用者側のプロダクト体験に係る指標を組み込みます。このNSMは、どのように設定するのでしょうか。次の3つのプロダクトのタイプから、NSMの検討方法を紹介します※4。

①**アテンション**：サービス利用に多くの時間を費やすことを重要視する
例）Facebook、Netflix、Spotify
②**トランザクション**：商業取引を重要視する
例）Uber、Airbnb、Amazon
③**プロダクティビティ**：利用者の生産性向上を重要視する
例）Slack、Zoom、Salesforce

アテンションの代表例として、FacebookとNetflixを取りあげてみます。Facebookのビジネスモデルは、利用者が画面をスクロールすることで表示される広告によって、収益を得ることです。そのため、利用者がフィードにいかに興味を持ち、長い時間滞在するかがポイントとなります。利用者がまだ少なかった当初は、「利用してから最初の10日間に7人の友人を追加した利用者数」を設定していました。まずは、利用者数を増加するためのプロダクト経験を高めることに注力していたということです。利用者数の裾野が広がった現在は「1日あたりのアクティブユーザー数の利用時間」をNSMとして設定しているといわれています。いかに1日あたりに利用する頻度を増やすか、利用者のプロファイルに沿ったフィードを表示させて、利用時間を増加させつつも顧客体験を失わないような（例えば闇雲に広告を表示させない等）プロダクト開発に注力しているというわけです。Netflixのように、サブスクリプション型のビジネスモデルでは、サービスの利用時間がただ多いだけでは指標としては不足しており、有料購買者数を最大化させることがポイントとなります。したがって、NSMを「アクティブユーザーの視聴時間」ではなく、「月あたりの視聴時間が、ある一定時間以上の購買者数」としています。

※4 Amplitude-Product Analytics Playbook: The Three Games of Engagement
https://amplitude.com/user-engagement/three-games-of-engagement

トランザクションの代表例は、配車サービスであるUberです。配車サービスであるため、乗客はもちろんのこと、ドライバーの顧客体験も重要です。両者を考慮したNSMとして「週あたりの乗車数」を設定し、Uberを利用する乗客・ドライバー双方を、サービスの価値を測る指標としています。

最後に、プロダクティビティの代表例としてSlackを取りあげます。Slackはメールでの非効率なやり取りを削減し、コミュニケーションを効率化することを掲げていることから、「月あたりの社内で送信されたメッセージ数」をNSMとして設定しています。アクティブユーザー数から踏み込んだ、プロダクトを利用することによる生産性向上を測定することで、プロダクトビジョン推進とサービス利用からの離反の両者を測定する指標としても利用できます。

このように、事業/プロダクトのビジョンによってNSMは変わってきますが、売上に直接関わる項目だけでなく、顧客体験を向上させるための項目を鑑みて設定します(表6-4)。

表6-4 NSMタイプと設定例

タイプ	企業例	NSM設定例
アテンション	Facebook	アクティブユーザー数の利用時間/日
	Netflix	視聴時間が、ある一定時間以上の購買者数/月
	Spotify	コンテンツ視聴時間/月
トランザクション	Uber	乗車数/週
	Airbnb	予約された宿泊数/月
	Amazon	プライムユーザーの購買点数/月
プロダクティビティ	Slack	社内で送信されたメッセージ数/月
	Zoom	開催ミーティング数/週
	Salesforce	アカウントあたりの平均レコード作成数/月

さて、NSMを考慮したうえで、クラウド利用費用をどのように最適化していけばよいのでしょうか? NSMを達成するためのKPIを要素分解し、それぞれをクラウド利用費用と紐付けましょう。例えば図6-6のように、NSMを「月あたりのアクティブユーザーが動画に費やす時間」とした場合、KPIとして以下の4つに要素分解できます。

① アクティブユーザー数
② セッションあたりの動画閲覧時間
③ セッション数
④ 有料会員への変更数

図6-6 NSMから分解されるKPIの例

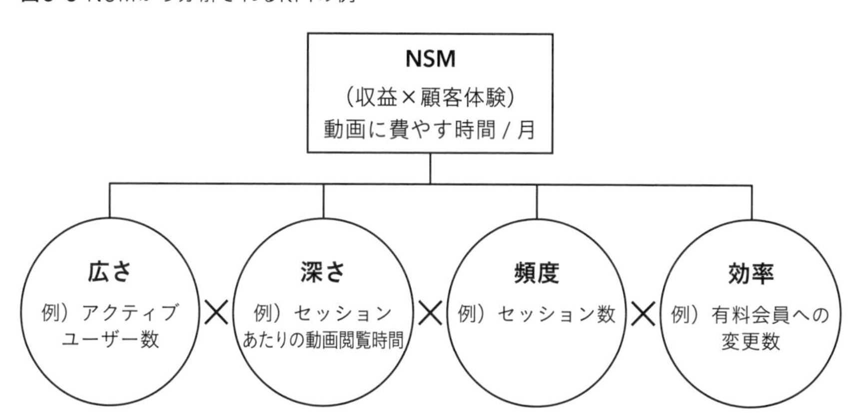

マーケティングキャンペーンを実施するためにインフラを増強し、そのことでクラウド利用費用が増加したとしても、ターゲットのアクティブユーザー数に達したのであれば適切な投資として判断できます。逆に、クラウド利用費用が抑制できたとしてもターゲットに達しなかった場合は、適切な施策でなかったと判断ができます。キャンペーン自体に問題がなかったのか、IT・クラウドの領域で対応できる内容だったのかを評価しましょう。ほかに、セッションあたりの動画閲覧時間が減少しているのであれば、動画のコンテンツが利用者に合っているのか、コンテンツの音声・映像品質に問題がないか、動画ストリーミング配信中の遅延で問題が発生していないか、などを評価します。IT・クラウドの領域でカバーできる問題であれば、解決するための開発やクラウドアーキテクチャの見直しを行い、それに伴うクラウド利用費用の増加は必要な投資と判断できます。このように、NSMから設定した各KPIとIT投資・クラウド利用費用を関連付けて評価することで、ROIと今後の投資判断に役立てることができます。

4 FinOps事例紹介

1 KPIに基づいたビジネス部門とIT部門との協業

経路探索技術をもとに、『NAVITIME』をはじめとするナビゲーションサービスを提供する株式会社ナビタイムジャパン（以下、ナビタイム社）によるFinOpsの実践について紹介します※5。

AWSへの移行直後は、Amazon EC2のオンデマンドインスタンスを採用していましたが、そのままではクラウド利用費用が高止まりしてしまうため、長期定額割引のリザーブドインスタンスとスポットインスタンスに徐々にシフトしました。その結果、2021年9月時点では、Amazon EC2全体の90％以上でリザーブドインスタンスまたはスポットインスタンスを適用しています（図6-7①）。常時稼働が必要なサーバーはリザーブドインスタンスとし、スケールが必要なサーバーはスポットインスタンスを利用しています。その他にも、常に最新のAmazon EC2インスタンスタイプを検証し、ダウンサイジングなどによってコストパフォーマンスの向上を図ってきました。このように、3年間にわたる段階的なコスト最適化によって、インフラ利用費用はオンプレミスと比較して30％削減することができました。

持続的な最適化を進めるために、図6-7②に示すようにアクセス比率に対するクラウド利用費用の単価をKPIとして管理し、IT部門とビジネス部門の共通の課題としてクラウド利用費用最適化を掲げ、連携を密にとっています。IT部門がITインフラ利用費用を削減するためにインスタンスのサイズ変更、世代最新化、スケジュール調整などの施策を実施する際、アプリケーション開発を推進しているビジネス部門が非協力的で、クラウド利用費用最適化が進まないといったことが多々あります。こうしたIT部門とビジネス部門の対立は、最適化を進めるうえでよくある課題となります。ナビタイム社は、各部門が共通のKPI（例えばクラウド利用費用に対するアクセス数の最大化）を設定することで、コスト最適化を迅速に進めていくことが実践できています。

※5 https://aws.amazon.com/jp/solutions/case-studies/navitime-2020/

加えて、AWSがリリースする最新のサービス・機能を迅速にキャッチアップし、テストを行い、アーキテクチャに取り込む仕組みが作られています。第1章2節で解説したリホストの移行方式でオンプレミスより移行してから、徐々にAWSの最新サービスを取り込み、コンテナやサーバーレスを中心としたクラウドネイティブアーキテクチャへと進展しています。

図6-7 ナビタイム社によるクラウド運用管理

① オンデマンドインスタンスの稼働時間の大幅な削減

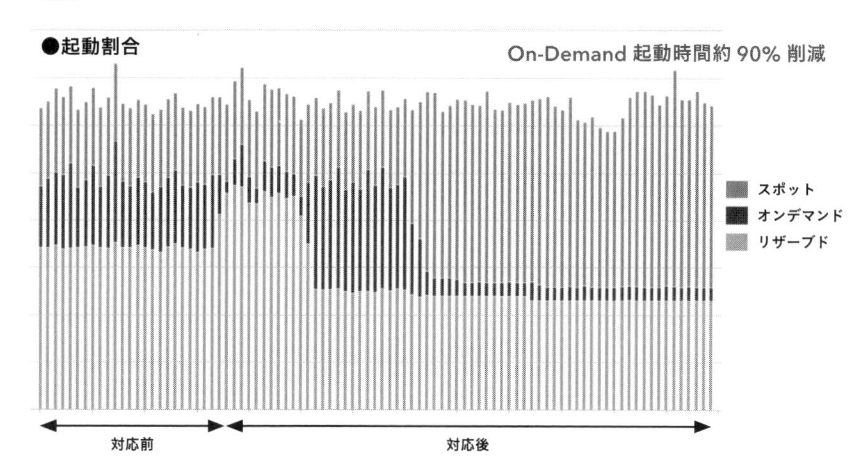

② AWSへ移行後のアクセス比率に対するクラウド利用費用比率

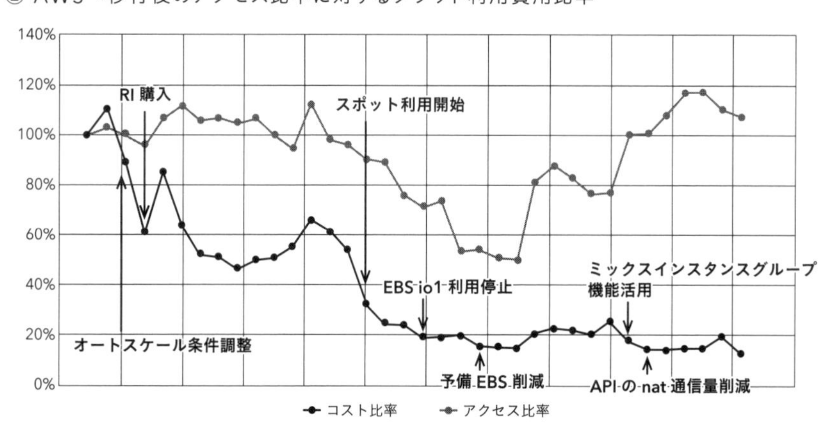

2 CCoEによるクラウド利用費用最適化の推進

モバイル通信キャリアである株式会社NTTドコモ（以下、NTTドコモ社）によるクラウド利用費用最適化の推進について紹介します。図6-8に示すように、ドコモCCoEを中心として、クラウドを利用するために不可欠な知識をまとめた利用ガイドラインやさまざまな支援ツールを作成し、社内に展開することで、クラウド利用を推進しています※6。

図6-8 NTTドコモ社によるCCoE体制

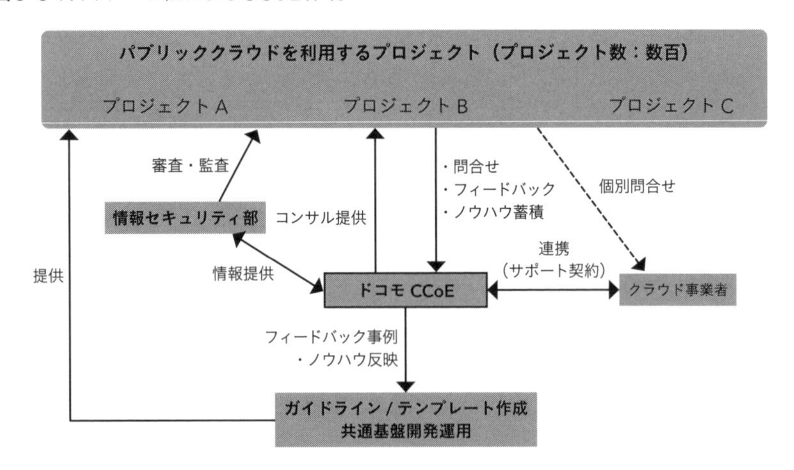

ガイドラインは、表6-5に示す11項目を策定しています。設定の誤りによるセキュリティ事故の抑制やクラウド利用方法、クラウド利用費用を最適化するためのポイントを記載することで、知識に乏しい利用者でも、短時間でクラウドを習得できるようなドキュメントを策定しています。

※6 "ドコモのパブリッククラウド活用とCCoEの果たす役割"
https://www.docomo.ne.jp/corporate/technology/rd/technical_journal/bn/vol29_1/003.html

表6-5 NTTドコモ社によるクラウドガイドライン項目

No	種類	内容
1	クラウド開発ガイドライン	クラウドを使う場合の考え方や作法、開発フローにおける各フェーズで考慮・実施すべき指針を記載、特に設計、セキュリティなどは重点的に網羅し、間違った使い方を抑止
2	セキュリティデザインパターン	クラウドを利用し、システムを構築するにあたり、セキュリティの考慮漏れを抑制。ISO/IEC27017に沿った要件をあらかじめ用意することで、ISO管理策に対する準拠性を高めている。AWSを利用したシステム構築をするにあたり、必要となるセキュリティ要件を列記
3	セキュリティテンプレート	セキュリティデザインパターンを考慮したネットワーク構成やネットワークフィルタリング機能、基本機能を提供するインスタンス群などを生成するAWS CloudFormationテンプレートを記載、セキュリティ対策を容易に実施
4	IAMデザインパターン	AWSアカウント利用パターンに合わせて、ドコモ社内のIAMポリシー設計のベストプラクティスを記載
5	インシデント対応ガイドライン	AWSを利用する、インターネットに公開されているサービス提供システムや、社内システムなどでサイバー攻撃などのインシデントが発生した場合の対応について、実際に発生した事例を含めて記載
6	コスト最適化ガイドライン	AWSコストを管理する者向けに、コストの把握・分析方法、コスト削減・最適化の手法を記載
7	システム移行ガイドライン	オンプレミスからAWSへの移行案件をスムーズに行うために、これまでの移行事例で得た知見などを基に移行時にポイントとなる点や注意すべき点を記載
8	共通基盤化ガイドライン	複数アカウント/複数システムを運用し始めると、運用を統一化したり、運用システムを共通化することで効率化を図ると有効な場合があり、クラウドの特性を利用することで、運用の効率化をスムーズに進める方法を記載
9	コンテナガイドライン	コンテナをサービス開発/運用に取り入れようとしている人向けに、各プロジェクトで効果的、安全にコンテナ活用を実践してもらうことを目的に、どういったツールをどのように利用するのがよいか記載
10	サーバーレスガイドライン	AWS上でサーバーレスなシステムを開発・運用する際に、どのように導入を進めていけばよいのか、どういったサービスをどのように利用するのがよいのか、各プロジェクトで効率的かつ効果的にサーバーレスを活用する方法を記載
11	DevOpsガイドライン	DevOpsの考え方をサービス開発/運用に取り入れようとしている者向けに、どういったツールをどのように利用するのがよいのか、各プロジェクトで効率的かつ効果的にDevOpsを実践してもらうことを目的としたガイドライン

また、一元的にクラウドベンダーとの支払いを取りまとめて処理することで、各プロジェクトの財務管理に関わる負担を軽減させています。2020年12月時点において、900を超えるAWSアカウントを1つの管理アカウント配下に

統合した結果、AWS Organizationsの一括請求によるボリュームディスカウントにより、クラウド利用費用を抑制しています。また、Savings Plans / リザーブドインスタンスをアカウント間で共有設定することで、100%に近い利用率を実現しました。さらに、情報セキュリティ部と連携した、セキュリティ等のガバナンス体制の構築にも成功しています。

クラウド成熟度が高く利用規模が大きいNTTドコモ社は、CCoEによる集中管理・クラウドサービスの知見の集約と共有、各プロジェクトが自発的に最適化を実施する、ハイブリッド管理型を実践している例といえるでしょう。クラウド最適化の推進はCCoEが企画・運営し、その実行を各プロジェクトが担うことで、拡張性を持たせつつクラウド最適化を効率的に実行できます。

資料　AWSコスト管理に係るサービス

本書で紹介したAWSコスト管理サービスとその概要を示します。

1 可視化

■ AWS Cost Categories

AWS Cost Categories を使うことで、クラウド利用費用と使用量を、ユーザーが設定したルールベース（アカウント別、タグ別、サービス別など）でグループ化することができます。AWS Cost Categories で作成したグループは、AWS Cost Explorer や AWS Budgets、Cost and Usage Reports で利用することもできます。

■ AWS Config

AWS Config は AWS リソースの構成情報や設定を継続的にモニタリング・記録するサービスです。リソースに対して「誰がいつ何をしたか」を自動的に記録することによって、トレース可能な状態にします。そして、Config Rules 機能を使うことで、構成評価（準拠すべきルールを設定し、ルールへの準拠状況を継続的にチェックする）を行うことができます。

■ AWS Organizations

AWS Organizations はクラウド環境を一元的に管理および統制するためのサービスです。組織内のメンバーアカウントの請求をまとめる「一括請求（コンソリデーティッドビリング）機能や、AWS アカウントの作成や管理を行うための機能があります。また、サービスコントロールポリシー (SCP) をユーザー、アカウントまたはOUに適用して、組織内のAWSリソース、サービス、リージョンへのアクセスを制御することもできます。

■ AWS Resource Groups (タグエディタ)

AWS Resource Groups は、多数のリソースを一度に管理および自動化できるサービスです。AWS Resource Groupsのタグエディタ機能を使用して、タグをサポートしている複数のリソースに一度に追加や削除、置換することができます。また、AWS Resource Groups タグポリシー画面から、タグポリシーの適用状況を確認することができます。

■ AWS Service Catalog

AWS Service Catalogは、サービス提供者（管理部門など）が登録した製品を利用者（社内のユーザー部門など）がセルフサービスで展開できる仕組みを構築できるサービスです。製品とは、AWSでのデプロイに利用できるようにするITサービスのことです。製品は、Amazon EC2インスタンス、ストレージボリューム、データベース、モニタリング設定、ネットワークコンポーネント、パッケージ化されたAWS Marketplace製品など、1つ以上のAWSリソースで構成できます。

■ AWS Billing Conductor

AWS Billing Conductor はマルチアカウント環境において、請求をまとめたいアカウントごとにグルーピングすることで、組織のコスト管理を行いやすくするサービスです。一括請求を管理している部門では、独自のコストレート（特定のサービスへの割引や、リザーブドインスタンスおよびSavings Plansによる割引、また共通費など）を適用したうえで、各部門に請求を行うケースがあります。AWS Billing Conductorを使えば、請求者は簡単に独自のコストレートを定義することができます。そして、定義に基づきグループごとのAWS利用料の請求書を発行できます。

■ AWS Cost Explorer

AWS Cost Explorerはクラウド利用費用と使用量を経時的に可視化、把握、管理することが可能なサービスです。期間（過去1年前から）、フィルター、グループ化といった条件を付けて、各サービス利用料や使用量のデータをグラフや表で表示することが可能です。また、サイズの適正化に関する推奨やSavings Plans / リザーブドインスタンスの推奨を表示する機能を保有します。利用料の将来の予測機能もあり、期間を設定することで現在の利用費用から今後12か月の利用料の予測を表示する機能も有しています。

■ AWS Cost and Usage Reports

AWS CURはアカウントの最も包括的な利用費用と使用状況のデータを確認、項目化および整理できるサービスです。リソースレベルでどのようなクラウド利用費用がかかっているのか、各リソースIDやAWSコストカテゴリ、コスト配分タグなどを使用して、クラウド利用費用を分解・整理をすることができます。利用費用に関するデータはCSV（カンマ区切り値）形式でS3のバケットに保存され、少なくとも1日に1回更新されます。利用費用に関するデータは表計算ソフトから読み込んだり、Amazon QuickSightやAmazon RedshiftなどAWSの他の分析ツールと連携させることも可能です。

■ AWS Cost Anomaly Detection

AWS Cost Anomaly Detectionは、異常と思われる想定外の利用費用が発生した場合にアラートを送信します。また、機械学習で週次や月次などの定期的な変動を学習することで異常の誤検出を最小限に抑えます。アラートにはEメールのほか、Amazon SNSも利用できるため、Slackチャネルへアラート投稿するなど、管理者がよりタイムリーに調査/問題解決にあたることをサポートします。

2 最適化

■ AWS Well-Architected Tool

AWS Well-Architected Toolは、AWS Well-Architected Frameworkをベースとし、クラウドアーキテクトがアプリケーション向けに実装可能な、安全で高いパフォーマンスと障害耐性を備えた、効率的なインフラストラクチャの構築をサポートする目的で開発されたツールです。ワークロードを定義し、ベストプラクティスを使用してクラウド向けに構築するためのアクションプランを提供します。

■ AWS Trusted Advisor

AWS Trusted AdvisorはAWSの提唱するWell-Architectedのうち、「運用上の優秀性」「セキュリティ」「信頼性」「パフォーマンス効率」「コストの最適化」の5つの柱について、ベストプラクティスに沿っているかどうかを評価し、改善の可能性があるものをレコメンデーションとして提供します。本書のテーマである「コストの最適化」については、リザーブドインスタンスやSavings Plansの推奨や不要リソースの検出などの機能を提供しています。

■ AWS Compute Optimizer

AWS Compute Optimizerは、過去の使用率メトリクスを機械学習を使って分析することで、クラウド利用費用の削減・パフォーマンスを向上させるAWSリソースを推奨します。クラウド利用費用とパフォーマンスはトレードオフの関係です。過剰なプロビジョニングは無駄な利用費用につながり、過剰な利用費用の削減はSLAの低下、機会損失、顧客体験の悪化につながります。AWS Compute OptimizerはAmazon EC2、Amazon EBS、AWS Lambda関数の3つのサービスを対象として、クラウド利用費用とパフォーマンスの最適な設定を選択するのに有益な情報を提供します。

■ Amazon S3 Storage Lens

Amazon S3 Storage Lensはオブジェクトストレージの使用状況とアクティビティの傾向を可視化します。アカウント、バケット、さらにはプレフィックスレベルでアクセス頻度などの使用状況を分析し、Amazon S3の持つさまざまなストレージクラスを活用して、より利用料を最適化するのための推奨を提供します。

3 予測・計画

■ Amazon Forecast

Amazon Forecastは機械学習を使った時系列データを用いて予測を立てます。過去の時系列データを分析することで、クラウド利用費用が需要に応じて変動が大きかったり、季節変動性がある場合でも、より精緻な予測を行うことができます。

■ AWS Budgets

AWS Budgetsはクラウド利用費用を監視し、月ごとの予算の設定と予算を超過する前にアラート通知やインスタンスに対するオペレーションを自動的に行うことができます。また、AWS利用費用の予算だけではなく、使用タイプや使用タイプグループの使用量、Savings Plans / リザーブドインスタンスの利用率やカバー率に対してユーザーが定義したしきい値に基づき、アラートの通知を設定できます。

索 引

数字、A~Z

■ 執筆者一覧

門畑　顕博（かどはた　あきひろ）

シニア事業開発マネージャー。通信ネットワークにおける数理最適化の研究開発に従事後、IT・クラウドコンサルタントを経てAWSに入社。クラウドコスト最適化のためのCloud Financial Management（CFM）プログラムの立ち上げ、新規プログラムの開発・推進。

仁戸　潤一郎（にと　じゅんいちろう）

シニア事業開発マネージャー。商社系SIerでストレージ製品の開発、米国駐在、新製品の立ち上げに15年間従事。その後仏系ストレージベンダーのSEを経てAWSに入社。AWSでは利用者の利用状況の分析、利用料最適化のプログラム開発/推進を担当。

柳　嘉起（やなぎ　よしき）

ソリューションアーキテクト。前職で大規模ウェブサービスの開発と運用に携ってきた経験から、システム開発においては「開発フェーズにおける運用設計」や「運用フェーズにおける課題の解決」にこだわりを持っている。

杉　達也（すぎ　たつや）

シニア事業開発マネージャー。以前から外資ソフトウェアベンダーでJavaなどのアプリケーション開発周りの製品の事業開発に従事し、AWSに入社した後は、サーバーやインフラのことを気にしなくてよい、サーバーレスの事業開発を担当。

小野　俊樹（おの　としき）

シニアプロダクトマネージャー。インフラコストのみならず生産性・可用性・俊敏性・CO2排出削減効果をも可視化するクラウド移行による経済性評価プログラム・クラウドエコノミクスに事業開発担当として2022年末まで従事。その後同プログラムに関連したプロダクト開発のためAWSシアトルオフィスに異動し現職。

藤本　剛志（ふじもと　ごうし）

営業企画部長。AWSクラウドエコノミクス部長を経て2021年より現職。

AWSコスト最適化ガイドブック

2023年 3 月29日　初版発行

著者／門畑 顕博／仁戸 潤一郎／柳 嘉起／杉 達也／小野 俊樹／藤本 剛志

発行者／山下 直久

発行／株式会社KADOKAWA
〒102-8177　東京都千代田区富士見2-13-3
電話 0570-002-301（ナビダイヤル）

印刷所／株式会社暁印刷

●お問い合わせ
https://www.kadokawa.co.jp/（「お問い合わせ」へお進みください）
※内容によっては、お答えできない場合があります。
※サポートは日本国内のみとさせていただきます。
※Japanese text only

定価はカバーに表示してあります。

ISBN 978-4-04-605355-8　C3055